Adobe InDesign CC
经典教程

〔美〕Adobe 公司 著　李静 王颖 译

U0322420

人民邮电出版社
北京

图书在版编目（CIP）数据

Adobe InDesign CC经典教程 / Adobe公司著 ；李静，
王颖译. —— 北京 ：人民邮电出版社，2014.4（2018.8重印）
ISBN 978-7-115-34665-0

Ⅰ．①A… Ⅱ．①A… ②李… ③王… Ⅲ．①电子排版
—应用软件—教材 Ⅳ．①TS803.23

中国版本图书馆CIP数据核字(2014)第031668号

版权声明

内 容 提 要

　　本书由Adobe 公司编写，是Adobe InDesign CC 软件的正规学习用书。全书共16课，涵盖了创建页面、使用对
象和应用，文本的导入和编辑，排版艺术，颜色的使用，样式的创建和应用，导入和修改图形，创建表格，透明
度处理，输出和导出，创建电子书等内容。

　　本书语言通俗易懂并配以大量的图示，特别适合 InDesign 新手阅读；有一定使用经验的用户也可从中学到大
量高级功能和 InDesign CC 新增的功能。本书也适合各类培训班学员及广大自学人员参考。

◆ 著　　　　　[美] Adobe 公司
　　译　　　　　李　静　王　颖
　　责任编辑　　赵　轩
　　责任印制　　程彦红　杨林杰

◆ 人民邮电出版社出版发行　　北京市丰台区成寿寺路 11 号
　　邮编　100164　电子邮件　315@ptpress.com.cn
　　网址　http://www.ptpress.com.cn
　　固安县铭成印刷有限公司印刷

◆ 开本：800×1000　1/16
　　印张：19.75
　　字数：466 千字　　　　　　　2014 年 4 月第 1 版
　　印数：7 301－7 600 册　　　　2018 年 8 月河北第 10 次印刷
　　著作权合同登记号　　图字：01-2013-8456 号

定价：49.00 元（附光盘）
读者服务热线：**(010)81055410**　印装质量热线：**(010)81055316**
反盗版热线：**(010)81055315**
广告经营许可证：京东工商广登字 20170147 号

前　言

欢迎使用 Adobe InDesign CC，InDesign 是一款功能强大的设计和制作软件，可提供精确的控制及与其他 Adobe 专业图形软件的无缝集成。利用 InDesign 可制作出专业品质的彩色文档，用于在高分辨率彩色印刷机和各种输出设备（如桌面打印机和高分辨率排印设备）进行打印，或是导出各种格式，包括 PDF 和 EPUB。

作家、艺术家、设计师和出版工作人员可通过前所未有的各种媒体，与更广泛的受众交流。InDesign 通过与其他 Creative Cloud 组件无缝集成，为此提供了支持。

关于经典教程

本书由 Adobe 产品专家编写。课程经过精心设计，方便读者按照自己的节奏阅读课程。如果读者是 Adobe InDesign 新手，将从中学到该程序所需的基础知识和操作方法；如果读者有一定的 InDesign 使用经验，将会发现本书介绍了许多高级功能，包括针对最新版本软件的使用技巧和操作提示。

本书在每节课程中提供完成特定项目的具体步骤。读者可按顺序从头到尾阅读全书，也可根据个人兴趣和需要选读对应章节。每课的末尾都有复习题，对该课程的内容进行总结。

必备知识

开始使用本书之前，应了解计算机及其操作系统基本常识。懂得如何使用鼠标、标准菜单以及命令，知道如何打开、保存和关闭文件。如需要复习这些技巧，请参阅有关操作系统的纸质或在线的文档。

ID 　　注意：当操作指南因为平台差异出现不同时，通常先出现在 Windows 中的操作，然后是 Mac OS 中的操作。比如，"按 Alt 键（Windows）或 Option 键（Mac OS）并在图片之外单击。"某些实例中，没有任何附加说明情况下，常见的命令先缩写为 Windows 命令，然后才是 Mac OS 命令。比如："按 Alt/Option 键"或"按 Ctrl/Command+ 单击"。

安装软件

开始使用本书之前，应确保系统设置正确，并安装了相应的软件和硬件。

本书并不包含 Adobe InDesign CC 软件，读者需要单独购买。除了 Adobe InDesign CC，本书里的某些课程还可能需要使用到 Adobe Bridge。可参照屏幕提示，从 Adobe CC 中将这些应用程序安装到硬盘上。

本书使用的字体

本书课程文件用到的字体都是 Adobe InDesign CC 软件自带字体。这些字体文件安装在下列路径：

- Windows:[操作系统盘]\Windows\Fonts\

- Mac OS:[操作系统盘]/Library/Fonts/

如需更多的字体和安装信息，请参考 Adobe InDesign Read me。

使用素材文件

为了执行本书实例中的项目，你需要从本书配套光盘中拷贝素材文件到计算机中。虽然各课程相对独立，但是某些课程有时也会用到其他课程的文件，因此学习过程中，应保存所有的课程文件。

恢复默认首选项

InDesign Defaults 文件存储了程序首选项和默认设置，如工具设置和默认的计量单位。为确保 Adobe InDesign 应用程序的首选项和默认设置与本书中使用的相符合，在开始课程前，应移动当前的 InDesign Defaults 文件到其他路径。在完成本书学习之后，可以将 InDesign Defaults 文件移回原有的文件夹，恢复开始学习前的首选项和默认设置。

如需删除或保存当前 InDesign Defaults 文件，请参阅下列步骤：

1. 退出 Adobe InDesign。

2. 找到 InDesign Defaults 文件。

ID | 注意：每次开始新的课程时，即使重置了 InDesign Defaults 文件，某些面板仍处于打开状态。如需要，可手动关闭这些面板。

- 在 Windows 7 或者 Windows 8 中，InDesign Defaults 文件位于下列文件夹：[操作系统盘]\用户 \[用户名]\AppData\Roaming\ Adobe\Adobe InDesign 9 Settings\en_US*\x86 或 x64。

- 在 Mac OS 中，InDesign Defaults 文件位于下列文件夹：/Users/Username/Library/ Preferences/ Adobe InDesign/Version 9.0/en_US。

ID 注意：在 Windows Vista 和 Windows 7 中，如果 AppData 文件夹是隐藏的，选择组织菜单中"文件夹和搜索选项"，单击"查看"选项卡，然后选择"显示隐藏文件、文件夹或驱动器"。单击"确定"关闭文件夹选项对话窗口，保存修改。
在早期的 Windows 版本中，如果 Application Data 文件夹是隐藏的，从工具菜单中选择"文件夹选项"，单击"查看"选项卡，然后选择"显示隐藏文件及文件夹"。单击"确定"按钮关闭文件夹选项对话窗口，保存修改。

将 InDesign Defaults 文件移动至其他文件夹后，再启动 Adobe InDesign 时，新的 InDesign Defaults 文件将自动创建，所有的首选项和设置都重置为出厂设置。

* 由于用户所安装的语言版本不同，文件夹的名称可能不同。

* Mac OS 10.7（Lion）和 Mac OS 10.8（Mountain Lion）中 Library 文件夹默认为隐藏状态。

ID 注意：如果未能找到首选项文件，尝试使用操作系统的搜索命令，搜索 AIPrefs（Windows）或 Adobe InDesign Prefs（Mac OS）。

ID 注意：Mac OS 10.7 及其以后的版本，Library 文件夹是隐藏的。如需访问该文件夹，可从查找菜单中选择"Go > Go To Folder"。在"Go To The Folder"对话框中输入"~/Library"，单击"确定"按钮。

ID 提示：每次开始新课程时，为快速找到和删除 Adobe InDesign 首选项文件，可为 Adobe InDesign 的设置文件夹创建快捷方式（Windows）或 alias（Mac OS）。

目　录

第1课 工作区简介

课程概述

本课程中，读者将学习如何进行下列操作：

- 选取工具。

- 使用应用程序栏和控制面板。

- 管理文档窗口。

- 使用工作面板。

- 定制工作区。

- 保存定制的工作区。

- 改变文档的缩放比例。

- 导览文档。

- 运用上下文菜单。

 学习本课大约需要 45 分钟。

Just hum along...

Hummingbird
Named for the humming sound produced by the extremely rapid beating of its narrow wings, the hummingbird is noted for its ability to hover and fly upward, downward and backward in a horizontal position. This very small, nectar-sipping bird of the Trochilidae family is characterized by the brilliant, iridescent plumage of the male.

InDesign 界面非常直观，使用户可以轻松地创建像上图这样出众的布图设计。为了最大程度地发挥其强大的布局和设计功能，了解 InDesign 工作区十分必要。工作区由应用程序栏、控制面板、文档窗口、菜单、粘贴板、工具面板以及其他面板组成。

1.1 概述

本课程中，读者将练习使用工作区导览一个简单布局的几个页面。这是该文档的最终版本，读者不用修改其中的对象、添加图片或是修改文本，仅仅利用该文档探索 InDesign 的工作区。

> **ID** | **注意**：如果还未从配套光盘中复制本课程的资源文件，请现在复制。

1. 为确保 Adobe InDesign 的首选项和默认设置符合本课程的要求，请先按照前言中的步骤将 InDesign Defaults 文件移动到其他文件夹。

2. 启动 Adobe InDesign，依次选择菜单"窗口">"工作区">"[高级]"，然后再选择菜单"窗口">"工作区">"重置'高级'"。

3. 选择菜单"文件">"打开"，然后选择硬盘下 InDesignCIB 中的课程文件夹，打开"Lesson01"文件夹中的"01_Start.indd"文件。向下滚动以查看该文档的第 2 页和第 3 页。

4. 选择菜单"文件">"存储为"，将文件重命名为"01_Introduction.indd"，并储存至"Lesson01"文件夹中。

5. 如需将文档以更高的分辨率显示，可选择"视图">"显示性能">"高品质显示"。

1.2 观察熟悉工作区

InDesign 工作区包括了用户第一次打开或创建一个文档看到的一切：

- 菜单栏
- 应用栏
- 控制面板
- 工具面板
- 其他面板
- 文档窗口
- 粘贴板和页面

用户可以根据工作方式定制 InDesign 的工作区。例如，可以选择仅显示常用的面板、最小化或重新排列面板组合、调整窗口大小、添加更多的文档窗口，等等。工作区域的配置被称为工作区。读者可以保存自定制的工作区设置或选择特定项目的配置，如数字出版、打印和打样以及印刷排版。

应用程序栏　　菜单栏　　控制面版　　　　　　　　　　　高级工作区中的默认面板

工具面板

文档窗口

粘贴板（工作区）

1.2.1　工具面板

工具面板包含了一些工具，可用于创建和修改页面对象、添加文本、图片并为其设置格式，及进行颜色处理。默认情况下，工具面板停放在工作区的左上角。在本示例中，读者将把工具面板置于浮动状态，让其水平放置，并尝试使用选择工具。

1. 于屏幕的最左侧找到工具面板。

2. 要取消工具面板停放并使其浮动在工作区中，应拖曳其灰色标题栏将其拉到剪切板中。

> **ID** | 提示：取消工具面板停放，可以拖曳其标题栏或是标题栏下方的虚线。

当工具面板处于浮动状态时，可让其双栏或单栏垂直排列，也可让其单行水平排列。

> **ID** | 注意：工具面板必须处于浮动状态才能水平排列。

3. 当工具面板处于浮动状态时，单击工具面板顶部的双箭头（ ），可将工具面板变为单行水平排列。

在阅读本书的过程中，你将学会每个工具的具体使用方法。而本节中，读者将熟悉如何选择这些工具。

4. 将鼠标移动到工具面板的选择工具（ ）上面，注意工具提示中显示的名称和快捷方式。

> **ID** | 提示：可以通过 Alt+ 单击（Windows）或 Option+ 单击（Mac OS）工具面板上某个工具来交替使用菜单上的工具。

在工具面板中，有些工具的右下角有一个黑三角符号，这表明还隐藏了其他相关工具。若要选取隐藏的工具，可单击并按住鼠标来显示隐藏的菜单，然后选择所需的工具。

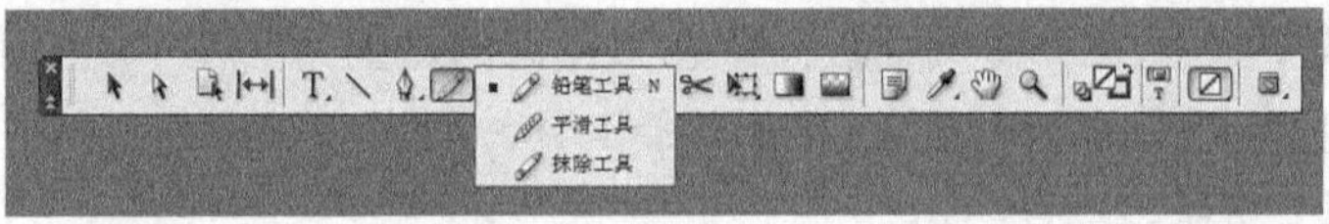

5. 单击铅笔工具（ ）并按住鼠标以显示该工具隐藏的菜单。选择橡皮擦工具（ ），并观察它将如何替换铅笔工具。

> **ID** | 注意：位于工具面板底部或最右边的工具可以用来处理颜色和改变屏幕模式。

6. 再次单击橡皮擦工具，按住鼠标显示隐藏菜单，然后选择铅笔工具，这是默认显示工具。

7. 将鼠标逐一指向工具面板中的工具，熟悉它们的名称和快捷键。对于带有黑三角形的工具，单击并按住鼠标以显示其隐藏的工具菜单。具有隐藏工具菜单的工具有：

- 内容收集工具
- 文字工具
- 钢笔工具
- 铅笔工具

- 矩形框架工具

- 矩形工具

- 自由变换工具

- 吸管工具

8. 单击工具面板上的双箭头（），将其变为两栏垂直排列方式。再次单击双箭头，恢复到默认的排列方式。

9. 如需重新停放工具面板，可通过工具面板顶端灰色虚线（■■■■■）将其拖曳至屏幕最左侧，当工作区边缘显示蓝色线条时松开鼠标即可。

10. 如有必要，可选择"视图">"使页面适合窗口"将页面放到文档窗口中央。

> **ID** 提示：为选择一个工具，可单击其在工具面板中图标，或是按下该工具的快捷键（快捷键仅在无文本插入点时有效）。快捷键在工具提示中显示。例如，使用选择工具时，可按下 T 键来选择文字工具。另外，也可以按住快捷键以临时选择该工具。释放该键，将转换为先前选择的工具。

1.2.2 应用程序栏

默认工作区的顶端是应用程序栏，通过它可启动 Adobe Bridge、修改文档的缩放比例、显示和隐藏版面辅助工具（如标尺和参考线）、修改屏幕模式（如预览和演示模式），以及控制多文档窗口的显示方式。在最右侧，可选择一个工作区并搜索 Adobe 帮助资源。

- 为熟悉应用程序栏上的控件，可将鼠标移至控件以显示工具提示。

- 在 Mac OS 中，选择"窗口">"应用程序栏"，便可显示 / 隐藏应用程序栏。

- 在 Mac OS 中，应用程序栏、文档窗口和面板可组成一个单元，称作应用框架。这是模仿 Windows 应用程序的工作方式。为激活应用框架，可选择"窗口">"应用框架"。

• 在 Mac OS 中，当"窗口">"应用框架"被选定时，不能隐藏应用程序栏；在 Windows 中，应用程序栏无法隐藏。

ID 注意：Adobe Bridge 是一个独立应用程序，InDesign CC 用户可以使用。

ID 提示：在 Mac OS 中，若隐藏了应用程序栏，视图比例控件将在文档窗口的左下角显示。

1.2.3 控制面板

控制面板（可通过选择"窗口">"控制"显示/隐藏它）让用户可以快速访问与当前页面项目或选定对象相关的选项和命令。默认情况下，控制面板停放在屏幕的顶部（在 Mac OS 中，位于应用程序栏之下。而在 Windows 中，位于菜单栏之下）。用户也可将其停放在文档窗口下方使其处于浮动状态，或是将其隐藏。

1. 选择"视图">"屏幕模式">"标准"，可看到包含图形和文本的对话框。

2. 在工具面板中，选定选择工具（ ）。

3. 单击所打开文件页面顶部右端的文本"Just hum along…"。当前控制面板提供了控制选定对象（文本框）位置、大小和其他属性的选项。

4. 在控制面板中单击"X"、"Y"、"W"和"H"旁边的箭头，观察如何修改所选文本框的位置和大小。

ID 提示：通过在相应区域输入特定的值或是用鼠标拖曳来移动和调整对象的大小。

5. 在工具面板中，选择文字工具（ ）。

6. 拖曳并选择文本"Just hum along…"。当前控制面板提供了段落控制栏和文字格式的选项。单击粘贴板（页面外的空白区域），取消选择的文本。

7. 选择"视图">"屏幕模式">"预览"，再次隐藏对话框边缘。如果用户不喜欢控制面板停放在文档窗口的上方，你可以将其移走。

8. 在控制面板中，拖曳左边的竖虚线条至文档窗口，释放鼠标可使面板处于浮动状态。

9. 要重新停放控制面板，可单击最右侧的面板菜单按钮（▼≡）并选择"停放于顶部"。

1.2.4 文档窗口和粘贴板

文档窗口包含了文档的所有页面。各页面或跨页周围都有剪贴板，可存放排版时需要使用的对象。剪贴板中的对象不会打印出来。剪贴板还在文档周围提供了额外空间，让对象能够延伸到页面边缘的外面，这被称为出血。当必须打印跨越页面边缘的对象时，可使用出血。用于切换文档中不同页面的控件位于文档窗口的左下角。

1. 为确保面板恢复正确的位置，可选择"窗口">"工作区">"重置'高级'"。

2. 要查看文档及文档剪贴板中的更多页面，可在应用程序栏的"缩放比例"菜单中选择 25%。

3. 如若需要，请单击"最大化"按钮以扩大文档窗口。

   • Windows 中，"最大化"按钮为窗口右上角中间的那个按钮。

   • Mac OS 中，"最大化"按钮为窗口左上角的绿色按钮。

4. 查看该文档页边出血的内容，请选择"视图">"屏幕模式">"出血"。

5. 选择"视图">"屏幕模式">"预览"，然后选择"视图">"使页面适合窗口"来恢复视图。

6. 选择"视图">"使页面适合窗口"，向下滑动查看文档的第 2 页和第 3 页。

下面移到另一个页面。

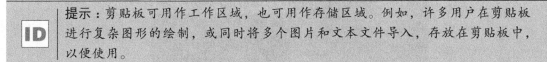

ID 提示：剪贴板可用作工作区域，也可用作存储区域。例如，许多用户在剪贴板进行复杂图形的绘制，或同时将多个图片和文本文件导入，存放在剪贴板中，以便使用。

7. 在文档窗口的左下角，单击页码框旁的向下箭头，可显示文档页面和主页面的菜单。

8. 在菜单中选择 4，可在文档窗口中显示页面 4。

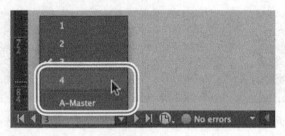

9. 单击页码框左边的箭头，回到第 2 页和第 3 页。

1.2.5 使用多文档窗口

当打开多个文档时，每个文档都在主文档窗口中的各自标签窗口里显示。用户可以为一个文档打开多个窗口，同时查看布局中不同的部分。本节中，用户将创建第二个窗口，用以观察改变标题栏会对整个页面带来何种影响。这里用到的排列文档窗口的技巧也可用于查看同一文档的不同视图以及其他已经打开的文档。

> **ID** 提示：应用栏程序可以使用用户快速访问窗口管理选项。单击"排列文档"按钮，可查看所有的选项。

1. 打开 "01_Introduction.indd"，选择 "窗口" > "排列" > "新建窗口"。

   将出现一个名 01_Introduction.indd：2 的新窗口，而原窗口名为 01_Introduction.indd:1。

2. 如需要，在可在 Mac OS 中，选择 "窗口" > "排列" > "平铺" 以同时在屏幕上显示两个窗口。

3. 从工具面板中选择的缩放显示工具（🔍）。

4. 在名为 "01_Introduction.indd:2" 的窗口中，拖曳出一个环绕白色框（含有文本 "Just hum along…"），用以放大里面的文本。

请注意另一个窗口保持原有尺寸不变。

5. 选择"窗口" > "排列" > "合并所有窗口",这将为每个窗口创建一个选项卡。

6. 单击左上角（位于控制面板下方）的选项卡可选择显示哪个文档窗口。

7. 关闭"01_Introduction.indd:2"窗口,原有的文档窗口保持打开状态。

8. 如有需要,可选择"视图" > "使页面适合窗口"。

ID | 注意:在 Mac OS 中,单击文档窗口顶部的"最大化"按钮,可重置余下窗口的大小和位置。

1.3 使用面板

面板让用户能够快捷地使用常用工具和功能。默认情况下,面板停放在屏幕的右侧（除了前面提到的工具面板和控制面板）。根据选择的工作区不同,面板可能会出现不同的默认显示,每个工作区会存储面板设置。用户可以采用各种方式重新组织这些面板。本节中,将练习打开、折叠以及关闭高级工作区中的默认面板。

1.3.1 展开与折叠面板

本小节中,读者将展开和折叠面板、隐藏面板名称、展开停放区中的所有面板。

1. 在文档窗口右侧的默认停放区中,单击页面面板的图标以展开该面板。当只需在较短的时间使用时,这种方法可以很方便地打开面板,并在使用后关闭。

 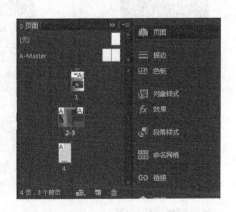

ID | 注意:停放区包含一系列"粘贴"在一起的面板。

有多种折叠面板的方法可供选择。

2. 使用完页面面板后，要折叠该面板，可单击页面面板名称右边的双箭头，或是单击页面面板图标。

 提示：如需显示某个隐藏的面板，可以从窗口菜单中选择该面板的名称（或是窗口菜单的子菜单）。如果面板名称旁边有勾号，说明它已经打开，并显示在面板区的最前端。

下面从菜单栏中打开面板：

3. 选择"窗口">"文本绕排"来显示文本绕排面板。

4. 要将"文本绕排"添加到停放区底端，可通过标题栏将其拖曳到"字符样式"面板下方。当蓝线出现时，释放鼠标。

5. 可单击"窗口">"文本绕排"查看"文本绕排"面板的控件。

6. 单击面板的关闭按钮或将面板拖曳出停放区，可关闭该"文本绕排"面板。

独立面板可以移动、折叠或关闭

拖曳面板到停放区

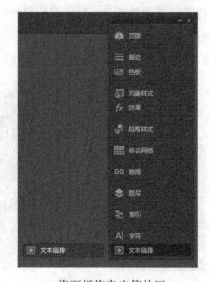

将面板拖曳出停放区

7. 将面板停放区的左边缘向右拖曳直到该面板名称隐藏，可缩小面板停放区的尺寸。

单击"展开面板"按钮可折叠/展开面板。

拖曳面板停放区的左边缘可将停放区缩小至图标显示。

8. 单击停放区右上角的双箭头（ ◀◀ ），展开停放区中的所有面板，使用户可以看见这些面板的所有控件。

若再次单击双箭头（ ▶▶ ），这些面板将折叠为不显示面板名称的图标。为方便下个练习，最好保持面板展开。

1.3.2 重新排列和定制面板

本小节中，用户将一个面板拖出停放区，使其变成浮动面板。然后，将另一面板拖曳进该面板，以创建一个定制面板组，也可以对该面板组进行拆分、堆叠以及最小化的操作。

1. 在停放区展开时，拖曳段落样式面板的选项卡，并将其拖出停放区。

2. 拖曳字符样式面板的标签栏至段落样式面板标签栏右侧的灰色区域，可将字符样式面板添加进浮动的段落样式面板中。当段落样式面板周围出现蓝线时，释放鼠标即可。

该操作可新建面板组，也可以将任意面板拖进该面板组。

3. 将组内的某个面板拖出该面板组，可以解除其与面板组的编组关系。

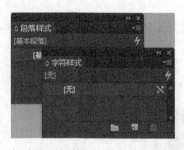

用户也可将浮动面板设置为垂直堆叠显示。下面就尝试这样做。

4. 将字符样式面板的标签栏拖至段落样式面板下方。出现蓝线时，释放鼠标。

现在，这些面板将堆叠显示，而不是编组显示。堆叠的面板垂直相连，可通过拖曳最上方的面板标题栏将这些面板作为一个整体进行拖动。接下来将学习调整堆叠面板的尺寸。

5. 拖动面板的右下角，可调整其尺寸。

6. 将字符样式面板的标题栏拖至段落样式面板标题栏旁边，重新组成面板组。

7. 双击面板标签旁边的灰色区域，将面板组最小化。再次双击可重新展开。

保持这些面板的显示方式，以供下一个练习中使用。

ID | 注意：如有需要，可单击标题栏上的双箭头（[图标]）来展开面板。

1.3.3 使用面板菜单

大部分面板都有其特有的选项。单击面板菜单按钮，将弹出一个菜单，包含选定面板的特有命令和选项。

下面修改色板面板的显示方式。

1. 将色板面板拖曳出停放区，在右侧创建浮动面板。

2. 单击色板面板右上角的面板菜单按钮（[图标]），打开面板菜单。

可使用色板面板菜单来新建颜色色板，也可载入其他文档中已有的色板。

3. 选择色板面板菜单中的"大色板"选项。

4. 保留色板面板的当前状态，以供下一个练习使用。

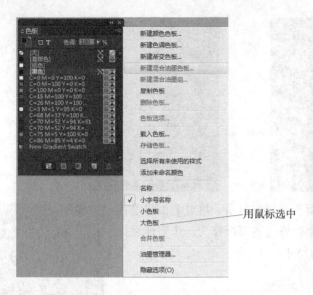

用鼠标选中

1.4 定制工作区

　　工作区就是面板和菜单的配置（文档窗口的配置信息不会保存至工作区）。InDesign 为许多特定目标提供多种工作区，如数字出版、打印和打样，以及印刷排版。用户不能修改默认工作区，但可保存自定义工作区。本练习中，读者将保存之前练习中的面板定制信息。另外，还将定制界面外观。

 提示：要进一步定制工作区，可选择"编辑" > "菜单"来控制 InDesign 菜单上出现的命令。比如，用笔记本电脑时，用户可能更喜欢短些的菜单，也可能希望为新用户简化这些命令。用户只需将定制的菜单保存至相应的工作区即可。

1. 选择"窗口" > "工作区" > "新建工作区"。

2. 在"新建工作区"对话框的名称栏中输入"色样和样式"。如有需要，可选择"面板位置"和"菜单自定义"，然后单击"确定"按钮。

3. 选择"窗口" > "工作区"，查看已选择的定制工作区。选择各个工作区来查看不同的默认配置。除查看面板外，单击菜单，还可查看特有命令。

4. 选择"编辑">"首选项">"界面"（Windows）或是"InDesign">"首选项">"界面"（Mac OS）以定制 InDesign 外观。

5. 在"颜色主题"菜单中，选择"深色"，可调暗界面显示。试试其他选项，然后再选回"中暗"。

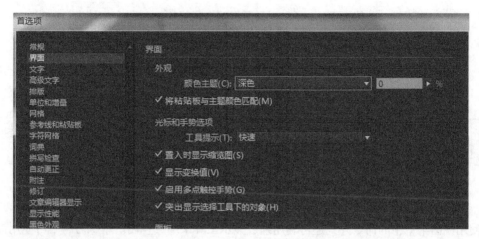

6. 单击"确定"按钮。

7. 选择"窗口">"工作区">"高级"。

1.4.1 修改文档的缩放比例

InDesign 的控件可使用户以 5% ~ 4000% 的比例查看文档。文档打开时，当前的缩放比例显示在应用程序栏（控制面板上方）的"缩放级别"框内，以及文档标签或标题栏的文件名旁边。

1.4.2 使用视图命令

通过下列操作，可轻松地缩放文档视图：

• 在应用程序栏的"缩放比例"菜单中选择缩放倍数，可按照任意预设值缩放文档。

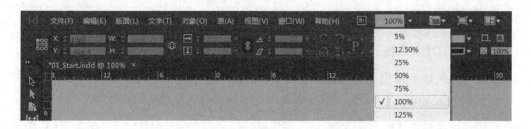

ID **注意**：当在 Mac OS 中隐藏了应用程序栏时，视图比例控件显示在文档窗口的左下角。

- 在"缩放级别"框中输入所需的缩放比例，然后按下 Enter 键。

- 选择 > "视图" > "放大"将缩放比例放大到上一个预设值。

- 选择 > "视图" > "缩小"将缩放比例缩小到下一个预设值。

- 选择 "视图" > "使页面适合窗口"，可将整个目标页面显示在文档窗口中央。

- 选择 "视图" > "使跨页适合窗口"，可将整个目标跨页显示在文档窗口中央。

- 选择 "视图" > "实际尺寸"，可按 100% 的比例显示文档（由于文档的尺寸以及屏幕的分辨率问题，可能无法在屏幕上看到整个文档）。

> **ID** 提示：也可以利用快捷键来进行缩放：Ctrl+=（Windows）或 Command+=（Mac OS）用来放大，Ctrl+-（Windows）或 Command+-（Mac OS）用来缩小。

1.4.3 使用 "缩放" 工具

除使用视图菜单中的命令外，还可利用缩放显示工具来缩放视图。本练习将学习使用该工具。

1. 选择 "视图" > "使跨页适合窗口"，将第 2 页和第 3 页置于窗口中央。

2. 从工具面板中选择缩放显示工具（ ），并将其置于右侧的文本上。注意 "缩放" 工具中央出现了一个加号。

3. 单击一次，以单击的那一点为中心，视图将放大为下一个预设比例。再次单击，可以进一步放大视图。

接着将练习如何缩小视图。

> **ID** 提示：利用快捷键可快速将查看比例变为 200%、400%、50%。Windows 中，按下 Ctrl+2，缩放比例为 200%，Ctrl+4 缩放比例为 400%，Ctrl+5 缩放比例为 50%。Mac OS 中，按下 Command+2，缩放比例为 200%、Command+4 缩放比例为 400%、Command+5 缩放比例为 50%。

4. 将缩放显示工具置于文本之上，同时按住 Alt（Windows）或 Option（Mac OS）键。注意缩放显示工具中央出现了一个减号。

5. 按住 Alt 或 Option 键的同时连续单击鼠标三次可缩小视图比例。还可利用缩放显示工具，在文档中拖曳出一个环绕部分文档的矩形框，用来放大文档的特定区域。

6. 在仍然选取缩放显示工具的情况下，按住鼠标在文本上拖曳出环绕文字的矩形框，然后释放鼠标。

选取区域的缩放比例取决于拖曳出的矩形框的大小，缩放框越小放大比例越大。

注：Mac OS 中，缩放的快捷键可能会冲突。用户可以从"系统首选项" > "键盘"中取消系统的快捷键。

由于在设计和编辑过程中会经常用到缩放显示工具，所以任何时候都可以通过键盘临时选择缩放显示工具，而不用取消正在使用的工具。下面来这样做。

7. 单击工具面板中的"选择"工具（ ），然后将鼠标指向文档窗口的任意位置。

8. 按住 Ctrl+ 空格键（Windows）或 Command+ 空格键（Mac OS），鼠标将从选择工具图标变为缩放显示工具图标，此时可以单击以放大视图。松开按键时，鼠标将恢复为选择工具。

9. 按住 Ctrl+Alt+ 空格键（ Windows ）或 Command+Option+ 空格键（ Mac OS ），单击可缩小视图。

10. 选择"视图" > "使跨页适合窗口"使跨页位于视图中间。

1.5 导览文档

有几种不同的方式可以导览 InDesign 文档，包括使用页面面板、抓手工具、"转到页面"对话框，以及文档窗口中的控件等。

1.5.1 翻页

可使用页面面板、文档窗口底部的页面按钮、滚动条或是其他方法来进行翻页。页面面板为文档中的所有页面都提供了页面图标。双击面板中的任意页面图标或页码可切换到对应的页面或跨页。本练习将学习如何进行翻页操作。

1. 如有需要，可单击"页面"面板图标展开该面板。

2. 双击第 1 页的图标，可使第 1 页在文档窗口中居中。

3. 双击第 4 页的图标，可使第 4 页在文档窗口中居中。

4. 使用文档窗口左下角的菜单可返回到文档的第 1 页。单击向下的箭头，选择 "1"。

下面使用文档窗口底部的按钮进行翻页操作。

5. 单击页码框旁边的 "下一跨页" 按钮（向右箭头），直到显示第 4 页。

6. 单击页码框旁边的 "上一跨页" 按钮（向左箭头），直到显示第 1 页。

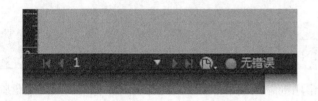

7. 选择 "版面" > "转到页面"。

8. 在 "转到页面" 对话框中输入 "2"，单击 "确定" 按钮。

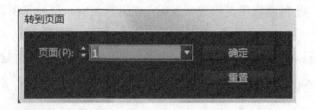

ID | 提示：用户可使用版面菜单中的命令来进行翻页操作，包括："第一页"、"上一页"、"下一页"、"最后一页"、"下一跨页" 以及 "上一跨页"。

1.5.2 使用抓手工具

使用抓手工具可以方便地对页面进行拖曳，以便准确地找到所需查看的内容。本练习将学习使用该工具。

1. 在应用程序栏的 "缩放比例" 菜单中选择 400%。

2. 选择抓手工具（ ）。

3. 按住鼠标并沿任意方向拖曳页面，然后在文档窗口中向下和向右拖曳，显示第 1 页。

4. 在仍选择抓手工具的情况下，单击页面并按住鼠标，将出现视图矩形框。

- 拖曳该矩形框，显示页面的不同区域或不同的页面。

- 松开鼠标将显示该视图矩形框包含的区域。

- 当矩形框显示时，按下键盘的方向键可以放大或缩小矩形框的尺寸。

5. 双击工具面板中的抓手工具，可使页面适合窗口。

1.6 使用上下文菜单

除了屏幕顶部的菜单，用户还可使用上下文菜单列出与活动工具或选定对象相关联的命令。为显示上下文菜单，用户可将光标移至已选对象的上方或是文档窗口的任意位置，然后单击鼠标右键（Windows）或是按住 Control 并单击鼠标（Mac OS）。

1. 使用选择工具（ ），单击页面上的任意对象，例如包含"If you don't know the words…"的文本框。

2. 选中文本框，单击鼠标右键（Windows）或按住 Control 并单击鼠标（Mac OS），并查看列出的选项。

3. 在页面上选择不同类型的对象，并展开它们的上下文菜单，查看可用的命令。

ID | 提示：当选择了文字工具编辑文本时，可以显示上下文菜单。该菜单可用来插入特殊字符、检查拼写以及执行其他与文本相关操作。

1.7 练习

了解工作区后，使用 01_Introduction.indd 或自己的文档尝试完成下列的操作：

- 选择"窗口">"实用工具">"工具提示"，显示已选择工具的相关信息。选取更多工具来查看相关信息。

- 选择"窗口">"信息"，显示信息面板。注意没有选择任何对象的情况下出现的文档信息。单击选择对象，查看信息面板的变化。

- 查看键盘快捷键对话框（"编辑">"快捷键"），进一步了解现有的快捷键及如何对其进行修改。

- 复习菜单配置以及如何在"菜单自定义"对话框（"编辑">"菜单"）中进行编辑。

- 通过"窗口">"工作区">"新建工作区"，可根据自己的需要合理安排面板，创建自定义工作区。

ID | 提示：如需 InDesign 面板、工具和其他应用程序功能最新的完整信息，可利用应用程序栏上的帮助菜单和"搜索"对话框。

复习题

1. 哪几种方式可以对文档进行放大显示?

2. 如何选择 InDesign 中的各种工具?

3. 描述三种显示面板的方法。

4. 如何创建面板组?

复习题答案

1. 可以从视图菜单中选择命令以缩放文档以及使文档适合窗口,也可以使用工具面板中的缩放显示工具,在文档上单击或拖曳鼠标以缩放视图。另外,可以使用快捷键来缩放视图,还可以使用应用程序栏上的"缩放级别"框来进行操作。

2. 可通过在工具面板中单击来选择工具或是使用工具的快捷键。例如,可以按下键盘"V"键选中选择工具,按住该快捷键可以临时选择该工具。通过将光标置于工具面板中的某个工具并按住鼠标,可以选择弹出式菜单中隐藏的工具,当菜单弹出后,可选择所需的工具。

3. 要显示面板,可以单击它的图标、标签,或是从窗口菜单中选择相应的名称。例如,选择"窗口">"对象和版面">"对齐"。也可从文本菜单中访问文本特定的面板。例如,选择"文字">"字形"。

4. 将面板拖曳出停放区创建自由浮动面板,再将其他任意面板拖进该浮动面板。面板组可作为一个面板单元进行移动及调整尺寸。

第2课 初识 InDesign

课程概述

本课中将学习如何进行下列操作：

· 使用 Adobe Bridge 访问文件。

· 视图布局助手。

· 使用印前检查面板检查潜在的制作问题。

· 输入和设计文本。

· 导入文本以及串连文本框架。

· 导入、修建并移动图片。

· 使用对象。

· 自动设置段落、字符和对象样式格式。

· 在演示模式中预览文档。

 完成本课大约需要 1 小时。

You pick it. We cook it.

Berry Farms brings it to you.

Cobblers, crumbles, crisps and crostatas.
Cheesecakes, shortcakes and cupcakes.
Pies and tarts. You pick the berries, you
pick the dessert, we bring it to you.

Pick Your Berry
Skip the supermarket
and head out to Berry
Farms. We'll point you to
your *favorite seasonal
berries*—blackberries,
blueberries, strawberries
or raspberries—and
send you on your way.

Choose Your Dessert
Bring back your bushel of
berries and head into our
cool kitchen to *sample
our dessert offerings,*
review our recipes and
place your order.

Savor Your Summer
Relax on our expansive
porches while your
handpicked berries
are transformed
into a delectable
dessert. Or head
on home and *we'll
deliver* it to your door!

Berries are not
born in a box.

InDesign 布局的构建模块为对象、文本和图片。布局助手（如向导）
帮助设置尺寸和位置，样式可自动设置页面元素的格式。

2.1 概述

本课程用到的文档是一个正常大小的明信片可进行印刷和邮寄。另外，该明信片可导出成 PDF 用做电子邮件。如将在本课中学到的那样，无论使用何种媒介输出，InDesign 文档的构建模块都是一样的。本课程中，用户将学习为明信片添加文本、图片以及设置格式。

> **ID** | **注意**：如果还未从配套光盘中复制本课程的资源文件，请现在复制。

1. 为确保 Adobe InDesign 程序的首选项和默认设置符合本课程的要求，请参阅前言，将 InDesign Defaults 文件移动到其他文件夹。

2. 启动 Adobe InDesign。

3. 为确保面板和菜单命令符合本课程要求，请依次选择"窗口">"工作区">[高级]，然后再选择"窗口">"工作区">"重置'高级'"。

> **ID** | **注意**：Adobe Bridge 是一个独立应用程序，InDesign CC 用户可以使用。

4. 在窗口文档顶部的应用程序栏上单击"转到 Bridge"按钮（■）。

本软件用户可以使用 Adobe Bridge，它是 InDesign 附带的媒体管理器，用来打开文档并查看其详细信息。

文件(F) 编辑(E) 版面(L) 文字(T) 对象(O) 表(A) 视图(V) 窗口(W) 帮助(H) **Br** 100% ▾ ▦ ▾ ▣ ▾ ▦ ▾

5. 在 Adobe Bridge 中的文件夹面板上，查找并单击"Lesson02"文件夹，该文件夹位于 "InDesignCIB"文件中的"Lessons "文件夹。

6. 在 Adobe Bridge 窗口中间的内容面板上，单击名为" 02_ End.indd"的文件。右侧的元数据面板显示了该文件的详细信息。

通过滚动元数据面板，可查看已选文档的相关信息，包括颜色、字体及创建该文档的 InDesign 版本等。利用 Adobe Bridge 窗口底部的缩览图滑块来缩放内容面板中的缩览图。

7. 双击 Adobe Bridge 中名为"02_End.indd"的文件将其打开。保持该文档打开，将其作为本课文档操作的向导。

8. 选择"文件">"打开"，打开本课用到的半成品明信片。

9. 打开已复制到电脑上的 InDesignCIB，找到"Lessons"文件夹，打开"Lesson02"文件夹中的"02_Start.indd"文件。

10. 选择"文件">"存储为"，将文件名修改为"02_Postcard.indd"，并保存至"Lesson02"文件夹中。

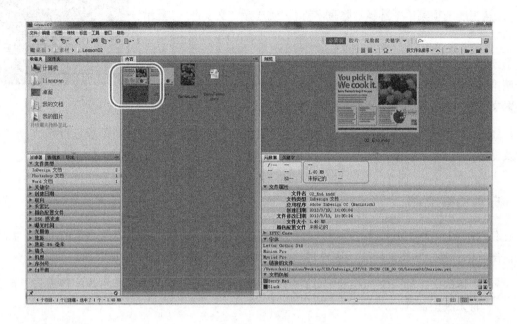

2.2　查看参考线

修改或完成已有文档是 InDesign 入门用户的必备工作。现在，该明信片文档显示为预览模式，该模式将插图显示在标准窗口，隐藏了非打印元素，如提示、网格、框边线以及隐藏的字符。对本文档进行操作，可查看提示和隐藏字符（如空格和制表符）。逐渐习惯使用 InDesign 后，将发现查看模式和布局助手会让用户对 InDesign 的使用更加得心应手。

1. 单击工具面板底部的屏幕模式按钮并保持，然后从菜单中选择"正常"（ ⬛ ）。

所有布局助手都能显示出来。例如，现在文本框架和对象显示有淡蓝色非打印线，因为框边线已显示出来（"视图">"附加"）。现在将使用其他布局助手。

 提示：其他查看模式有"出血"（查看页面边界外面的预定义出血区域）、"辅助信息"（查看出血区域之外，包含有打印指令或任务信息的区域）以及"演示"（全屏后方便向用户展示设计理念）。

2. 在应用程序栏上，单击视图选项菜单（ ⬛ ），并选择"参考线"。确保已勾选"参考线"。也可以选择"视图">"网格和参考线">"显示参考线"。

当参考线显示时，将非常容易对文本和对象进行精确的布局，包括自动将其卡入到位。参考线不会打印出来，也不会限制打印和导出区域。

3. 从视图选项菜单中选择"隐藏字符"，或选择"文字" > "显示隐含的字符"。

显示隐藏（非打印）的字符，如标签、空格以及段落换行等，有助于精准选择和设置文本。通常情况下，为方便操作，无论在编辑还是设置文本格式时，都应显示隐藏字符。

4. 当对本文档进行操作时，如有需要，可利用在第 1 课中学到的方法对面板进行移动、重排列、滚动及缩放。

2.3 印前检查文档

任何时候第一次对某文档进行操作时，无论是从头新建文档，还是修改已有的文档，都需要注意输出问题。通过本书的课程，用户将学习到有关这些问题的知识。常见问题包括：

- 字体缺失：如果文档中的字体在用户系统中缺失或是失效，则被称作字体缺失，该文档将无法正常打印。

- 颜色模式：在目标输出设备的错误颜色模式中创建的颜色可能会产生问题。一个常见的问题是数码相机的图片常常使用 RGB 颜色模式，而胶印需要 CMYK 颜色模式。

- 溢流文本：布局过程中，因修改文本格式、移动对象和调整尺寸，文本可能会溢出页面，不能显示或打印。这被称作溢流文本。

出版过程中，检查文档输出问题的过程被称为印前检查。InDesign 提供实时印前检查功能，让用户在检查文档过程中可以防止潜在问题产生。用户也可创建或导入制作规则（称作配置文件）来检查文件。默认的配置文件适用于字体缺失和溢流文本（即不适合于框架的文本）。本练习中，将修复溢出文本排版过密的问题。

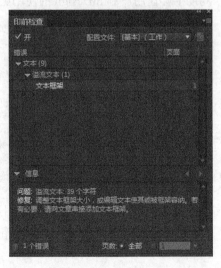

1. 选择"窗口" > "输出" > "印前检查"以打开"印前检查"面板。

使用"[基本]（工作）"印前检查配置，InDesign 发现 1 个错误，正如红色印前检查图标（■）所示，显示在印前检查面板和文档窗口的左下角。查看印前检查面板上的错误清单，可知该错误为文本错误。

2. 单击印前检查面板上"文本"旁的箭头，可查看该错误。

3. 单击"溢流文本"旁的箭头，然后单击"文本框架"。

4. 单击下面的"信息"按钮，可显示该错误的详细信息。

5. 双击"文本框架"，可选择页面上的错误文本框架。

> **ID** | 提示：可以用许多方式处理溢流文本问题，如在"文本编辑器"中对文本进行检查，减小字号或是扩大文本框架

此时便选定包含红色文本"Cobblers, crumbles, crisps"的文本框架。框架出口上（对话框边缘的右下角的小方块）的红色加号（+）表示问题为溢流文本排版过密。

> **ID** | 提示：参考线标尺默认情况下为蓝绿色。

6. 使用"选择"工具（），向下拖曳文本框架底部的手柄，直到触及到参考线标尺。

> Cobblers, crumbles, crisps and crostatas.
> Cheesecakes, shortcakes and cupcakes.
> Pies and tarts. You pick the berries, you

7. 单击粘贴板，取消选择文本框架。

8. 选择"视图">"使页面适合窗口"。

> **ID** | 提示：注意观察文档窗口的左下角，查看是否产生错误。双击红色印前检查图标（■），打开印前检查面板查看错误的详细信息。

当前，文档窗口左下角显示没有印前检查错误产生。

9. 关闭印前检查面板。选择"文件">"存储"。

2.4 添加文本

InDesign 中，大部分的文本都包含在文本框架中（文本也可包含在表格或沿路径排列）。用户可以直接在文本框架中输入文本，或是从文本处理软件中导入文本文件。当导入文本文件时，可将文本添加至现有的文本框架或新建的文本框架中。如果文本不适合该文本框架，便可串接或连接文本框架。

> **ID** | 提示：可利用文字工具编辑文本、设置文本格式以及创建新的文本框架。

2.4.1 输入和设计文本

准备开始制作明信片。首先，在形如对话气泡的文本框架中输入文本。然后，设置该文本的格式，并调整其在气泡文本框架中的位置。

1. 选择文本工具（），然后单击图片右侧的对话气泡。

2. 在文本框架中输入"Berries are not born in a box."。

3. 保持光标位于文本框架中，选择"编辑">"全选"。

4. 如有需要，可单击控制面板上的"字符格式控件"图标（ A ）。使用最左侧的控件，可进行下列操作：

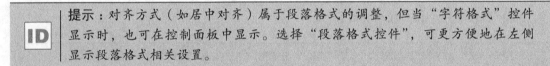

   • 从"字体名称"菜单中，选择"Myriad Pro"。

   • 从"字体样式"菜单中，选择"常规"（如需要）。

   • 在"字体名称"菜单下方的"字体大小"框中选择"7 点"。

   • 在"字体大小"框右侧的"行距"框中选择"6 点"。

5. 在控制面板的中间单击"居中"按钮（ ）。

通过设置文本框架的选项来控制文本在文本框架中如何垂直显示。

6. 选定文本框架，选择"对象">"文本框架选项"，选择"常规"选项卡。

7. 在"垂直对齐"部分，从"对齐"菜单选择"居中"。

> **ID** 提示：对齐方式（如居中对齐）属于段落格式的调整，但当"字符格式"控件显示时，也可在控制面板中显示。选择"段落格式控件"，可更方便地在左侧显示段落格式相关设置。

注意列及其间距的位置，这对调节文本框架中的文本到合适位置很有帮助。在后面的课程中将用到这些知识。

8. 在左下角勾选"预览"框，观察变化，然后单击"确定"按钮。

9. 选择"文件">"存储"。

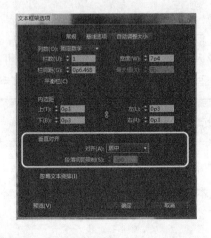

2.4.2 置入和串接文本

在大部分的出版流程中，作者和编辑都使用文本处理软件。当文本接近完成时，再将该文件发送给平面设计师。为完成该明信片，使用"置入"命令导入一个 Microsoft Word 文件至页面底部的文本框架中。然后，连接第一个和其他两个文本框架，这被称为"串接"。

1. 单击粘贴板的空白区域，确保没有选择任何对象。

2. 选择"文件">"置入"，确保"置入"对话框底部的"显示导入选项"没有被勾选。

> **ID** | 注意：参考最终的课程文档"02_End.indd"，查看将正文文本置于何处。

3. 查看"Lessons"文件夹里的"Lesson02"文件夹，双击"BerryFarms.docx"。

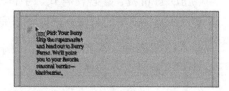

鼠标变为载入文本图标（ ）。把该文本添加至明信片左下方的文本框架中（该文本框架边为淡蓝色的非打印线）。

> **ID** | 提示：有下列几种选择载入文本图标：可以拖曳以创建新的文本框架，单击已有文本框架内部，或是在页面分栏辅助线中单击创建新的文本框架。

4. 将导入的文本图标放置于文本框架的左上角，然后单击鼠标。

Word 文件中的文本并不完全适合于该文本框架。

框架出口中的红色加号（+）表明存在溢流文本。

可串接这些文本框架来串接文本。

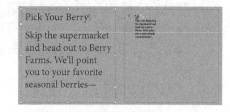

5. 使用选择工具（ ），选择已包含文本的文本框架。

6. 单击已选文本框架右下角的出口，鼠标变为载入文本图标，立即单击该文本框右侧的文本框架。

> **ID** | 注意：由于不同的版本差异，用户可能会在文本框架中看到细微的差别。

7. 一旦文本排入中间的文本框架，单击该框架的出口，鼠标再次变为载入文本图标，单击剩下的文本框架，完成串接。

此时，文本仍然溢流，苹果状的物体遮挡了文本。在后续的课程中，通过设置文本格式和使文本环绕图片显示，就能解决这个问题。

Pick Your Berry¶

Skip the supermarket and head out to Berry Farms. We'll point you to your favorite seasonal berries—

blackberries, blueberries, strawberries or raspberries—and send you on your way.¶

Choose Your Dessert¶

Bring back your bushel of berries and head into our cool kitchen to sample dessert offerings, review our recipes and place your order.¶

8. 选择 "文件" > "存储"。

2.5 使用样式

InDesign 提供了段落样式、字符样式以及对象样式，以便快速方便地设置文本和对象的格式，更重要的是，简单的编辑样式便可以完成全局修改。样式操作如下：

- 段落样式包括格式属性，例如缩进，可应用于该段落中的所有文本。通过单击可快速地选定一个段落。
- 字符样式仅包括字符属性，如字体和字号，可应用到选定的文本。
- 对象样式使用户可以对选定对象应用格式，如填充颜色和描边颜色、描边效果和角效果、透明度、阴影、羽化、文本框架选项以及文本环绕。

> **ID** | 提示：段落样式包含段落开始的嵌入样式以及段落中各行的样式。这就使常用的段落格式自动应用，如段落首字下沉，以及每段话的首字母都大写。

下面将设置文本的段落样式和字符样式。

2.5.1 应用段落样式

由于该明信片已接近完成，所有需要的段落样式都已经创建。用户将首先对 3 个串接文本框中的所有文本应用 "Body Copy" 样式，然后对文本框架标题应用 "Subhead" 样式。

1. 使用文字工具（ **T** ），单击包含新导入文本的白色文本框架。
2. 选择 "编辑" > "全选"，以选中串接文本框中的所有文本。
3. 选择 "文字" > "段落样式"，以显示段落样式面板。
4. 在段落样式面板中，单击 "Body Copy" 来设计整个 "故事" 的格式。

> **ID** | 提示：在串接文本框架中的所有文本称作 "故事"。

5. 单击粘贴板中的空白区域，取消全选。

6. 使用文字工具，单击该故事的文本第一行。"Pick Your Berry"。

根据行末隐藏字符就能看出，该行实际上独立成段，因此可应用段落样式。

7. 在段落样式面板中选择 "Subhead"。

8. 对 "Choose Your Dessert" 和 "Savor Your Summer" 均应用 "Subhead" 样式。

9. 选择 "文件" > "存储"。

2.5.2 为文本设置字符样式

目前的设计趋势是高亮句段中的几个关键单词，从而有效地吸引读者的注意。对于明信片而言，设置某几个单词的格式就能使它们看起来很醒目，并基于这些文字创建字符样式。然后就可以快速地为其他文字应用该字符样式。

> **ID** 提示：请记住，在操作时可根据自己的需要对面板进行拆分、调整尺寸或移动。面板的布局配置很大程度上依赖于屏幕可用空间的大小。许多 InDesign 用户都会利用另一台显示器来管理面板。

1. 使用缩放显示工具（🔍），放大明信片左下侧的第 1 个文本框架。该文本框架标题为 "Pick Your Berry"。

2. 使用文字工具（▣），选中正文第四行的"favorite seasonal berries"。

3. 控制面板最左侧的"文本样式"菜单上，选择"斜粗体"（Bold Italic）并将字体设置为"Myriad Pro"。

4. 如有需要，可单击控制面板上的"字符格式控件"图标 ▲。单击填充菜单旁边的箭头，并选择"Berry Red"。

5. 单击取消选择文本，并观察变化。选择"文件">"存储"。

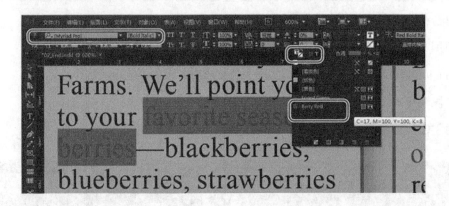

2.5.3 创建和应用字符样式

设置文本格式后，便可基于这些设置创建字符样式了。

1. 利用文字工具（▣），再次选定文字"favorite seasonal berries"。

2. 选择"文字">"字符样式"，以显示字符样式面板。

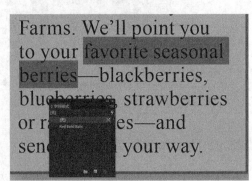

3. 按住 Alt（Windows）或 Option（Mac OS）键，并单击字符样式面板底部的"创建新样式"按钮。在打开的"新建字符样式"对话框中可看到，名为"字符样式 1"的新样式已经创建。该新样式包含了选定文本的特征，如"新建字符样式"对话框所示。

4. 在"样式名称"框中输入"Red Bold Italic"。

5. 在"新建字符样式"对话框底部，选择"将样式应用于选区"，并单击"确定"按钮。

> **ID** 注意：当单击"创建新样式"按钮打开"新建字符样式"对话框时，按下 Alt（Windows）或 Option（Mac OS）键便可立即对该样式进行命名。该操作同样适用于段落样式和对象样式面板。

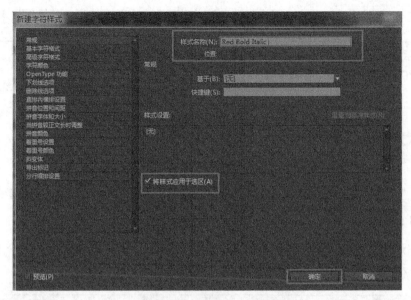

6. 使用文字工具，并在中间文本框架中选择文字"sample our dessert offerings"及其后面的逗号，在字符样式面板中，选择"Red Bold Italic"。

由于应用的是字符格式，而不是段落格式，因此该格式只影响选定的文本，而不会影响整个段落。

> **ID** | 提示：排版时常常需要对经过样式修改的文字及其后面的标点应用相同的样式。

7. 使用文字工具，选择右侧文本框架的文字"we'll deliver"（即使其中一部分被苹果形状的图形覆盖，仍可以通过拖曳鼠标进行选择）。在字符样式面板中，选择"Red Bold Italic"。

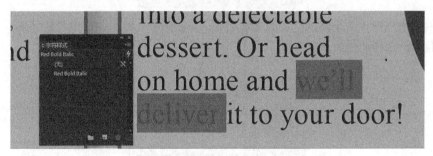

8. 选择"文件">"存储"。

2.6 处理图形

现在为明信片添加最后的设计元素，用户将对图片进行导入、尺寸调整和置入等操作。InDesign 文档用到的图片已放置在框架内。使用选择工具（），可调整该框架的尺寸及图片在其中的位置。在第 10 课 "导入和修改图片" 中，将学习到更多有关图片导入的操作技术。

1. 选择 "视图" > "使页面适合窗口"。

把图片放置于明信片的右上侧。

2. 选择 "编辑" > "全部取消选择"，以确保没有选定任何对象。

3. 选择 "文件" > "置入"。在 "置入" 对话框中，确保没有勾选 "显示导入选项"。

4. 在 "Lessons" 文件夹 "Lesson02" 文件夹中，双击 "Berries.psd" 文件。

载入的图形图标（ ）显示为图片预览。当单击页面时，InDesign 将新建一个图片框架并按照实际尺寸显示图片。现在创建一个图片框架以放置该图片。

5. 将导入的图片图标放置于明信片右上侧两条参考线的交点位置上。

6. 向右下拖曳建立一个跨越栏宽的文本框架。释放鼠标，即可创建出图片框架。该图片框架的长度由图片的比例自动确定。

7. 使用选择工具（ <img> ）选取图片框架底部的中间取点，对其进行拖曳，将图片框架的底部与文本框架的底部对齐并使图片位于文字右侧。

使用选择工具，通过减小图片框架的大小对图片进行剪切

8. 继续使用选择工具，将光标移至图片上可显示内容抓取光标，状似圆环。单击该内容抓取光标可选择图片，然后将图片在文本框架中拖曳至理想位置。

拖曳"圆环"可移动图片在图片框架中的位置

9. 选择"文件">"存储"。

2.7 应用对象

InDesign 页面的构建模块称为对象，包括文本框架、图片框架、标尺、表格等。通常，可以利用选择工具对对象进行移动和调整尺寸等操作。对象可以填充颜色（背景颜色）、设置线条粗细（边框厚度）以及描边色。用户也可以自由地移动对象，与其他对象对齐，按照参考线或固定值精确放置。另外，还可调整对象尺寸、设置文本环绕方式等。在第 4 课中，将学到更多相关知识。下面，学习对象的几个功能。

2.7.1 对象的文本绕排方式

为查看文本绕排的作用，需要将文本置于明信片右下侧苹果状图片的周围。

1. 使用缩放显示工具（🔍），放大显示明信片的右下侧。

2. 使用选择工具（▶），单击苹果状图片。

3. 选择"窗口" > "文本绕排"。

4. 在文本环绕面板中，单击"沿对象形状绕排"按钮（▣）。

5. 关闭"文本绕排"面板。

6. 选择"文件" > "存储"。

> **ID** 提示：文字绕排面板提供了许多选项来精确控制对象和图片的文字绕排方式。

2.7.1 移动对象并修改边框

使用选择工具选定对象时，可以拖曳改变其位置，也可修改其格式。现在，移动页面底部的对话气泡，使其看起来像是小虫嘴里说出来的一样，然后修改边框的粗细和颜色。

1. 使用选择工具（▶），选中对话气泡文本框架。

> **ID** 提示：InDesign 为移动选定的对象提供了多种选择，包括对其进行拖曳，利用方向键对其移动，以及在控制面板上输入"X"和"Y"坐标以精确设定位置。

2. 指向文本框架，显示出移动光标（▶），然后将其拖曳至小虫的嘴边，这并不需要精确地定位。

3. 保持文本框架选定状态，单击右侧的描边面板图标。在描边面板中的"粗细"菜单中选中"1pt"。

4. 保持文本框架选定状态，单击右侧的颜色板面板。

5. 单击面板顶部"描边"选框（），给文本框架指定理想的边框颜色。

6. 选择"Berry Red"，可能需要向下滚动才能看见这个选项。

7. 单击"粘贴板"，取消全部已选对象。

8. 选中"文件">"存储"。

2.8 使用对象样式

如利用段落样式和字符样式一样，用户通过保存各种属性为样式，可快速统一地对对象进行格式设置。本练习中，将应用已有的对象样式，对包含主文本的 3 个串接的文本框架进行样式设置。

1. 选择 "视图" > "使页面适合窗口"。

2. 选择 "窗口" > "样式" > "对象样式"，以显示 "对象样式" 面板。

3. 利用 "选择" 工具 (), 单击左侧包含 "Pick Your Berry" 子标题的文本框架。

4. 单击对象样式面板中的 "Green Stroke and Drop Shadow" 样式。

5. 按下 Shift 键, 同时单击另外两个文本框架, 其子标题分别为 "Choose Your Dessert" 和 "Savor Your Summer"。

6. 单击对象样式面板中的 "Green Stroke And Drop Shadow" 样式。

7. 选择 "文件" > "存储"。

2.9 在演示文稿模式中查看文档

演示文稿模式中，InDesign 界面完全隐藏，文档将铺满整个屏幕。这种模式非常适合于在便携式电脑上将设计理念呈现给客户。

> **ID** 提示：在演示文稿模式中不可编辑文档，但是在其他屏幕模式中可以进行修改。

1. 单击工具面板底部的 "预览" 按钮并保持，然后选择 "演示文稿" ()。

2. 文档查看完毕后, 按下 Escape 键可退出演示文稿模式。该文档将以先前的正常模式显示。

3. 如需查看没有布局辅助的文档，可从应用程序栏的屏幕模式菜单中选择 "预览" ()。

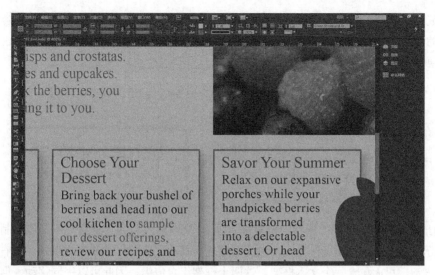

4. 选择"视图">"实际尺寸",可按照实际输出尺寸进行查看。

5. 选择"文件">"存储"。

恭喜!您已经完成了 InDesign 的入门课程!

InDesign 最佳实践

在完成本课明信片的过程中,用户尝试使用文档的基本构建模块,并进行创建文档的最佳实践。按照最佳实践创建出来的文档,会易于设置、修改和复制。这些技术包括:

- 开始时进行"印前检查"。只要收到待制文档就使用"印前检查"功能,可确保文档正确输出。例如,如果该文档缺失了某种字体,继续操作文档前就必须获取该字体。

- 避免重叠对象。设置一个对象的格式而不是分层对象。例如,三个含有明信片主文本的文本框架都应用了同样的文本设置、边框粗细、边框颜色以及阴影。经验不足的 InDesign 用户可能会趋向于通过重叠多个框架来创建这种效果。移动、对齐对象或是修改格式时,使用多个对象会产生额外工作。

- 串接文本框架。新手用户经常将文本放置或粘贴至独立的文本框架中。这些文本框架中的文本需要被单独选择和设置。如果将该文本置入串接的文本框架时,它仍然会作为一个独立文本,称作"故事"。使用一个故事而不是独立文本具有许多好处,用户可选中故事中所有文本,对它们进行设置,并可在故事范围内使用"查找 / 替换"功能。对更长篇幅的文档进行操作时,例如一本书,串接文本框架对于控制文本位置以及修改都十分重要。

- 对所有格式使用样式。InDesign 为对象、段落、句子、字符、表格以及表格单元都提供了样式。使用样式,可快速统一地对文档中所有元素进行设置。另外,如果需要对格式进行了修改，只需要对样式进行修改便可。例如，在粘贴板中，如果需要修改正文使用的字体，只需修改正文段落样式中的字符格式。样式可根据新的格式轻松地更新，并方便各文档之间进行样式共享。

完成本课程之后，将学习到这些功能的更多相关信息。

左侧的最佳实践文本框架的形状类似对话气泡。"文本插入"和"垂直对齐"可控制文本在文本框架中的显示方式。文本框架能作为一个独立对象进行移动、修改尺寸和格式设置。在右侧，图片框架形似对话气泡，里面包含一个文本框架。这两个框架组合成组，因此可以一同移动，但设置格式和修改变得更加复杂。

2.10　练习

想学习更多 InDesign 更多知识，请完成下列操作：

- 使用控制面板或段落和字符面板中的选项（文本菜单），修改文本格式。

- 对文本应用不同的段落和字符样式。

- 移动对象和图片并调整尺寸。

- 对对象应用不同的对象样式。

- 尝试不同的文本环绕选项。

- 双击某段落、字符、或是对象样式，并修改其格式设置。注意观察这些修改给文本或对象带来哪些影响。

- 选择"帮助" > "InDesign 帮助"，查看求助系统。

- 阅读本书的其余内容。

复习题

1. 说明布局会造成的输出问题。

2. 哪些工具可以创建文本框架？

3. 哪些工具可以串接文本框架？

4. 哪种现象表明文本框架包含的文本超出其范围（即溢流文本）？

5. 哪种工具可以用来移动框架和框架中图片？

6 哪个面板提供的选项用于修改选定的框架、图片或文本？

复习题答案

1. 当布局中的某些内容不符合选定的印前检查配置时，"印前检查"面板将报告错误。例如，如果印前检查中指定为 CMYK 输出，而用户导入了一张 RGB 格式图片，则报告一个错误。文档窗口左下角也能看到印前检查报告出的错误信息。

2. 可使用文字工具创建文本框架。

3. 可使用选择工具串接文本框架。

4. 文本框架右下角的红色加号说明该文本为溢流文本。

5. 选择工具可用来拖曳框架，或在图片框架中移动图片。

6. 控制面板为修改选定的字符、段落、图片、框架及表格等提供了选项。

第3课 设置文档和处理页面

课程概述

本课程中，将学习如何进行下列操作：

- 将用户文档设置存储为文档预设。

- 创建新文档，并设置文档默认值。

- 制定主页。

- 再创建一个主页。

- 将主页应用到文档页面。

- 为文档添加页面。

- 重新排列和删除页面。

- 修改页面尺寸。

- 创建节标记并指定页面编号。

- 制定文档页面。

- 旋转文档页面。

 学习本课程大约需要 90 分钟。

Build Your Skills

As you'll see in this guide, HockeyShot has all kinds of great training aids for taking your ice hockey game to the next level. But most people want to start with the basics—the most obvious skills. When it comes to hockey, the first thing that comes to mind is shooting the puck. Then you might start thinking about stickhandling and passing, then finally improving skating and overall strength and agility. So, sticking with the obvious, the bare minimum you need for off-ice training is:

1. A hockey stick, preferably not your on-ice stick

2. A simulated ice surface such as a shooting pad or dryland flooring tiles

3. A puck, training puck or ball

Shooting pads work well if you have limited space as they are easy to move and store. If you're lucky enough to have dedicated space such as a basement or unused garage, the *HockeyShot Dryland Flooring* Tiles let you create a slippery, smooth, custom surface area for training.

Shooting

Want to improve your shot? Shoot 100 pucks per day—or at least *shoot for* shooting 100 pucks per day! No matter how many shots you actually take, practicing your shot is one of the easiest things you can do off-ice. Be sure to shoot off a shooting pad or use your "outdoor" stick, and be careful not to hit anything (cars, windows, passersby). If accuracy is an issue, look into a backstop, cage or shooting tarp.

"You miss 100% of the shots you never take." — *Wayne Gretzky*

Accuracy... How can my son develop a more accurate shot? He seems to use the goalie as a target, and we all know it's not going to go through his body.

Practicing any sport that involves shooting—from archery to basketball to hockey—benefits from having a target. With hockey, of course, your target is anywhere the goalie is not (and can't reach in time). Since the four corners and five hole are the most likely spots to score, those are generally the targets your son can practice on from home. All you need to do is make simple modifications to your net such as adding:

• Pockets such as EZ Goal 4 Corner Netting Targets

• Hanging targets such as X-Targets

• A "goalie" tarp such as the Ultimate Goalie

利用设置文档的工具，可以确保页面布局的一致性并简化工作。本课中，将学习如何为新文件标明设置，设计主页，处理文件页面。

3.1　概述

本课程中，读者将设定一个 8 页的简报，并在其中一个对页中置入文本和图片。还将利用不同尺寸的页面，在简报中插入较小的页面。

> **ID**　注意：如果还未从配套光盘中复制本课程的资源文件，请现在复制。

1. 为确保 Adobe InDesign 程序的首选项和默认设置符合本课程的要求，请先按照前言中的步骤将 InDesign Defaults 文件移动到其他文件夹。

2. 启动 Adobe InDesign。为确保面板和菜单命令符合本课程要求，请依次选择"窗口" > "工作区" > "[高级]"，再选择"窗口" > "工作区" > "重置'高级'"。开始工作之前，先打开已部分完成的 InDesign 文档。

3. 查看完成后的文档。打开文件 03_End.indd，其位于硬盘 InDesign CIB 文件夹中的课程文件夹 Lesson 03 文件夹中。下图显示了其中一个文件的对页。

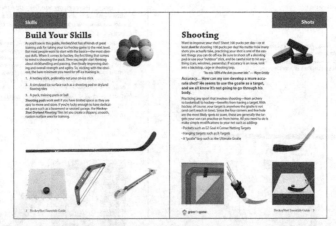

4. 滚动文档以便查看其他页面。将屏幕模式修改为"正常"，以便查看页面的参考线和占位框架。浏览页面 2-3，这将是本课唯一需要设定的页面。此外还将设定一个主页跨页。

> **ID**　注意：完成本课任务时，用户可按自己需要对面板进行移动、缩放。

5. 查看完毕后，关闭"03_End.indd"，也可让其打开以作参考。

3.2　创建并保存用户文档设置

InDesign 允许保存经常使用的文档设置，包括页数、页面大小、分栏以及边距等。当需要快速创建文档并保持文档一致性时，可选择已保存的文档设置（也称作文档预设）。

1. 选择"文件">"文档预设">"定义"。

2. 单击"文档预设"对话框中的"新建"。

 提示：可在任意对话框或面板中使用文档支持的测量单位。如果需要使用与默认不同的测量单位，只需在数值后输入该单位符号，如 p 为派卡（Picas），pt 为点（point），in（"）为英寸。可通过选择"编辑">"首选项">"单位和增量"（Windows）或 InDesign>"首选项">"单位和增量"（Mac OS）"。

3. 在"新建文档预设"对话框中对下列选项进行设置：

   • 在"文档预设"框中输入"Newsletter"。

   • 在"页数"框中输入"8"。

   • 确保已勾选"对页"。

   • 使用默认的"页面大小"（Letter）。

   • 在"分栏"的"行数"文本框中输入 3，并设置"栏间距"为"1p0"。

   • 在页边距中，确保没有勾选"边距"中的"将所有设置设为相同"图标（ ），这样四边的边距可设置不同的值："上"为"6p0"，"下"、"内"、"外"都设为"4p0"。

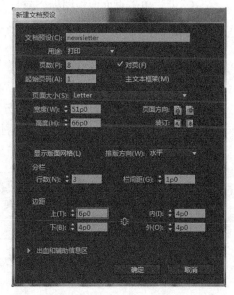

4. 单击"出血和辅助信息区"旁的小三角，显示另外的控件。在"出血"的"上"文本框中输入".125in"。然后，请确保已勾选"将所有设置设为相同"的图标，这样"下"、"内"、"外"文本框中可使用相同的值。单击"下"，注意 InDesign 自动将其他单位测试量值（本例中为英寸）转换为相应的派卡值（Picas）和点值（Point）。

出血值指定了每个页面之外的区域，页面之内的区域可以打印或显示设计所需元素，如图片、背景颜色等，出血值扩展了页面边缘。印刷后，出血区会被剪裁并删除。

5. 在两个对话框中单击"确定"按钮，可保存文档预设。

3.3 新建文档

每次新建文档，都可以从"新建文档"对话框中选择文档预设作为开始，也可以利用该对话框指定几项文档设置，包括页数、页面尺寸、栏数等。本节中，将为刚建的文档使用"Newsletter"预设。

1. 选择菜单"文件">"新建">"文档"。

2. 在"新建文档"对话框中，从"文档预设"菜单中选中"Newsletter"。

3. 单击"确定"按钮。

InDesign 将创建一个新文档，并使用该文档预设的所有配置，如页面大小、边距、栏数以及页数等。

4. 通过单击页面面板图标，或是选择"窗口">"页面"来打开页面面板。

如有需要，拖曳面板右下角直到所有文档页面图标可见为止。

在页面面板中，页面 1 的图标为灰色高亮，图标下面的页面编号也反向显示，说明页面 1 当前正显示在文档窗口中。

页面面板由两部分组成。上半部分用来显示文档主页图标（主页类似于背景模板，可将其应用于文档的任一页面）。主页包含了如页眉、脚注以及页面编号等在所有文档页面中出现的元素。下半部分显示文档页面图标。

本文档中，默认的主页（默认名为："A- 主页"）是由两个对页组成的跨页。

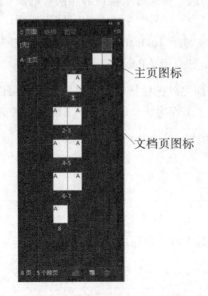

主页图标

文档页图标

5. 选择"文件">"存储为",将文件命名为"03_Setup.indd",并保存至"Lesson03"文件夹中，单击"保存"。

3.4 切换打开的 InDesign 文档

学习过程中，读者可能希望在新建文档和提供的最终文档之间来回切换以便参考。如果两个文档都已打开，可在两者之间进行切换。

1. 打开"窗口"菜单，菜单底部列出了当前已打开的 InDesign 文档。

2. 选择要查看的文档，该文档将会显示在最前端。

所有已打开的文档，名称也会按打开顺序在文档窗口的顶部从左往右显示。单击某个文档的名称便可显示该文档。

> **ID** 提示：切换打开的 InDesign 文档的快捷键为：Ctrl+`（Windows）或 Command+`（Mac OS）（"`"键位于制表符键下方）。

3.5 编辑主页

向文档添加图片和文本框架之前，需要设置主页作为文档页面的背景。设置主页后，添加到主页的所有对象都会自动地出现在主页所在文档页面中。

本文档中，用户将创建两个主页跨页：一个包含参考线网格和脚注信息，另一个包含占位框架。通过创建多个主页，可在修改页面的同时确保设计一致性。

3.5.1 为主页添加参考线

参考线是非打印线，用来辅助精确布局。为主页添加了参考线之后，应用了该主页的所有文档页面都将显示参考线。本文档中，将添加一系列的参考线，形成网格，方便精确放置图片框架、文本框架及其他对象。

1. 在页面面板的上半部分，双击"A- 主页"。该主页的左页面和右页面都将显示在文档窗口中。

2. 选择"视图">"使跨页适合窗口"，可同时显示主页的两个页面。

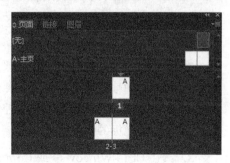

3. 选择"版面">"创建参考线"。

4. 勾选"预览"可显示出对其做的修改。

5. 在"行数"文本框架中输入"4"，"行间距"文本框架中输入"0p0"。

6. 在"栏数"中输入"2"，"栏间距"文本框架中输入"0"。

7. 对于"参考线适合"，选择"边距"并注意水平参考线出现在主页中。

选择"边距"而不是"页面"时，将在版心内而不是页面内创建参考线。由于栏参考线已经显示在文档中，则无需添加栏参考线。

8. 单击"确定"按钮。

3.5.2 从标尺中拖曳参考线

可从水平和垂直标尺拖曳出参考线，从而在各个页面中添加更多帮助对齐的辅助线。拖曳出参考线时按住 Ctrl（Windows）或 Command（Mac OS），参考线应用到整个跨页。拖曳参考线时按下 Alt（Windows）或 Option（Mac OS）键，可将水平参考线变为垂直参考线，或将垂直参考线可变为水平参考线。

本课程中，将把页眉置于页面顶部空白区之上，把页脚置于页面底部空白区之下。为能精确放置页眉和页脚，将手动添加两条水平参考线和两条垂直参考线。

1. 如果没有选定，可双击页面面板中的名称"A- 主页"。如果在页面面板上半部分没有看见"A-主页"，可能需要在面板上半部分滚动才能看到，也可向下拖曳主页图标和文档页面图标之间的水平分割栏，以查看没有显示出来的主页图标。

2. 选择"窗口">"对象与版面">"变换"，打开变换面板。无需在文档中单击，仅仅在文档窗口中移动光标即可，观察水平和垂直标尺随着光标移动而移动。请注意标尺中的细线如何响应光标的位置。注意控制面板上"X"和"Y"坐标值的变化以及变换面板上指出了当前光标的位置。

3. 按住 Ctrl（Windows）或 Command（Mac OS）键，并将鼠标置于跨页上方的水平标尺中。

将标尺线向下拖曳 2p6 派卡。当进行拖曳时，Y 坐标值显示在光标旁，同时也显示在控制面板和变换面板中的"Y"文本框中。当创建参考线并按下 Ctrl（Windows）或 Command（Mac OS）键，该参考线将扩展至整个跨页，包括粘贴板区域。如果没

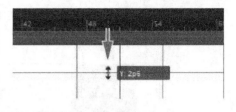

有按下 Ctrl（Windows）或 Command（Mac OS）键，参考线只会应用于释放鼠标的页面上。

4. 按住 Ctrl（Windows）或 Command（Mac OS）键，再从水平标尺中拖曳两条参考线，一条至 5p 位置，另一条至 63p 位置。

5. 按住 Ctrl（Windows）或 Command（Mac OS）键，并从垂直标尺中拖曳一条参考线至 17p8 位置。拖曳时，观察控制面板上"X"值的变化。该位置上，参考线将切断栏参考线。拖曳时，如果"X"值不能显示 17p8，那也请尽量拖曳到靠近的位置，然后保持选定参考线，在控制面板或变换面板中的"X"值中，输入"17p8"，按 Enter 键。

6. 按住 Ctrl（Windows）或 Command（Mac OS）键，并再从垂直标尺中拖曳一条参考线至 84p4 位置。

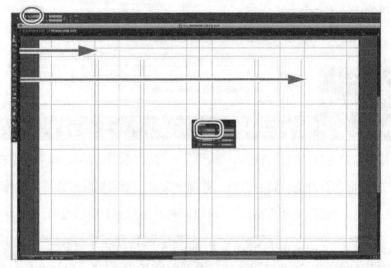

7. 关闭或停放变换面板，然后选择"文件">"存储"。

3.5.3　在主页中创建文本框架

在主页中添加的任何文本或图片都将显示在应用了该主页的所有页面中。在页脚位置，将添加出版物的标题（"HockeyShot Essentials Guide"），并为对开跨页的两个页面添加页码。

1. 确保可看见左主页的底部。如有需要，放大视图并便用滚动条或抓手工具（🖐）滚动文档。

2. 选择工具面板中的文字工具（🇹）。在左页面中，单击最左列两参考线交点位置，并进行拖曳，

新建如下所示的文本框架。文本框架的右侧边缘应与页面中间的垂直标尺参考线对齐，底部边缘应与页面底部对齐。

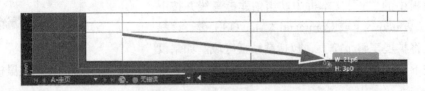

注意：当使用文字工具创建文本框架时，文本框架的起始位置位于显示"I"型左上角光标的黑色箭头顶部。当光标位于参考线上时，光标箭头将变为白色。

3. 将插入点置于新文本框架内，选择菜单"文字" > "插入特殊字符" > "标志符" > "当前页码"。

文本框架中将显示字母"A"。应用该主页的文档页面中，将显示相应的页码编号，如在页面2中显示"2"。

4. 为在页码后插入一个全角空格将插入点置于文本框架中，右键单击（Windows）或按住Control单击（Mac OS），打开上下文菜单，然后选择"插入空格" > "全角空格"。也可从文字菜单中选择此命令。

5. 在全角空格后输入"HockeyShot Essentials Guide"。

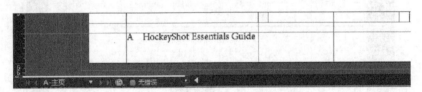

6. 单击文档窗口的空白区域，或选择"编辑" > "全部取消选择"，以取消选择文本框架。

接下来，把左页面的页脚复制到右页面，并调整文本，使两侧的页脚可以对称显示。

7. 选择"视图" > "使跨页适合窗口"，可以同时看见两主页面的底部。

提示：如果按住Alt（Windows）或Option（Mac OS）键拖曳某文本框架时，同时按下Shift键，将把移动方向的角度限制在45°。

8. 使用选择工具，选定左页面的页脚文本框架。按住Alt键（Windows）或Option键（Mac OS），将文本框架拖曳至右页面（如下图所示），使其与右页面的参考线对齐并同左页面对称显示（如下图）。

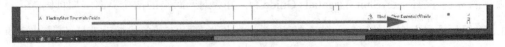

9. 选择文字工具（T），然后在右页面中单击文本框架中的任意位置，创建插入点。

10. 单击控制面板上的"段落样式"，然后单击"右对齐"按钮。

单击控制面板左侧的"段落样式"可查看对齐选项。

现在右侧页面的脚注文本框架中的文本靠右对齐。下面修改右侧页面的页脚，将页码编号置于"HockeyShot Essentials Guide"的右侧。

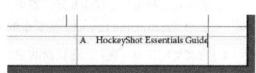

11. 删除页脚开始处的全角空格和页码。

12. 在"HockeyShot Essentials Guide"设置插入点，然后选择"文字">"插入空格">"全角空格"。

13. 选择"文字">"插入特殊符号">"标志符">"当前页码"，可在空格之后插入当前页码"。

左脚注和右脚注

14. 选择"编辑">"全部取消选择"，然后选择"文件">"存储"。

3.5.4 重命名主页

当文档包含多个主页时，可能需要为每个页面指定合适的名称以便识别。下面将第 1 个主页重命名为"3-column Layout"。

1. 如果页面面板没有打开，可选择"窗口">"页面"，确认选定了 A- 主页。单击页面面板菜单按钮（ ）中 A- 主页的"主页选项"。

2. 在"名称"文本框中，输入"3-column Layout"，然后单击"确定"按钮。

3.5.5　添加文本占位符框架

该文件主体的每个页面中都会包含文本和图片。在每个页面中，主文本框架和图片框架都是一样的，所以可在"A-3-column Layout"主页中创建文本占位符框架和图片占位符框架。

> **ID** 提示：如果希望在左右页面设置不同的边距和分栏，可分别双击跨页左右页面，然后通过选择"版面"＞"边距和分栏"来进行设置。

1. 若需在文档窗口中居中显示左页面，可双击页面面板中"A-3-olumn Layout"主页中的左页面图标。

2. 选择文字工具（ **T** ），在页面的左上角单击水平和垂直页边交点处进行拖曳，可新建文本框架。该文本框架水平方向横跨两栏，垂直方向为从页面的上边缘到下边缘。

3. 双击页面面板中"A-3-column Layout"主页的右页面图标，将其在文档窗口居中显示。

4. 使用文字工具（ **T** ），在右页面新建另一个文本框架，新的文本框架与刚刚在左页面新建的文本框架一致。确保文本框架的左上角与页面左上角的边缘参考线交点对齐。

5. 单击页面或粘贴板空白区域，或者选择"编辑"＞"全部取消选择"。

6. 选择"文件"＞"存储"。

3.5.6　添加图片占位符框架

现在已为各页面的主文本添加了文本框架。下面将为"A-3-column Layout"主页添加两个图片框架。与创建文本框架类似，文档中的这些占位符框架有助于确保设计的一致性。

> **ID** 提示：并非在所有文档中都需要添加占位符框架，名片、广告等单页文档就不需要主页和占位符框架。

虽然矩形工具（ ■ ）和矩形框架工具（ ⊠ ）功能类似，但矩形框架工具（包含一个非打印的 X ）更常用于创建图片占位符。

1. 选择工具面板中的矩形框架工具（ ⊠ ）。

2. 将十字形光标置于右页面上边缘参考线和右边缘参考线的交点。

向左下方拖曳以新建占位符框架，水平、垂直方向各占一栏宽度，至下一个参考线。

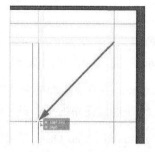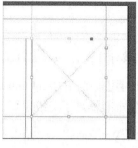

3. 在左符页面创建相同的占位符框架。

4. 使用选择工具单击页面或粘贴板空白区域，或者选择"编辑">"全部取消选择"。

5. 选择"文件">"存储"。

3.5.7 创建其他主页

在同一个文档中可创建多个主页，并可以独立地创建每个主页，也可以基于同一文档中的某一主页（称为父级主页）进行创建。基于另一主页创建出来的主页（称为子级主页），对父级主页做的任何修改都会自动地应用于子级主页。

例如，如果"A-3-column Layout"对该文档的大部分跨页页面都适用，便可作为其他主页的父级主页，共享主要的版面元素，如边距和当前页码编号字符等。

为适应不同的版面，将创建独立的主页跨页，应用双栏格式，然后修改双栏布局。

1. 从页面面板菜单中选择"新建主页"。

2. 在"名称"文本框中，输入"2-column Layout"。

3. 在"基于主页"菜单中，选择"A-3-column Layout"，单击"确定"按钮。

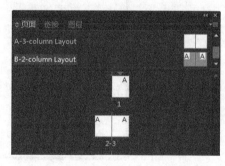

注意页面面板上半部分的"B-2-column Layout"主页上也显示了字母 A。该字母说明"B-2-column Layout"模板继承了"A-3-column Layout"的设置。如果对"A-3-column Layout"主页进行修改，也会影响到"B-2-column Layout"。用户也可能注意到在其他主页中不太容易选定对象，如页脚。在之后的课程中将介绍如何选择和覆盖主页项。

4. 选择"版面">"边距和分栏"。

5. 在"边距和分栏"对话框中，将"分栏"中的"栏数"设置为"2"，然后单击"确定"按钮。

ID 提示：如果在页面面板中未显示所有的主页图标，可单击横栏，将主页图标和文档页图标分开，并向下拖曳，直到显示其他主页图标。

3.5.8　覆盖主页项目

使用双栏布局的文档页面不需要占位框架，所以只需要保留"A-3-column Layout"上的页脚文本框架和参考线。下面移除"B-12-column Layout"主页上的占位框架。

1. 利用"选择"工具（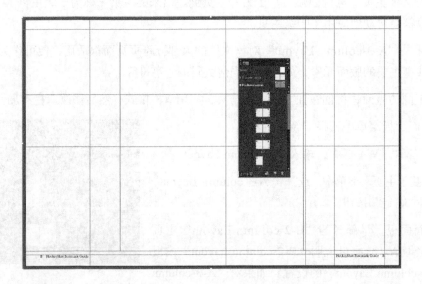），在"B-2-column Layout"主页左页面的图片框架中单击。未能响应。这是因为该占位符框架继承了父级主页，无法通过简单的单击进行选取。

2. 可按住 Shift+Ctrl（Windows）或 Shift+Command（Mac OS），在图片框架中单击。该图片框架现在已被选取，此时可以覆盖该占位框架在主页上的项目。按下退格或是删除键，可删除该占位符框架。

3. 使用同样的方法删除右页面的图片占位符框架，以及两侧页面的文本占位符框架。

> **ID** | 提示：为覆盖多个主页项目，可以按住 Shift+Ctr（Windows）或 Shift+Command（Mac OS），并使用选择工具，拖曳出矩形框架选定需要覆盖的对象。

4. 选择"文件"＞"存储"。

3.5.9　修改父级主页

为完成文档主页布局，将在"A-3-column Layout"主页顶部添加几个页眉元素，为右页面添加其他的页脚元素。然后将查看"B-2-column Layout"主页，观察如何自动为跨页添加新对象。

导入"snippet"，而不是手动布局其他的页眉和页脚占位符框架。类似于图片文件，snippet 是包含 InDesign 对象及其相对位置的文件；InDesign 可以将对象输出为 snippet 文件，并将 snippet 导入文档（本课程的后面内容中，还将用到 snippet 文件，用户将在第 10 课中学到更多 snippet 相关知识）。

注意：在第 4 课中将学习到更多新建和修改文本框架、图片框架以及其他对象的相关知识。

1. 双击页面面板中上的"A-3-column Layout"主页名称，以显示跨页。

2. 选择"文件">"置入"。打开 Lesson03 文件夹（位于 InDesign CIB 文件夹的 Lesson 文件夹）中的"Links"文件夹。单击名为"Snippet1.idms"的文件将其打开。

3. 将导入的 snippet 图标置于跨页左上角红色出血参考线之外，单击放置 snippet。

snippet 将在每页的页眉放置标题，并在右页面底部导入图片。每个页眉包含空白的红色图片框架，以及白色占位符文本的文本框架。

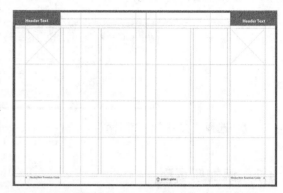

4. 双击页面面板中的"B-2-column Layout"主页名称。注意刚应用到"A-3-column Layout"主页上的新元素如何自动地应用到子级主页。

5. 选择"文件">"存储"。

提示：在页面或是跨页中选择一个或多个对象来创建 Snippet。选择"文件">"输出"，然后从"保存为文本"菜单（Windows）或"样式"菜单（Mac OS），选择"InDesign Snippet"。选择文件保存路径并命名，然后单击"存储"。

3.6 将主页应用到文档页面

现在已创建了所有的主页，该将它们应用到文档中的页面了。默认情况下，所有的文档页面都应用了"A-3-column Layout"主页进行设置。将"B-2-column Layout"主页应用到通讯稿的几个页面，然后将"None"主页应用到封面页，因该封面页不需要页眉或页脚信息，因此不需要主页。

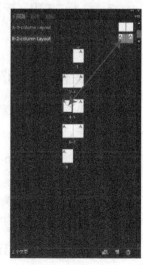

可以通过拖曳主页图标到文档页面图标上，或使用页面面板菜单选项将主页应用到文档页上。在大型文档中，将页面图标水平地显示在页面面板中会很方便。

1. 双击页面面板中的"B-3-column Layout"主页名称。确保所有的主页和文档页都能显示在面板上。

2. 将"B-2-column Layout"主页的左页面图标拖曳至文档页面 4。当页面 4 显示有黑色边框时，说明在文档页应用了主页，此时可松开鼠标。

3. 将"B-2-column Layout"主页的右页面图标拖曳至文档页面 5，并将左页面图标拖曳至文档页面 8。

4. 双击页面面板中的页面号 4-5（页面图标下），可显示出该跨页。注意该跨页的两页面已应用了主页的双栏布局以及父级主页上的页眉和页脚元素。还要注意，由于"A-3-column Layout"模板跨页中设置了"当前页面编号"字符，故每个页面上都显示了正确的页面编号。

5. 双击页面 1 的图标。由于该页面基于"A-3-column Layout"主页，所以包含了页眉和页脚元素，而封面不需要这些元素。

6. 从页面面板菜单中选择"将主页应用于页面"。在"应用主页"对话框中，从"应用主页"菜单选择"[无]"，并确认"于页面"文本框中数字为"1"，单击"确定"按钮。

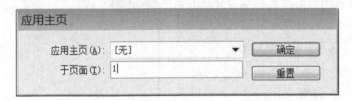

7. 选择"文件" > "存储"。

3.7 添加新页面

用户可在已有的文档中添加新的页面。然后为该新闻稿添加另外 6 个页面。本课程后续内容中，还将利用其中的 4 个页面，作为"特别版面"，并设置不同的页面尺寸和独立的页面编号。

1. 在页面面板中选择"插入页面"。

2. "插入页面"对话框中，在"页数"文本框输入"6"，从"插入"菜单中选择"页面后"，并在页码文本框中输入"4"，然后从"主页"菜单中选择"[无]"。

3. 单击"确定"按钮。此时在文档中插入了 6 个空白页面，拉开页面面板，便可查看所有的文档页面。

3.8 重新排列和删除页面

使用页面面板来重新排列页面，并删除多余的页面。

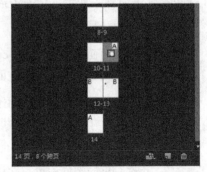

1. 在页面面板中，单击页面 12 将其选中。注意该页面基于"A-3-column Layout"主页，将其向上拖曳至页面 11 的图标，该图标基于"B-2-column Layout"主页，当手形工具中的箭头指向右边，说明页面 11 将沿着该方向被"推出"，松开鼠标。

注意此时页面 11 已改为基于"A-3-column Layout"主页，

而之前的页面 11 页变成了页面 12。页面 13 及其之后的页面都未变动。

2. 单击页面 5，并按下 Shift 键，然后单击页面 6（之前插入 6 个页面中的两页）便可选定该跨页。

3. 单击面板底部的"删除选中页面"按钮（🗑）删除页面 5 和页面 6。

4. 选择"文件">"存储"。

3.9 修改页面尺寸

下面，通过修改"特别版面"的页面尺寸，在通讯稿中创建插入页。然后快速制定两跨页来构建此版面。

1. 选择"页面"工具（🔦）。单击页面面板中的页面 5，并按下 Shift 键，然后单击页面 8。此时页面 5 ~ 8 将在面板中突出显示。下面修改这些页面的尺寸。

2. 在控制面板的宽度文本框中输入"36p"，高度文本框中输入"25p6"。每次为选定的页面输入数值后，按下 Enter 键，该值将被应用于选定的页面。这些数值将生成一个标准明信片大小的插入页。

3. 在页面面板中双击页面 4，然后选择"视图">"使跨页适合窗口"。注意此时跨页包含了尺寸不同的页面。

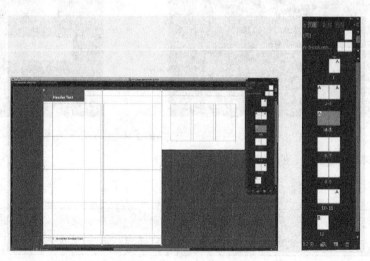

4. 使用页面工具选择页面 5 至页面 8。

5. 选择"版面">"边距和分栏"，打开"边距和分栏"对话框，设置新的边距和分栏参考线。确保边距设置中的"将所有设置设为相同"图标（🔗）已被选择，这样输入 1 个值即可使四边的边距具有相同值。在"上"文本框中输入"1p6"。在"分栏"的"栏数"文本框中输入"1"，然后单击"确定"按钮。

3.10 添加章节以修改页码编排方式

下面将为新建的特别版面应用其自己的页面编排系统。通过创建章节，可在文档中使用不同的页码编排方式。将在特别版面的第 1 页开始一个新章节，随后调整后面页面的编号，以保证页面编号能正确显示。

1. 在页面面板中，双击页面 5 图标，将其选择并显示。

2. 从页面面菜单中选择"页码和章节选项"。在"新建章节"对话框中，确保已选择"开始新章节"和"起始页码"，"起始页码"为"1"。

3. 在对话框中页码编排下的"样式"下拉列表中，选择"i, ii, iii, iv…"。单击"确定"按钮。

4. 查看页面面板上的页面图标。从第 5 个文档页面开始，页面图标下的数字变为罗马数字。其余含有页脚的文档页面，其页脚中的数字也变为了罗马数字。

现在，将为特别版面接下来的文档页面使用阿拉伯数字，并接续特殊版面之前的编号（页面 4）。

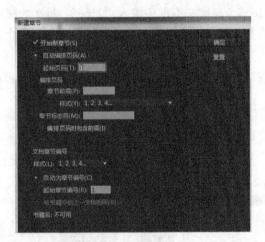
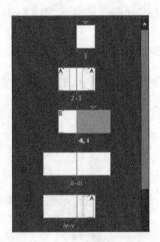

页面i图标上方的三角形标明新章节的起始位置

5. 单击并选择页面面板上的页面 v。

6. 从页面面板菜单中选择"页码和章节选项"。

> **ID** 注意：单击页面图标，只会使页面显示出来以便编辑，不会使页面显示在文档窗口中。如果希望导览页面，可双击页面面板中相应的页面图标。

7. 在"新建章节"对话框中，确保已选择"开始新章节"。

8. 选择"起始页码"，并在旁边的文本框中输入"5"，使该章节从页面 5 开始，并使文档后面页面接着前面非特殊版面的文档页面（1-4）继续编号。

9. 从"样式"菜单中选择"1，2，3，4…"，然后单击"确定"按钮。

现在，页面被正确地重新编排了页码。注意在页面1、页面 i 和页面5上方显示的黑色三角，这说明从这些地方开始了新章节。

10. 选择"文件">"存储"。

3.11　覆盖文档页面上的主页项目，并插入文本和图片

现在，共 12 页的文档整体框架（8 页指南以及 4 页插入页）已经就绪，可以开始设计各文档页面了。将为页面2和页面3的跨页添加文本和图片，并观察这些操作对设置了主页的页面有何影响。在第 4 课"使用对象"中，将学习创建和修改对象的更多知识，因此本课程中，将简化设计过程。

1. 选择"文件">"存储为"，将文件命名为"03_Newsletter.indd"，并保存至 Lesson03 文件夹中。

2. 在页面面板中，双击页面2图标（不是页面 ii），然后选择"视图">"使跨页适合窗口"。

注意，由于页面2和页面3应用了"A-3-column Layout"主页，因此该页面包含了参考线、页眉和页脚，以及该主页上的占位符框架。

从其他应用程序中导入文本或图片，如 Adobe Photoshop 中的图片或 Microsoft Word 中的文本，使用"置入"命令。

3. 选择"文件">"置入"。如有需要，可打开 Lesson03 文件（位于 InDesign CIB 文件夹中的 Lesson 文件夹）中的 Links 文件夹。单击 Article1.docx 文件，然后按住 Shift 键单击 Graphic2.jpg 文件。选定了 4 个文件：Article1.docx，Article2.docx，Graphic1.jpg 和 Graphic2.jpg，单击"打开"按钮。

光标变为了载入文本图标（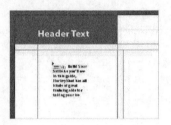），并可预览置入的文本文件 Article1.docx 的前几行。

> **ID** 提示：如果在已有的占位框架中单击，InDesign 将利用该占位符框架，而不是新建一个。当导出文件或图形到布局时，若 InDesign 识别出了载入的文本图标或图形图标下已存在的框架，那么就会显示括号。

4. 将载入的文本图标置于页面 2 中的占位符文本框架上，单击将 Article1.docx 导入该文本框架。

5. 导入其余的 3 个文件：单击页面 3 中的文本框架，导入文本 Article2.docx；单击页面 2 中的图片框架，导入图片 Graphic1.jpg；单击页面 3 中的图片框架，导入图片 Graphic2.jpg。

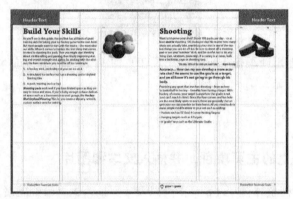

6. 选择"编辑">"全部取消选择"。

导入 snippet 来完成该跨页的设计。

7. 选择"文件">"位置"。单击文件 snippet 2.idms，然后单击"打开"按钮。

8. 将载入的 snippet 图标 放置在跨页的左上角之外，即红色出血参考线处，单击以放置 snippet。

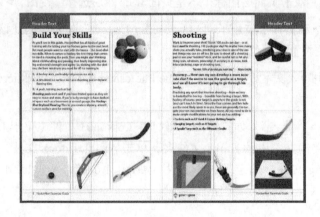

9. 选择"编辑">"全部取消选择",或是单击页面或粘贴板的空白区域,全部取消选择对象。

10. 选择"文件">"存储"。

下面将在跨页上覆盖两个主页项——包含页眉文本的文本框架,并用新的文本替换占位符。

1. 选择文字工具（ T ）,按住 Shift+Ctrl（ Windows ）或 Shift+Command（ Mac OS ）,然后单击页面 2 中的占位符文本框架,该文本框架中包含了页眉文本。用"Skill"替换该占位符框架中的文本。

2. 重复步骤 1,将页面 3 的页眉改为"Shots"。

3. 选择"文件">"存储"。

3.12 查看完成后的跨页

下面隐藏参考线和占位符框,以便查看完成后的跨页。

> **ID** 提示:使用制表符键可显示 / 隐藏面板,包括工具面板和控制面板。（使用"文字"工具对文本进行操作时,不可使用该功能。）

1. 单击选择工具（ ）,双击页面面板上的页面 2,在窗口中显示该页面。

2. 选择"视图">"使跨页适合窗口",如有需要,还可隐藏任意面板。

3. 选择"视图">"屏幕模式">"预览",可隐藏粘贴板及所有参考线、网格和占位符框架的边缘。

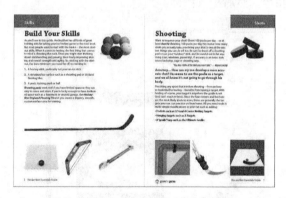

至此,用户通过设置一个 12 页的文档,知道了如何为主页添加对象,以确保整个文档设计一致。

4. 选择"文件">"存储"。

恭喜! 您已完成本课程的学习!

旋转跨页

某些情况下,可能需要旋转页面或跨页以便查看阅读。如标准尺寸的纵向杂志可能需要一个横向日历，此时可以将日历上所有对象旋转 90°，但查看和编辑版面和文本时，将需要转头或旋转显示器。因此为方便编辑，可以旋转跨页。例如，打开 Lesson_03 文件夹的文件 "03_End.indd"。

1. 在页面面板中，双击页面 4，将其显示在文档窗口中。

2. 选择"视图">"使页面适合窗口"，将该页面居中显示在窗口中。

3. 选择"视图">"旋转跨页">"顺时针 90°"。

向右旋转跨页后，将更加轻松方便地对页面上的对象进行编辑。

4. 选择"视图">"旋转跨页">"清除旋转"。

5. 不保存修改，关闭文档。

3.13 练习

学习本课后，可应用这些操作对文档进行编辑，这是提高操作技能的良好学习方式。请试试下面的练习，它们将为您提供更多 InDesign 操作技巧练习。

> **ID** | 提示：选择"视图">"屏幕模式">"标准"，回到标准显示模式。

1. 在页面 3 的第 3 栏中再插入一张照片。可使用 Links 文件夹位于 Lesson03 中的"GraphicExtra.jpg"。打开"置入"对话框后，单击水平参考线和第 3 栏左边缘的交点，并进行拖曳，直到宽度与该分栏相等，然后释放鼠标。

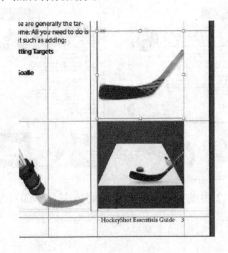

2. 再为文档新建一个主页。基于"A-3-column Layout"新建主页，并命名为"C-4-column Layout"，将其"栏数"修改为"4"，这样它就包含 4 栏而非 3 栏。将该主页应用到任意的空白页面。

复习题

1. 为主页添加对象有何优势?

2. 如何在文档中修改页面编号方案?

3. 在文档页面中如何选择主页项目?

4. 基于已有的主页新建主页有何好处?

复习题答案

1. 通过给主页添加对象,如参考线、页脚和占位符框架等,可使应用了该主页的文档页面版面一致。

2. 在页面面板中,选择编号起始页的页面图标。然后从页面面板菜单中,选择"页码和章节选项",并制定新的页面编号方案。

3. 按住 Shift+Ctrl(Windows)或 Shift+Command(Mac OS),单击对象将其选定。然后可对选定的对象进行编辑、删除或其他操作。

4. 基于已有主页而新建的主页,可以为新的主页和已有的主页建立父级—子级关系。对父级主页进行任何修改都会自动地应用到子级主页。

第**4**课 使用对象

课程概述

本课程中，将学习如何进行下列操作：

- 使用图层。

- 创建和编辑文本框架和图片框架。

- 将图片导入图片框架。

- 在网格图片框架中导入多个图片。

- 剪切、移动和缩放图片。

- 调节两占位符框架的间距。

- 为图片框架添加说明。

- 置入并链接图片框架。

- 修改占位符框架的形状。

- 将文本绕排。

- 创建复杂形状占位符。

- 将框架形状转化为其他形状。

- 修改和对齐对象。

- 选择和修改多个对象。

- 创建 QR 码。

 完成本课程大约需要 90 分钟。

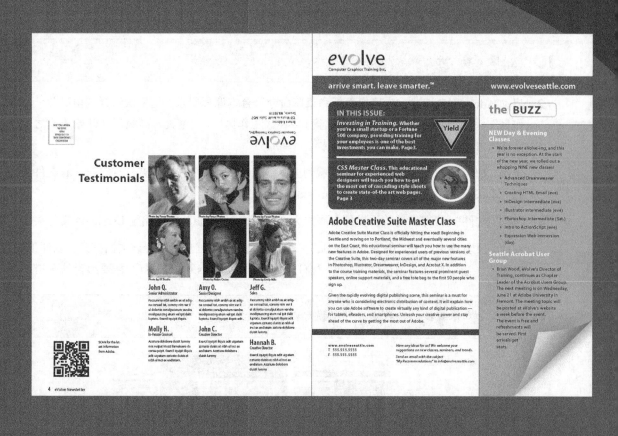

InDesign 框架可容纳文本、图片或色彩。使用框架时，Adobe InDesign 为用户提供了极大的灵活性，让您能够充分控制设计方案。

4.1 概述

本课程中，将对两张跨页进行操作，该跨页组成四页的通讯稿。下面将为两张跨页添加文本和图片，进行若干修改工作。

ID | **注意**：如果还未从配套光盘中复制本课程的资源文件，请现在复制。

1. 为确保用户的 Adobe InDesign 程序首选项和默认设置符合本课程的要求，请先按照前言将 InDesign Defaults 文件移动到其他文件夹。

ID | **注意**：若打开示例文档时出现提示，请单击"更新链接"。

2. 启动 Adobe InDesign。为确保面板和菜单命令符合本课程要求，请依次选择"窗口" > "工作区" > "[高级]"，然后再选择"窗口" > "工作区" > "重置'高级'"。开始工作之前，应先打开已部分完成的 InDesign 文档。

3. 选择"文件" > "打开"，然后选择已下载到电脑上的 InDesignCIB 文件夹，选择 Lessons 文件夹，打开 Lesson04 文件夹中的 04_a_Start.indd 文件。

4. 选择"文件" > "存储为"，将文件名修改为"04_Objects.indd"，并存储至 Lesson04 文件夹中。

5. 在同一文件夹中打开"04_b_End.indd"，查看完成后的文档。可以让该文档打开，以便工作时参考。当一切准备就绪，可选择"窗口" > "04_Objects.indd"，打开需要编辑的文档。

ID | **注意**：本课程操作过程中，可根据需要移动面板或修改缩放比例以便于操作。

本课程中用到的通讯稿包含两个对页跨页。左侧的跨页包含了页面4（封底）和页面1（封面）；右侧的跨页包含了页面2和页面3（中央跨页）。逐页浏览时，请记住这样的页面顺序。现在，可查看完成后的通讯稿

4.2 使用图层

在开始创建和修改对象之前，应先理解 InDesign 图层的工作机制。默认情况下，每个新的

InDesign 文档包含有一个图层（名为"图层 1"）。可修改该图层的名称，也可以随时为创建的文档添加更多新的图层。将对象分布在不同的图层上，便于进行选取和编辑。在图层面板上，可选择、显示、编辑和打印单个图层、图层组或全部图层。

"04_Objects.indd"该文件包含有 2 个图层。下面将利用这些图层了解图层的顺序以及对象在图层的位置将对文档的设计效果带来很大影响。

图层简介

可将图层看做是一层层堆起来的透明胶片。创建对象时，可将其放置在选定的图层上，也可以将对象在图层间进行移动。每个图层都包含一组对象。

图层面板（"窗口"＞"图层"）显示了该文档中的图层列表，可用来创建、管理和删除图层。图层面板也可显示某个图层上所有对象的名称，可对这些对象进行显示、隐藏或锁定等操作。单击图层名称左侧的三角符号，可在显示/隐藏对象名称之间切换。

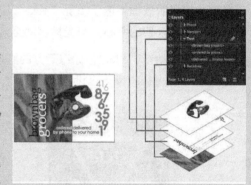

利用多图层，可创建和编辑某一特定区域及特定内容，从而不会影响其他区域和内容。例如，如果某个文档打印十分缓慢，可能是因为它包含许多大图片，这时可用一个图层仅仅放置文本，在需要校订文本时，隐藏其他图层，快速显示文本图层即可。也可使用图层为同一版面显示不同的设计方案，或是为不同地区提供不同的广告版本。

1. 单击图层面板图标，或选择菜单"窗口"＞"图层"打开图层面板。

2. 如果在图层面板上没有选定图层"Text"，请单击将其选定。该图层高亮显示表示已被选中。注意图层名称右侧出现了"钢笔"图标（ ），说明该图层为当前的目标图层，此时导入或创建的任何对象都将放置到目标图层中。

3. 单击图层"Text"名称左侧的三角符号。此时，该层上所有的分组和对象名称都显示在该图层名称下方。使用面板滚动条可查看名称列表，然后再次单击三角符号将它们隐藏。

4. 单击图层"Graphics"名称最左侧的眼睛图标（ ）。此时，该层上的所有对象都被隐藏。眼睛图标可以用来切换显示/隐藏某一图层。当隐藏图层时，眼睛图标消失；再次单击空框，可重新显示图层。

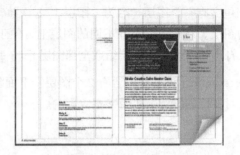

单击隐藏图层内容   隐藏跨页的图层 "Graphics"

5. 使用缩放显示工具（）放大封面（页面1）上的深蓝色框架。

6. 使用选择工具（ ），将鼠标移动到Yield图形符号内。注意该框架周围高亮显示的蓝色矩形。蓝色的边框说明该框架位于图层"Text"，因为该层事先已设置为蓝色。透明的环状内容提取器显示在该框架的中心。当光标移动至该内容提取器上时，光标变成了手形。

7. 现在将光标移动至"Yield"标识下方的圆形图片框架中。注意该框架红色高亮显示，这是因为图层"Graphics"事先已设置为红色。

当箭头光标显示时，单击并拖曳   当手形光标显示时，单击并拖曳
框架并带着图片一起移动   图片在图片框中移动

8. 将光标移回"Yield"标示的框架上，确保显示箭头光标，然后单击图片框架内将其选中。

在图层面板中，请注意图层"Text"被选中，在该层名称的右侧显示有小蓝色正方形。这说明此时选中的对象属于该图层。通过在面板图层间拖曳该正方形，可将对象移动至其他图层中。

9. 在图层面板中，将蓝色正方形从图层"Text"拖曳至图层"Graphics"，然后松开鼠标。现在该图片已经属于图层"Graphics"，并位于最上层。

> **ID** 提示：欲查看"Yield"标识在图层"Graphics"与其他对象的相对位置，可通过单击该图层名称左侧的三角符号展开图层"Graphics"。

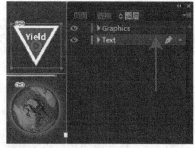

选择图片并拖曳该图标至图层面板　　　　　　操作结果

10. 单击图层"Graphics"左侧空白的图层锁定框，锁定该层。

11. 选择"视图">"使页面适合窗口"。

下面制作新图层，并将已有的内容移动至新图层中。

12. 在图层面板的底部，单击"创建新图层"按钮（  ）。由于创建图层前，图层"Graphics"是被选定的，因此新建的图层在图层面板上位于图层"Graphics"上方。

13. 双击新建图层的名称（"图层 3"），打开"图层选项"对话框。将图层名称修改为"背景"，并单击"确定"按钮。

ID　提示：Alt- 单击（Windows）或 Option- 单击（Mac OS）"创建新图层"按钮，将弹出"新建图层"对话框，可对新建的图层进行命名。Ctrl- 单击（Windows）或 Cmd- 单击（Mac OS）"创建新图层"按钮，将直接在当前选定图层下方添加新图层。Ctrl+Alt- 单击（Windows）或 Cmd+ Option- 单击（Mac OS）"创建新图层"按钮，将弹出"新建图层"对话框。关闭对话框后，新的图层将添到当前选中图层的下方。

---

14. 在图层面板中，将图层"背景"拖曳至图层列表的底部。当光标移动至图层"Text"下方时出现了一条线，此时松开鼠标，该层便移至最底部。

15. 选择"文件">"存储"。

使用智能参考线

　　智能参考线使用户能够精确地创建对象和指定其位置。利用智能参考线，可设置对象与其他对象边缘对齐或中心对齐、将其放在页面的垂直和水平方向的中央，以及让对象与分栏和栏间距的中点对齐等。另外，智能参考线还能动态拖曳，在操作时提供视觉反馈。

在"参考线和粘贴板"（"编辑" > "首选项" > "参考线和粘贴板"（Windows）或 "InDesign" > "首选项" > "参考线和粘贴板"（Mac OS））中，可启用 4 个"智能参考线"选项。

- 对齐对象中心。当创建或移动某个对象时，可让其边缘与页面或跨页中的其他对象中心对齐。

- 对齐对象边缘。当创建或移动某个对象时，可让其边缘与页面或跨页中的其他对象边缘对齐。

- 智能标尺。对某对象进行创建、调整尺寸以及旋转操作，将使其宽度、高度或是旋转角度都与页面或跨页中的其他对象对齐。

- 智能间距。可快速排列对象，并保持各对象间距相等。

利用"智能参考线"命令（"视图" > "网格和参考线" > "智能参考线"）可打开 / 关闭智能参考线。可从应用程序栏的"查看选项"菜单中，打开 / 关闭智能参考线。默认情况下，智能参考线处于打开状态。

可新建一个多栏的文档，以便自己学习熟悉智能参考线的功能（在"新建文档"对话框中单击"边距和分栏"按钮，再将"栏数"设置为大于 1 的值）。

1. 在工具面板中，选定矩形框工具（▨）。单击左边参考线并向右拖曳。当光标移过页面时，注意当光标移至分栏中央、栏间距中央以及页面水平方向的中央时会出现智能参考线。出现智能参考线时，松开鼠标。

2. 选定矩形框架工具，单击上边距参考线，并向下拖曳。当光标移至创建的第一个对象的上边缘、中心以及下边缘或页面垂直方向的中央时，将出现智能参考线。

3. 使用"矩形框架"工具在页面的空白区域可创建一个或多个对象。慢慢拖曳鼠标并仔细观察。当光标移至任意对象的边缘或中点时，将出现智能参考线。另外，当新对象的高度或宽度与其他对象相等时，在创建的对象和具有相同高度或宽度的对象旁将出现两边带箭头的垂直线或水平线（或两者均有）。

4. 不保存修改，并关闭文档。

4.3 创建和修改文本框架

大部分实例中，文本都需要放置在文本框架中（也可利用"路径文本"工具，导入文本）。文本框架的尺寸和位置决定了文本在页面上的显示位置。利用"文字"工具可创建"文本框架"，并可使用多种工具对其进行编辑，在接下来的课程中将逐一学习。

4.3.1 创建文本框架并调整尺寸

下面创建文本框架，并调整其尺寸，然后修改其他框架。

1. 在页面面板中，双击页面 4 图标使其显示，然后选择"视图" > "使页面适合窗口"。

2. 在图层面板中，单击图层"Text"将其选定。此时，创建的任何内容都会置于图层"Text"中。

> **ID** 提示：在应用段落样式之前，不必高亮显示整个段落。在段落中任意处单击可将其选定。

3. 选择工具面板中的文字工具（T）。将光标置于第 1 栏和水平参考线在垂直标尺 22p0 处的交点。进行拖曳可创建一个与第 2 栏右边缘对齐且高度大约为 8p 的框架。

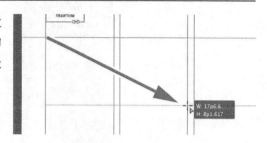

4. 使用缩放显示工具（🔍），可放大文本框架，然后选择文字工具。

5. 在新建的文本框架中输入"Customer"，并按下 Shift+Enter 键（Windows）或 Shift+Return（Mac OS）强制换行（不会创建段落），然后输入"Testimonials"。在文本内任意处单击，选定该段落。

现在，将对文本应用段落样式。

6. 单击段落样式面板图标，或选择"文字" > "段落样式"，打开该面板。单击名为"Testimonials"的样式，并应用到已选定的段落。

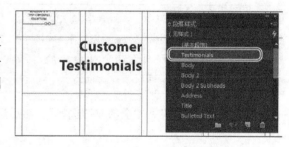

用户可在第 9 课中学到有关样式的更多知识。

7. 使用选择工具（▶），双击选定文本框架底部中点，使文本框架的高度适合文本。

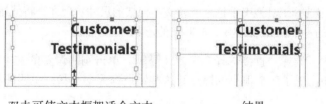

双击可使文本框架适合文本　　　　　　　　结果

8. 选择"视图" > "使跨页适合窗口"，然后按下"Z"键，可临时使用缩放显示工具，或直接选择缩放显示工具（🔍）以放大封面页（页面 1）最右侧的分栏。利用选择工具（▶），选择"The Buzz"下方的文本框架。该文本框包含文本"NEW Day & Evening Classes…"。

文本框架右下角的红色加号（+）说明该框架包含溢流文本。溢流文本是指由于文本框架太小，框架内的文本无法正常显示。通过修改文本框架的尺寸或形状可修复该问题。

9. 向下拖曳所选文本框架下边缘中央的手柄，以调整文本框架的高度，直到文本框架下边缘与48p0处的水平参考线对齐。当光标接近参考线时，光标箭头将从黑色变为白色，说明该文本框架边缘已接近对齐参考线了。

拖曳中央的手柄可调整框架尺寸

结果

提示：选择框架，并双击缩放显示工具（ ），或是在拖曳时按住Ctrl（Windows）或Command（Mac OS）可同时调整文本框架及字符的尺寸。带有缩放显示工具的工具面板还包含自由变换、旋转以及剪切等工具。拖曳时按住Shift键，可保持文本框架及文本比例。

10. 选择"编辑" > "全部取消选择"，然后选择"文件" > "存储"。

4.3.2　调整文本框架形状

在此之前，已使用选择工具拖曳手柄来调整文本框架的尺寸。现在，将使用直接选择工具（ ）通过移动文本框架中的一个锚点来调整文本框架的形状。

1. 在工具面板中，选择"直接选择"工具（ ），单击刚刚调整的文本框架。此时在选定的文本框架四角出现了四个很小的锚点。这些锚点都为空心状，说明都没有被选中。

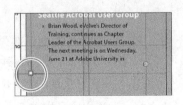

选定的锚点

选定的锚点

2. 选定文本框架左下角的锚点，并向下拖曳，直到该点接触到页面底部的边距参考线，然后释放鼠标。拖曳时，文本也随之调整，给出实时的视图。松开鼠标后，注意溢流文本的指示（红色的加号不再显示，所有故事的文本现在都可见。

请确保仅仅拖曳了锚点——在锚点的上方或是右侧进行拖动，会移动文本框架的其他角。如果不小心移动了文本框架,可选择"编辑" > "还原移动"，然后再进行拖曳。

3. 按下"V"键，切换至选择工具。

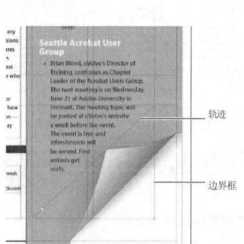

轨迹

边界框

4. 全部取消选择对象，然后选择"文件" > "存储"。

4.3.3　创建多栏

下面将现有文本框架转换为多栏文本框架。

1. 选择"视图" > "使跨页适合窗口"，然后使用缩放显示工具（🔍）显示封底（页面 4）的右下部分。使用选择工具（🔧），选定以"John Q."打头的文本框架。

2. 选择"对象" > "文本框选项"。"文本框选择"对话框中，在"栏数"中输入"3"，在"栏间距"中输入"p11"（11 点）。栏间距指定了两栏间的距离。单击"确定"按钮。

3. 选择文字工具（🅣）,将插入光标置于"AmyO."之前，然后选择"文字" > "插入分隔符" > "分栏符"。这将使"AmyO."成为第 2 栏的开头。在"Jeff G."之

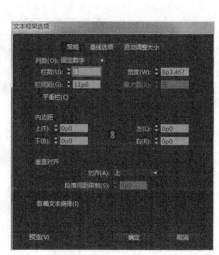

前也插入分栏符。

4. 选择"文字">"显示隐含的字符",可看到分隔符(在文字菜单底部,如果显示的是"不显示隐藏字符",而不是"显示隐含的字符",说明隐藏字符已经处于显示状态)。

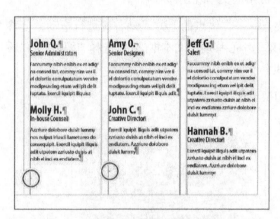

图中红色的圆圈指明了这些分栏符

ID 提示:从应用程序栏中的"视图"菜单中选择"隐藏字符",也可显示被隐藏的字符。

4.3.4 调整文本内边距并设置垂直对齐方式

通过使文本很好地适合框架的大小,可完成封面上的红色标题栏。通过调整框架和文本之间的内边距,可提高文本的可读性。

1. 选择"视图">"使跨页适合窗口",然后使用缩放显示工具( ),修改封面(页面1)顶部包含文本"arrive smart. leave smarter"的红色文本框架。使用选择工具( )选定红色文本框架。

2. 选择"对象">"文本框架选项"。如有需要,可将"文本框架选项"对话框拖曳到旁边,以便设置时能看到标题栏。

3. 在"文本框架选项"对话框中,确保已勾选"预览"选项。然后在"内边距"部分,单击"将所有设置设为相同"按钮( ),以便可以独立地修改左右内边距。将"左"值修改为"3p",然后修改"右"值为"3p9"。

4. 在"文本框架选项"对话框的"垂直对齐"部分,从"对齐"菜单中选择"居中",单击"确定"按钮。

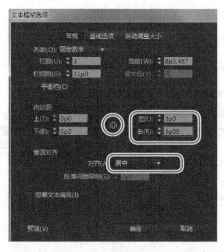

5. 选择文字工具（ 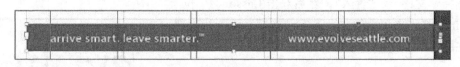 ），单击"www.evolveseattle.com"左侧，建立一个插入点。选择"文字">"插入特殊字符">"其他">"右对齐定位符"，移动 URL 文本与之前指定的文本右对齐。

arrive smart. leave smarter.™   www.evolveseattle.com

6. 选择"编辑">"全部取消选择"，然后选择"文件">"存储"。

4.4 创建和编辑图形框架

下面可以将公司图标和员工照片添加到跨页。本节中，将重点介绍创建和编辑图形框架及其内容的不同方法。

由于操作的是图片而不是文本，第一步应确保图片显示在图层"Graphics"上，而不是在图层"Text"上。通过将项目放在不同的图层可简化工作流程，且更易寻找、编辑设计元素。

4.4.1 绘制新的图形框架

开始前，将为封面（第 1 跨页的右侧页面）顶部的图标新建图片框架。

1. 若图层面板不可见，可单击图层面板图标，或是选择"窗口">"图层"。

2. 在图层面板中，单击锁定图标（  ）以解锁图层"Graphics"。单击图层"Text"名称左侧的空框以锁定该图层。单击图层

"Graphics"名称将其选定，以便将新元素添加到该图层上。

3. 选择"视图">"使页面适合窗口"，然后使用缩放显示工具（🔍）显示首页（页面1）的左上部分。

4. 在工具面板中，选择矩形框架工具（⊠）。将光标移至上侧和左侧参考线的交点，并向下拖曳直到光标到达水平参考线，然后穿过第1栏的右侧边缘。

5. 切换至选择工具（▸），确保图形框架仍被选定。

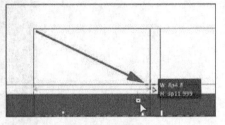

拖曳并创建图片框

4.4.2 在现有框架中置入图片

下面将把公司的图标置入选定的图片框架中。

> **ID** **注意**：如果置入图片时图片框架未选中，光标将变为载入图形图标（▨）。在这种情况下，可以单击图片框内放置图像。

1. 选择"文件">"置入"，然后双击Lesson04（位于Links文件夹）中的"logo_paths.ai"。该图片出现在图形框架中。

2. 选择"对象">"显示性能">"高品质显示"，可确保导入的图片能以最高的分辨率显示。

4.4.3 调整图形框架并进行修剪

此时创建的图片框架宽度不足以显示整个图标，所以需要拉宽图片框架显示出隐藏部分。

1. 使用选择工具（▸），拖曳框架右侧中央的控点，直到显示出整个图标。当图片框架边缘超过图标的边缘时，在拖曳前如果停止，将看到图片剪切部分。确保拖曳的是白色的小控点，而不是黄色的大控点。黄色的手柄可用以添加框角效果，在后续课程中将学到更多的相关知识。

2. 选择"编辑">"全部取消选择"，然后选择"文件">"存储"。

4.4.4 不使用现有框架导入图片

该通讯稿的设计应用到两个不同版本的图标——一个用在封面，一个用在封底。使用刚导入的图标及复制、粘贴命令，可以轻松地将图标添加至封底。而现在，需要不使用现有的图片框架置入图标图片。

1. 选择"视图">"使跨页适合窗口"，然后使用缩放显示工具（）显示封底（页面4）的右上部分。

2. 选择"文件">"置入"，然后双击 Lesson04 文件夹，打开 Links 文件夹中的"logo_paths.ai"。光标更改为载入图形图标（ ）。

3. 将"载入图形图标"（ ）移至最右栏的左边缘，略低于带有回信地址的旋转文本框架，然后拖曳光标直到该分栏的右侧边缘，松开鼠标。注意拖曳时会出现一个矩形。该矩形与图标图片成比例。

> **ID** 提示：如果在页面的空白区域单击，而不是拖曳，该图片将按照100%的原始尺寸置入。而图片的左上角将位于鼠标单击的位置。

这里不需要像先前那样对图片进行尺寸调整，因为已经显示出完整的图片。不过该图片还需要进行旋转，这将在后续的课程中进行。

4. 选择"编辑">"全部取消选择"，然后选择"文件">"存储"。

4.4.5 在框架网格中置入多个图片

该通讯稿的封底需包含6张图片。可将这些图片逐一置入，然后分别设置每一张图的位置。但由于这些图片将放置在框架网格中，也可以同时将所有图片置入。

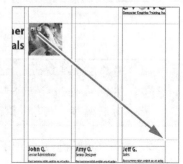

1. 选择"视图">"使跨页适合窗口"。

2. 选择"文件">"置入"，浏览 Lesson04 文件夹中的 Links 文件夹，单击名为"01JohnQ.tif"的图片，然后按下 Shift 键，并单击"06HannahB.tif"，选中全部6张图片，并单击打开。

3. 将载入图形图标（ ）置于页面上半部分的水平参考线和第3栏左边缘的交点处。

4. 向右下拖曳。拖曳时，按上方向键一次，按右方向键两次。按方向键时，代理图像变为矩形网格，显示该网格的布局。

> **ID** 提示：利用任意一种框架创建工具（矩形、多边形、文本等等），都可以通过拖曳该工具并配合方向键来创建多个等距的框架。

5. 继续拖曳，直到光标置于右侧页边参考线和下一条水平参考线的交点，然后松开鼠标。6 个图片框架组成的网格显示出了导入的 6 张图片。

6. 选择"编辑">"全部取消选择"，然后选择"文件">"存储"。

4.4.6 在框架中调整和移动图片

已导入了 6 张图片，现在需要对这些图片进行调整移动，以便在图片框架中正确地显示。

图片框架及其内容对于任意导入的图片而言都是独立的元素。和文本对象不同，图片框架及其中的内容拥有各自的边界框。调整图片内容时就会调整图片框架，除非在调整前先选择内容的边界框。

1. 利用选择工具（ ），将光标置于"John Q."（左上图片）的内容提取器上。当光标位于内容提取器内时，将显示手形图标（ ）单击可选择图片框架中的内容（图片本身）。

单击前   结果

> **ID** 注意：在早期的 InDesign 版本中，常常使用直接选择工具在图片框架中调整图片。从 InDesignCS5 开始，引进了内容提取器，利用选择工具可实现对所有图片的编辑。

2. 按下"Shift"键，并将中下部的控点拖向图片框架的下边缘。对中上部的控点进行相同的操作，将其拖向图片框架的上边缘。按下 Shift 键将保持图片的显示比例，因此该图片不会扭曲。若在开始拖曳前有短暂的停止，将看到图片内容被剪切区域的幻像，该功能称作"动态预览"。

3. 确保图片填满了图片框架。

> **ID** 提示：利用选择工具调整图片时，按住 Shift+Alt（Windows）或 Shift+Option（Mac OS）可从中心向外等比例地调整图片大小。

4. 对第一行剩下的两张图片重复步骤 1 ~ 3。

> **ID** 提示：点阵图如果超过其原始大小的 120%，以高分辨率打印时可能无法提供足够的像素信息。如果无法确定待印文档的分辨率和尺寸要求，请联系印刷服务供应商。

下面将应用不同方法调整其他三张图片。

5. 选择第 2 行左侧的图片，可选定图片框架或是图片本身。

6. 选择"对象">"适合">"按比例填充框架"。这将放大图片以便填满图片框架。此时图片有一小部分被图片框架右侧边缘剪切掉了。

> **ID** 提示：通过单击右键（Windows）或是 Control- 单击（MacOS），也可从上下文菜单中选择"适合"命令。

7. 对最后一行剩下的两张图片重复步骤 2 和步骤 3。

8. 选择"编辑">"全部取消选择"，然后选择"文件">"存储"。

通过选择图片框架（不是图片内容），拖曳图片框架控点时按住 Shift+Ctrl（Windows）或 Shift+ Command（Mac OS），可同时调整图片框架及其内容的尺寸。按下 Shift 键将保持边框的显示比例，因此该图片不会扭曲。

如果扭曲图片也并不影响设计时，可选择不使用 Shift 键。

下面调整图片之间的间距，以调整图片网格的视觉效果。

4.4.7　调节框架的间距

选择间距工具（）调整框架的间距。利用该工具分别调整上面一行和下面一行两张图片之间的间距。

> **提示**：如果对图片框架使用了"自动调整"选项，当调整占位框尺寸时，其中的图片将自动调整尺寸。选择"对象">"调整">"框架适合选项"，选择"自动调整（Auto-Fit）"，即可使用该功能。

1. 选择"视图">"使页面适合窗口"。按住 Z 键可临时选择缩放显示工具（🔍），放大右上部分的两张图片，然后松开 Z 键，返回选择工具。

2. 选择间距工具（▥），然后将光标移至两图片之间的垂直空隙处。该空隙从上到下呈高亮显示，一直到下面一行两图底端。

3. 按住 Shift 键，将空隙向右拖曳一个栏距，使得左侧图片框的宽度增加一个栏距，右侧图片框的宽度减小一个栏距（如果在拖动时没有按住 Shift 键，会移动下面一行两张图片之间的空隙。）

4. 选择"视图">"使页面适合窗口"。按下"Z"键，临时选择缩放显示工具，然后放大左下部分的两张图片。

5. 选择间距工具（▥），然后将光标移至两图片之间的垂直空隙处。按下 Shift+Ctrl（Windows）或 Shift+Command（Mac OS），然后将间距从一个栏距拖曳至大约三个栏距的宽度。（根据单击处最接近哪一个图片来选择向左拖曳还是向右拖曳。在释放键盘按键之前请务必先释放鼠标。

6. 选择"视图">"使页面适合窗口"，然后选择"文件">"存储"。

至此已完成封底（页面 4）的图片网格制作。

4.5　为图片框架添加元数据说明

利用存储在原始图片文件的元数据信息，可自动生成导入图片的元数据说明。下面将利用元数据信息自动为图片添加图片归属信息。

> **ID** | 提示：也可通过选择"对象">"题注">"题注设置"，打开说明设置对话框。

1. 使用选择工具（ ），Shift-单击选择 6 个图片框架。

2. 单击链接面板图标，并从面板菜单中选择"题注">"题注设置"。

3. 在"题注设置"对话框中，确定下列设置：

   · 在"此前放置文本"文本框中，输入"Photo by"（请注意在"by"后面有空格）。

   · 在"元数据"菜单中选择"作者"，并保持"此后放置文本"为空。

   · 从"对齐方式"菜单中选择"图像下方"。

   · 从"段落样式"菜单中选择"Photo Credit"。

   · 在"位移"框中输入"p2"。

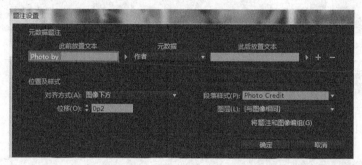

4. 单击"确定"按钮保存设置，并关闭"题注设置"对话框。

5. 从链接面板菜单中选择"题注">"生成静态题注"。

每个图片文件都包含"作者"元数据元素以存储图片作者的简介。当生成照片归属题注时将用到这些元数据信息。

6. 选择"编辑">"全部取消选择"，然后选择"文件">"存储"。

4.6 置入与链接图形框架

在封面"IN THIS ISSUE"框架内置入的两张图片，还将用于新闻稿的页面 3 以便配合文章。下面将利用"置入"和"链接"功能，拷贝这两张图片，并将它们置入页面 3。

不像拷贝和粘贴命令只是简单地创建原有对象的副本，置入和链接功能可为原对象和副本创建父级 - 子级关系。当修改父级对象时，可选择是否同时应用到子级对象。

> **ID** 提示：除了在同一文档中置入和链接对象，也可在不同文档中进行对象的置入和链接操作。

1. 选择"视图">"使跨页适合窗口"。

2. 选择"内容收集器"工具（ ![icon] ）。注意此时空白的内容传送器面板显示在窗口下方。

3. 将光标移至页面 1 的"Yield"图标上。注意图片周围显示出深红色的边框，说明该图片框架位于图层"Graphics"。单击图片框架内部，将该图片框架添加到内容传送器面板上。

> **ID** 提示：通过选定图片框架，将对象添加到内容传送器面板中，然后选择"编辑">"置入和链接"。

4. 单击"Yield"下的圆形图片框架，将其添加至内容传送器面板中。

5. 打开页面面板，双击页面 3，将其居中显示在文档窗口中。

6. 选择内容置入器工具（ ![icon] ）（该工具位于工具面板中的内容收集器工具旁，也可在内容传送器面板的左下角找到），光标改为显示"Yield"标识的缩略图。

> **ID** 提示：按下 B 键，也可在内容收集器和内容置入器这两个工具间进行切换。

7. 在内容传送器面板的左下角勾选"创建链接"。如果没有选择"创建链接"，将仅仅创建原始对象的副本，而不会存在父级 - 子级关系。

8. 单击文章右上侧的粘贴板，置入"Yield"标识图片的副本，然后再单击右下侧的粘贴板，置入圆形图片的副本。图片框架左上角的小链条说明这些图片框已链接到其父级对象。

> **ID** 注意：在置入内容时创建链接，此时不仅仅创建了与父级图片的链接，同时也链接了该图片的外观。可从链接面板菜单中设置"链接选项"。

9. 关闭内容传送器面板。

> **ID** 提示：当选择内容置入器工具时，将把所有的对象导入内容传送器面板中。按下方向键可在内容传送器面板中切换对象，按下 Escape 键可从内容传送器面板中移除对象。

4.6.1 修改和更新父级 – 子级图片框架

现在已经置入和链接两个图片框架，接下来将看到这些图片框的父级 - 子级关系的工作方式。

1. 打开链接面板并进行调整，显示所有已置入图片的文件名称。选定的圆形图片（<ks88169.jpg>）在列表中高亮显示。紧接着便是已置入和链接的其他图片（<yield.ai>）。尖括号（<>）将文件名括起来，说明这些图片链接到了父级对象。请注意这两个图片文件的父级对象也显示在列表的上面部分。

2. 使用选择工具，将圆形图片框架置于"CSS Master Class"文章的左侧。将图片框架的顶部对齐文章文本框架的顶部；将图片框架的右侧对齐文章文本框架左侧的分栏参考线。

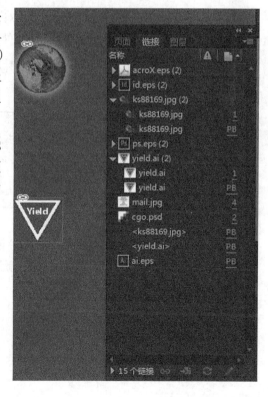

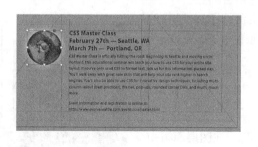

提示：当圆形图片框架的顶部对齐文本框架的顶部时，将出现智能参考线。

3. 导览至页面 1（封面），然后选择圆形图片框架。

4. 使用控制面板，应用 5pt 白色对图片框架进行描边。

5. 在链接面板上，注意 \<ks88169.jpg\> 图片的状态变为 "已修改"（  ），这是由于其父级对象已被修改。

6. 导览至页面 3。注意圆形图片框架也和封面上的不一样，而其"链接标记"也说明它已被修改。选择圆形图片框架，然后单击链接面板上的"更新链接"按钮（ ⟳ ）。现在图片框架已匹配其父级对象了。

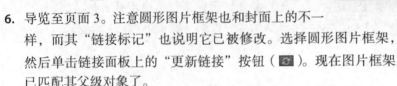

提示：也可在页面 3 中的圆形图片框架上单击更改后的"链接标记"，用以更新链接。

接下来，将用新的"Yield"图标替换旧的图标，然后更新其子级图片框架。

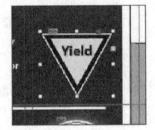

1. 导览至页面 1，然后用选择工具选定"Yield"图标图片。

2. 选择"文件"＞"置入"，确保在"置入"对话框已勾选"替换所选项目"，然后在 Lesson04 文件夹的 Links 文件夹中双击"yield_new.ai"。

在链接面板上，注意 \<yield_new.ai\> 图片的状态已变为"已修改"。这是因为替换了其父级图片。

3. 在滚动列表中选择 \<yield_new.ai\>，然后在链接面板中单击"更新链接"按钮（ ⟳ ）。如有需要，也可浏览页面 3 查看粘贴板上更新的图片，然后再返回页面 1。

4. 单击粘贴板，全部取消选择对象，选择"视图"＞"使跨页适合窗口"，然后选择"文件"＞"存储"。

4.7　调整框架形状

当使用选择工具调整图片框架时，图片框架会保持原有的矩形形状。现在将用直接选择工具和钢笔工具重新设置页面 3（中间跨页的右页面）上的框架形状。

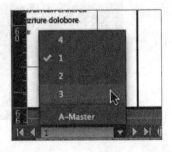

1. 在文档窗口底部的页面框中选择 3。选择"视图"＞"使页面适合窗口"。

2. 单击图层面板图标，或选择"窗口"＞"图层"。在图层面板中，单击图层"Text"的"锁定"图标将其解锁，然后单击图层"Text"将其选中。

下面将修改矩形框架的形状，进而修改页面背景。

3. 按下 A 键，切换直接选择工具（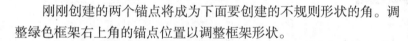）。将光标顶部移至覆盖页面的绿色框架的右边缘，当光标出现小斜线（ ）时单击鼠标。这将选择路径并显示框架上的 4 个锚点以及中心点。保持选定路径。

4. 按下 P 键，切换至钢笔工具（ ）。

5. 慢慢将光标移至框架上边缘与页面 3 第 1 栏上垂直参考线的交点处。当显示添加锚点工具（ ）后单击。此时可添加新的锚点。当光标移至现有路径上，钢笔工具将自动变为添加锚点工具。

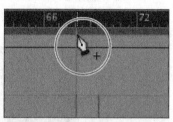

6. 将光标移至两栏文本框架下方的水平参考线与出血参考线交点处。使用钢笔工具，再次单击可添加另一个锚点，然后选择"编辑">"全部取消选择"。

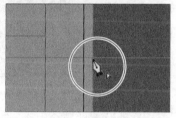

刚刚创建的两个锚点将成为下面要创建的不规则形状的角。调整绿色框架右上角的锚点位置以调整框架形状。

7. 切换到直接选择工具（ ）。单击并选择绿色框架右上角的锚点，向左下方拖曳（拖曳前暂停可看见修改的形状）。当锚点与封面第 1 分栏的右边缘参考线和第 1 条水平参考线的交点（垂直位置为 40p9 的参考线处）对齐时，松开鼠标。

至此，图形框架的形状和尺寸已符合设计要求。

8. 选择"文件">"存储"。

4.8 文本环绕

可将文本沿着对象的框架或是对象本身绕排。本例中当文本环绕"Yield"标志时，将看到文本围绕边框显示和围绕图片形状显示的差别。

首先移动"Yield"标志图片。当创建、移动或调整对象时，可以使用动态显示的"智能参考线"以精确放置。

1. 使用选择工具（ ），选择位于页面 3 右侧粘贴板上的"Yield"标志图形框架。确保单击时显示的是箭头形光标。如果显示的是手形光标，此时单击将选择图片，而不是图形框架。

2. 注意不要选择任何控点，向左拖曳框架使得框架的中心与包含文章文本的文本框架的中心对齐。当两个框架中心对齐时，将看到一条紫色的垂直智能参考线和一条绿色的水平智能参考线。当出现这两条参考线时，松开鼠标。

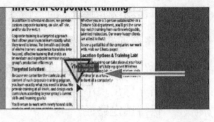

确保将框架移动到页面时没有改变其尺寸。注意此时图片覆盖了文本。现在将利用文本绕排解决该问题。

3. 选择"窗口">"文本绕排"。在文本绕排面板中，单击"沿定界框绕排"使文本沿定界框而不是"Yield"的形状绕排。如有需要，可从面板菜单中选择"显示选项"以显示文本绕排面板中的所有控件。

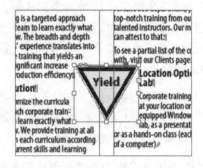

沿定界框绕排   结果

这种设置留下了过多空白，因此可以尝试另一种文本绕排方式。

4. 选择"沿对象形状绕排"。在"绕排选项"部分，从"绕排至"菜单选择"左侧和右侧"。在"轮廓选项"部分，从"类型"菜单选择"检测边缘"。在"上位移"框中输入"1p"并按下Enter键，以增加图片和文本边缘的间距。单击页面或粘贴板空白区域，或者选择"编辑">"全部取消选择"。

| ID | 注意：文本绕排面板中的"环绕至"菜单仅在选择"沿定界框绕排"或"沿对象形状绕排"时可用。 |

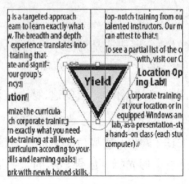

沿对象形状绕排   结果

5. 关闭文本绕排面板，并选择"文件" > "存储"。

4.9 编辑框架的形状

本节中，将使用多种方法创建非矩形框架。下面将把某种形状的区域剪切为另一种形状。从而可创建复合形状框架，并为框架添加圆角。

4.9.1 使用复合形状

通过在已有框架添加和剪切区域可修改其形状。即使框架包含文本或图片，其形状也可进行修改。现在将从绿色背景中剪切出一个形状来创建新的白色背景。

1. 选择"视图" > "页面适合窗口"，将页面 3 居中显示在窗口中。

2. 使用矩形框架工具（▨）绘制一个框架，该框架的左上角为从第 1 栏的右边缘和位于 46p6 的水平参考线的交点，右下角为页面右下角与出血参考线的交点。

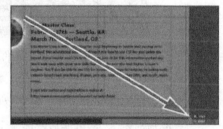

绘制矩形框至溢出参考线角

3. 使用选择工具（▧），按住 Shift 键并单击页面 3 上的绿色框（就在刚创建的框架外围，它占据了页面 3 很大一部分面积），同时选择新的矩形框架和绿色框。现在已选中两个占位框。

4. 选择"对象" > "路径查找器" > "减去"，可从绿色框中剪去上层形状（新的矩形）。页面底部的文本框架现在是白色背景。

5. 保持选中绿色框，并选择"对象" > "锁定位置"。可避免意外移动框架位置。

ID | 提示：锁定图标显示（🔒）在已锁定框架的左上角。单击图标可解锁该框架。

4.9.2 创建多边形并变换形状

可使用多边形工具（▣）或多边形框架工具（⬡），创建任意的正多边形。即使这些框架包含文本或图片，也可以对其形状进行修改。下面将创建一个正八边形，置入图片，并进行调整等操作。

1. 单击图层面板图标，或选择"窗口" > "图层"以打开图层面板。

2. 单击以选择图层"Graphics"。

3. 选择工具面板中的多边形框架工具（▨）。该工具和矩形框架工具（▨）以及椭圆框架工具（▨）放置在一起。

4. 在页面 3 中文本"Wasting Time_."左侧的任意处单击。在"多边形"对话框中，将"多边形宽度"和"多边形高度"修改为"9p"，将"边数"修改为"8"，单击"确定"按钮。

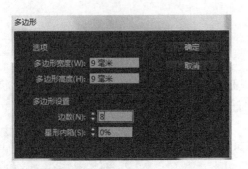
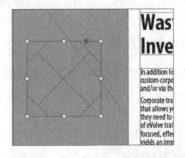

5. 保持选定多边形，选择"文件">"置入"，然后在 Lesson04 文件夹的 Links 文件夹中选择"stopsign.tif"。单击"打开"按钮。

6. 使用缩放显示工具放大图片，然后选择"对象">"显示性能">"高品质显示"，尽可能清楚地显示图片。

7. 使用选择工具，向下拖曳图形框架顶部的中间控点，直到框架边缘接近"STOP"标志的顶部。拖曳其他三个中间控点，裁剪周围的白色区域，只有红色"STOP"标志可见。

8. 选择"视图">"使页面适合窗口"，然后使用选择工具（▧）移动图片框架，使得其垂直中心与包含标题（显示出绿色智能参考线）的文本框架的顶部对齐，其右边缘距离绿色背景框架的右边缘大约一个栏距。拖曳时暂时停下可显示图片。

4.9.3 为框架添加圆角

下面将文本框架的尖角进行圆滑处理。

1. 在文档窗口底部的页面框中选择"1"，选择"视图">"使页面适合窗口"。

2. 使用选择工具（▧）的同时，按住 Z 键可暂时选择缩放显示工具（🔍），放大页面 1 上的深蓝色文本框架，然后松开 Z 键，返回选择工具。

> **ID** 提示：选定文本框架时如果没有显示出黄色的正方形，可选择"视图">"其他">"显示 Live 角"。还应确保"屏幕模式"设置为"正常"。

3. 选定深蓝色文本框架，然后单击文本框架右上角控点下方的黄色正方形。该框架四个角上的控点变为黄色的小菱形。

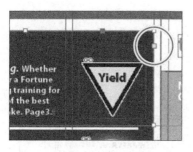

单击黄色正方形 　　　　　　　　　　　　　　　　　结果

4. 向左拖曳文本框右上角的菱形，当半径（"R"）值为 2p0 时松开鼠标。拖曳时，其余三个角也会出现相应的变化（若在拖曳时按住 Shift 键，则只会影响该角的形状）。

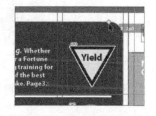

5. 选择"编辑">"全部取消选择"退出 Live 角编辑模式，然后选择"文件">"存储"。

> **ID** 提示：创建圆角后，Alt-单击（Windows）或 Option-单击（Mac OS）任意菱形可切换几种不同的圆角效果。

4.10　变换与对齐对象

InDesign 中有多种工具和命令可用来修改对象的尺寸、形状以及在页面上的显示方向。所有的变换（旋转、缩放、切变和翻转）都可在变换和控制面板中找到，可用于对指定的对象进行精确的变换。另外，也可沿选定区域、页边距、页面或是跨页，在水平或垂直方向上对齐和分布对象。

接下来将试试这些功能。

4.10.1　旋转对象

InDesign 提供了多种旋转对象的方法。在这部分的课程中，将使用控制面板对之前导入的标志图片进行旋转操作。

1. 使用文档窗口底部的页面框或页面面板,显示页面 4(文档的第 1 页,也是该通讯稿的封底)。选择"视图">"使页面适合窗口"。

2. 使用选择工具（ ），选择先前导入的"evolve"图标（确保选定的是图形框架，而不是图片）。

3. 在控制面板的左端，确保已选定"参考点"（ ）定位器上的中心点，使得对象可绕其中心旋转。在"旋转角度"菜单中选择"180°"。

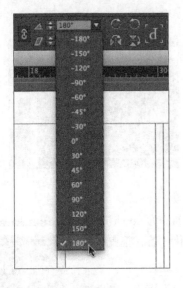

4.10.2 在框架中旋转图片

使用选择工具可旋转图形框架中的内容。

1. 使用选择工具（▯），单击内容提取器并选择图片"Jeff G."（右上）。当箭头光标位于圆
   环上时，将变为手形。

移动光标到圆环中

单击选择图片框架中的图片

> **ID** 提示：通过选择"对象">"变换">"旋转"，并在"旋转"对话框中输入角度值，
> 也可使对象进行旋转。

2. 在控制面板中确保已选定"参考点"（▦）定位器的中心点，使对象可绕其中心旋转。

3. 在图片的右上角的控点之外慢慢地移动光标，将显示出旋转光标（↰）。

4. 单击并顺时针拖曳图片，直到图片中人物的头部大体垂直（大约 –25°），然后再松开鼠标。拖曳时旋转角度会显示在图片上。

5. 旋转之后，图片不再铺满图形框架。为解决该问题，首先应确保已选择控制面板上的"缩放约束比例"图标，该图标位于"X 缩放百分比"和"Y 缩放百分比"的右侧，然后在"X 缩放百分比"中输入"55"，并按 Enter 键。

6. 选择"编辑">"全部取消选择"，然后选择"文件">"存储"。

4.10.3 对齐多个对象

使用"对齐"面板，可轻松精确地对齐多个对象。接下来，将使用对齐面板将页面上的多个对象进行水平中心对齐，然后再对齐多个图片。

1. 选择"视图">"使页面适合页面"，然后在文档窗口底部的页面框中选择页面"2"。

2. 使用选择工具（  ），Shift- 单击页面上包含"Partial Class Calendar"的文本框架及其上面的"evolve"标志。（与之前导入的两个标志不同，该标识是 InDesign 创建的一组对象中。在本课程后续内容中将用到该组对象）。

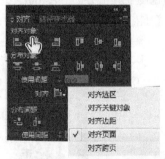

3. 选择"窗口">"对象和版面">"对齐"，打开对齐面板。

4. 在对齐面板中，从"对齐到"菜单中选择"对齐页面"，然后单击"水平居中对齐"按钮（ ▪ ）。此时这些对象已与页面中心对齐。

5. 单击页面或粘贴板空白区域，或者选择"编辑">"全部取消选择"。

6. 使用文档窗口底部的滚动条来显示页面 2 左侧粘贴板上的更多信息，将可以看到 7 个项

上图：选定文本框和标识。中图：对齐对象。
下图：结果

目图标。

7. 使用选择工具（），选择日历左上角的图片框架，然后 Shift- 单击以同时选择 7 个图片框架。

8. 在对齐面板上的"对齐"菜单中选择"对齐关键对象"。注意刚选定的第 1 个图片框架具有淡蓝色边框，说明该图片框架是主对象。选择"编辑">"全部取消选择"，然后选择"文件">"存储"。

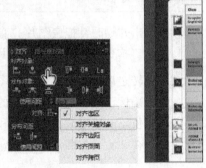

9. 单击"右对齐"按钮（▦）。

ID 提示：指定主对象后，其余选定对象的对齐设置都将依赖于主对象的位置。

4.10.4 缩放多个对象

在 InDesignd 早期版本中，若要使用选择、缩放、旋转等工具对多个对象同时编辑，需要首先将这些对象进行编组，而现在不需要编组，只需将这些对象选定即可。

接下来将选定两个图标，并同时对它们进行缩放。

1. 使用缩放显示工具放大页面左侧的两个"Acrobat PDF"图标。

2. 使用选择工具（），并依次 Shift- 单击两个图标将它们选定。

3. 按下 Shift+Ctrl（Windows）或 Shift+Command（Mac OS），拖曳左上角的控点使得这两个图标的宽度与其下方的"Adobe Illustrator"相等。当这个 3 个图标的左边缘对齐时，将出现一条智能参考线。

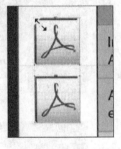

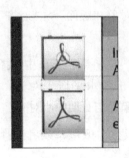

拖曳缩放选定的图标　　　　　　　　结果

4. 选择"编辑">"全部取消选择"，然后选择"文件">"存储"。

4.11　选择和修改编组对象

先前已将页面 2 顶部的"evolve"标志在页面中居中。现在将修改该图标中一些形状的填充颜色。这些图标已经编组，因此可作为一个整体进行选择和修改。现在要做的是在不取消编组以及改变组内其他对象的情况下，修改其中一些形状的填充颜色。

使用直接选择工具或对象菜单上的命令（"对象" > "选择"）可选择编组中的单独对象。

1. 选择"视图" > "使跨页适合窗口"。

2. 使用选择工具(▶)，单击页面 2 顶部的"evolve"组。如有需要，也可使用缩放显示工具(🔍)放大工作区域。

3. 单击控制面板上的"选择内容"按钮（👆），选择组内的一个对象，而无需解散编组。

使用选择工具选择编组　　　　　　选择"选择内容"　　　　　　　结果

> 提示：要选定组内的一个对象，也可使用选择工具进行双击；或通过选择"对象" > "选择" > "内容"；或通过右键单击（Windows）或 Control- 单击（MacOS），并从上下文菜单中选择"选择" > "内容"。

4. 在控制面板上单击 6 次"选择上一对象"按钮（◀），选定单词"evolve"第一个字母"e"。注意单击"选择下一对象"按钮可按相反的方向选择对象。

单击6次"选择上一对象"　　　　　结果

5. 使用直接选择工具（▶），按住 Shift 键，单击并同时选中标志中的字母："v"、"l"、"v"和"e"。

6. 单击"色板"面板图标，或选择"窗口" > "颜色" > "色板"。单击色板面板顶部的"填色"按钮，并选择"[纸色]"，将字母填充为白色。

将选定形状的填充颜色修改为"[纸色]"　　　　　　　　结果

4.12　创建 QR 码

InDesign 的一项新功能可快速地为图层添加 QR 码（全称为 Quick Respouse 编码）。QR 码是一种条形码，由设置在白色网格背景上的黑色或彩色的正方形组成。该代码可包含各种信息，包括超链接、纯文本或文本消息，并可以通过智能手机等设备扫描读取。

接下来，将为该通讯稿的封底添加 QR 码，并进行设置以打开一个网页。

1. 导览至文档的页面 4（封底），选择"视图">"使页面适合窗口"，居中显示该页。

2. 选择"对象">"生成 QR 码"。

3. 在文本菜单中选择设置，查看相关控件，然后选择"网络超链接"。

4. 在"内容"栏中，输入 http://www.adobe.com（或其他任何网页完整的 URL）。

5. 单击"确定"按钮关闭对话框。

6. 单击页面左下角参考线的交点，向下拖曳直到框架边缘对齐第 1 栏参考线。

4.13 完成

下面来欣赏一下您的杰作。

1. 选择"编辑">"全部取消选择"。

2. 选择"视图">"使跨页适合窗口"。

3. 在工具面板底部，按住当前"屏幕模式"按钮（ ），并从出现的菜单中选择"预览"。预览模式可用来查看文档最终的打印效果，将按照最终打印的成品显示作品，不会显示非打印元素，如表格、参考线、非打印对象等。粘贴板也将按照首选项来显示预览颜色。

4. 按下制表符键可同时关闭所有的面板。当需要再次显示所有面板时，可再次按下制表符键。

5. 选择"文件">"存储"。恭喜！您已完成本课程的学习！

4.14 练习

最好的学习方式便是亲自尝试！

本节内容中，将学习如何把对象嵌入框架。按照下列步骤可学到选择和操作框架更多的相关知识。

1. 使用"新建文档"对话框中的首选项新建文档。

2. 使用椭圆框架工具（ ），创建一个小的圆形文本框架，大约 2″×2″（拖曳时按下 Shift 键，可保证形状为圆形）。

3. 选择文字工具，单击框架内部，将其转换为文本框架。

4. 选择"文字">"填充文本框架"，用文本填充文本框架。

5. 按下 Esc 键切换到选择工具，然后使用色板面板为文本框架填充颜色。

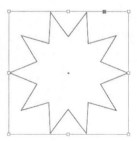

6. 选择多边形工具（ ），在页面上绘制一个多边形（如果想创建星状图，可在绘制之前双击多边形工具设置"边数"以及"星形内陷值"）。

7. 选择"选择工具"（![icon]），选定先前创建的文本框架，然后选择"编辑">"复制"。

8. 选择多边形框架，然后选择"编辑">"贴入内部"，将其置入多边形框架中（如果选择"编辑">"粘贴"，拷贝的文本框架将不会粘贴到选中的框架内）。

9. 使用选择工具，将光标置于多边形框架内的内容提取器并拖曳移动该文本框架。

10. 使用选择工具，将光标置于多边形内容提取器之外并拖曳移动该多边形文本框。

11. 选择"编辑">"全部取消选择"。

12. 选择"直接选择"工具（![icon]），选择多边形框架，然后拖曳任意的控点修改多边形形状。

13. 完成操作后，关闭文档并不保存。

复习题

1. 什么时候应该使用选择工具选择对象，什么时候又应该使用直接选择工具？

2. 如何同时修改图片框架和图片内容的尺寸？

3. 如何在图片框架中旋转图片，而又不旋转图片框架？

4. 在不解除对象编组情况下，如何在组内选择某个对象？

复习题答案

1. 一般的图层任务使用选择工具，如将对象进行移动、旋转和调整尺寸。有关编辑路径或是框架的任务使用直接选择工具，如按某路径移动锚点，或在组内选择某对象并修改其颜色。

2. 使用选择工具，并按下 Ctrl（Windows）或 Command（Mac OS），然后拖曳控点，可同时调整图片框架和内容的尺寸。拖曳时按下 Shift 键，可使对象保持原比例不变。

3. 使用选择工具，在内容提取器中单击，选定图片框架中的图片，可在图片框架中旋转图片。然后将光标慢慢地移至 4 个顶点的任意控点外，进行拖曳即可旋转图片。

4. 使用选择工具（ ）选择编组，然后在控制面板中单击"选择内容"按钮（ ），选择编组内的某个对象。然后还可单击"选择上一对象"或"选择下一对象"按钮来选择组内的其他对象。也可使用直接选择工具（ ）单击编组内对象或直接双击选择工具。

第5课 串接文本

课程概述

本课程中，将学习以下操作：

- 置入并串接文本到现有的文本框架。

- 为文本应用段落样式。

- 调整换行符。

- 串接文本时手动创建框架。

- 串接文本时自动添加框架。

- 自动调整文本框架尺寸。

- 自动创建链接框架。

- 串接文本时自动添加页面和链接框架。

- 制作跳行来说明文章没有结束。

- 添加分栏符。

 完成本课程大约需要 45 分钟。

通过 Adobe InDesign 提供的方法可以将简短的文本串接到已有文本框架，可以在串接文本时创建文本框架，也可以添加文本框架和页面，以便轻松地将任意副本从目录串接到电子书的杂志文章中来。

5.1 概述

本课程的学习过程将用到一篇杂志文章。该文章的跨页设计接近完成，几个页面都已就绪以置入文本。通过操作该文档，将尝试几种文本串接方法，并创建"跳行"说明文章并未结束。

> **ID** | 注意：如果还未从配套光盘中复制本课程的资源文件，请现在复制。

1. 为确保用户的 Adobe InDesign 程序的首选项和默认设置符合本课程的要求，请先按照前言中的步骤将 InDesign Defaults 文件移动到其他文件夹。

2. 启动 Adobe InDesign。选择"窗口">"工作区">"[高级]"，然后选择"窗口">"工作区">"重置"'高级'，确保面板和菜单指令都与本课程相符。

3. 选择"文件">"打开"，然后选择硬盘上 InDesignCIB 文件夹中的 Lessons 文件夹，打开 Lesson01 文件夹中的 05_Start.indd 文件。

4. 选择"文件">"存储为"，将文件名修改为"05_FlowText.indd"，并保存至 Lesson05 文件夹中。

5. 选择"视图">"显示性能">"高品质显示"。

6. 在同一文件夹中打开"05_End.indd"，可查看完成后的文档效果。

7. 选择"视图">"显示性能">"高品质显示"。可以保持该文档打开，以作为操作的参考。

> **ID** | 注意：设计文档时，第一项工作往往就是串接文本。本课程中，将完成文档的所有文本调整操作。为了最终出版，还需添加更多的图片、标题以及其他设计元素。

8. 准备好继续操作本课程文档后，可单击文档左上角的标签显示文档窗口。

5.2 将文本串接到现有框架

置入文本时，可将文本置入新建文本框架或是现有文本框架。如果框架为空，可单击载入文本图标以串接文本。在文章跨页的左页面中，子标题为"local stats"的空白侧边栏框架可用于放置描述页面女性的文本。在该文本框架中置入 Microsoft Word 文档，并应用段落样式，尝试用两种方法处理孤立文字（这里是指一行中只有一个字）。这些孤立文字被称作"runts"。

> **ID** 提示：InDesign 提供了多种方式用以自动和手动地将文本串接到分栏和框架中，包括段落样式保持与之前相同、保持与之后相同以及段中不分页等利用分栏符及框架分隔符的操作（"文字" > "插入分隔符"）。

1. 如有需要，调整视图比例，或将跨页左页面的边栏文本框架放大至舒适的视图。确保没有选中任何对象。

使用文字工具可编辑文本，使用选择工具可串接文本框架；但置入文本时可使用任何工具。

2. 选择"文件" > "置入"。在"置入"对话框架的底部，确保没有勾选三个选项："显示导入选项"、"替换所选项目"以及"创建静态选项"。

3. 找到位于 Lesson05 文件夹中的 05_LocalStats.docx 文件，并双击。

此时光标变为载入文本图标（），可预览导入文本的前面几行内容。把载入文本图标置于空文本框架之上时，图标上将出现括号（）。

4. 将载入文本图标置于占位文本框架之上（该文本框架位于包含"local stats"子标题的文本框架之下）。

5. 单击以置入文本。

6. 使用文字工具（ **T.** ），单击文本框架内部可编辑文本。选择"编辑" > "全选"，以选中文本框架中的所有文本。

7. 选择"文字" > "段落样式"，以打开段落样式面板。

8. 单击段落样式"White Sidebar Text"（如有需要，可滚动段落样式面板找到该选项）。

在段落样式名称旁边出现了一个加号（"+"），表明出现了局部覆盖格式。这是由于某些已选定的文字是粗体字。有些时候格式覆盖不容忽视，而在这里并无大碍。

> **ID** 提示：从"段落样式"面板菜单中选择"清除文字覆盖"，可使文本样式精确匹配文本框架，并清除所有的文字覆盖。可在第 9 课中学习使用样式有关的更多知识。

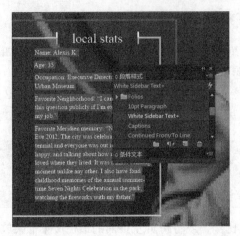

现在，将修复第三段从"Occupation"开始的孤立文字。为完成该修复，需要输入手动换行符。

9. 必要时可放大视图以便查看文本。

10. 使用文字工具，单击边栏上第三段"Urban"的右边。按下 Shift+Enter (Windows) 或 Shift+Return (Mac OS)，将"Urban"强制换至下一行。

Name: Alexis K.¶
Age: 35¶
Occupation: Executive Director, Urban Museum¶

下面将使用字符间距调整边栏最后一行的孤立文字，调整选定字符之间的空白间距。

11. 如有需要可向下滚动查看最后一段，该段落以"Favorite Meridien memory"开头。使用文字工具，在段落中连续单击 4 次以选择整个文本。

ID	提示:如果忘记了手动换行的快捷键,也可选择"文字">"插入分隔符">"强制换行符"。

12. 选择"文字">"字符"，用以显示字符面板。在"字符间距调整"框架中输入"10"，并按下 Enter 键。

13. 选择"编辑">"全部取消选择"，然后选择"文件">"存储"。

使用多个文本文件载入文字工具

在"置入"对话框架中，可使用"文字"工具载入多个文本文件，并依次放置在文档中。使用"文字"工具步骤如下：

- 首先，选择"文件">"置入"，打开"置入"对话框架。
- Ctrl- 单击 (Windows) 或 Command- 单击 (Mac OS)，可选定多个非连续的文件。Shift- 单击，可选定一系列连续文件。
- 当单击"打开"时，载入文本图标显示在括号中，将指明载入的文件数。
- 单击并一次性放置这些文本文件。

> **ID** 提示：当文字工具导入多个文本文件时，按下键盘上的方向键可选择放置哪个文件，也可按下 Esc 键将该文件从载入文本图标中移除。

5.3 手动串接文本

将导入的文本，（如来自文字处理程序的文本）置入多个串接的文本框架中，这个过程被称作"排文"。InDesign 可进行手动串接文本，以便更好控制；也可自动串接文本，以节约时间；另外还可在串接文本的同时添加页面。

本练习中，将串接专题文章文本至右侧封面页底部的两个分栏中。首先，选择一个 Word 文档，将其导入第 1 栏现有的文本框架。然后，串接第 1 个和第 2 个文本框架。最后，将在第 3 个页面中创建新的文本框架，以便放置更多的文本内容。

> **ID** 提示：使用"文本框架选项"对话框架中的"常规"标签，可串接独立的文本框架或是将文本框架分割从而创建分栏。有些设计师更喜欢独立的文本框架，以获得更大的布局灵活性。

1. 选择"视图">"使跨页适合窗口"，并找到右侧封面底部的两个文本框架。需要时可放大视图以便查看文本框架。

2. 使用文字工具（**T**），单击页面中女性手下方的文本框架。

3. 选择"文件">"置入"。

4. 找到并选择 Lesson05 文件夹里的"05_Long_Biking_Feature_JanFeb2013.docx"文件。确保已勾"替换选择项目"，然后单击打开。

> **ID** 提示：如果改变主意，不希望有溢流文本，可按下 Esc 键，或是单击工具面板上的任意工具取消载入文本图标，且不会删除任何文本。

此时该文本串接到已有文本框架的左分栏。注意该文本框架的右下角含有出口。红色加号（"+"）说明导入的文字产生溢流，意味着并非所有的文本都显示在已有的文本框架中。接着将把其余的文本串接到第2栏中的另一个文本框架中。

5. 使用选择工具（ ），单击文本的出口以载入文本图标，如图所示（如有需要，可先单击文本框架将其选定，然后再单击出口）。

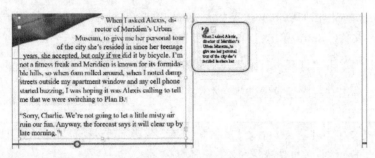

6. 将载入文本图标（ ）置于文本框架中的任意处，并单击。

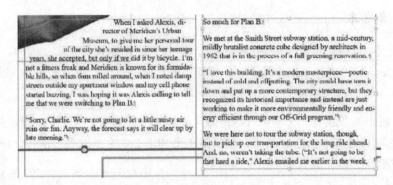

文本串接到第2栏中，文本框架右侧含有出口和红色加号（"+"），说明仍有溢流文本。

7. 选择"文件">"存储为"。保留页面，以便进行下一练习。

5.4 串接文本时创建文本框架

接下来将尝试两种不同文本串接方式。首先，将使用半自动导入串接文本至分栏。半自动串接可同时创建串接文本框架。在每个分栏载入文本后，光标将自动变为载入文本图标。下面将使用载入文本图标手动创建文本框架。

> **ID** 提示：根据是手动串接文本、半自动串接文本还是自动串接文本，载入文本图标的外观将出现细微的变化。

1. 使用选择工具（ ），单击页面2第2栏中的文本框架的出口。该载入文本图标说明存在溢流文本。

在页面 3 中创建新的文本框架,以便放置更多的文本内容。参考线指明了可在何处放置文本框架。

2. 选择"版面">"下一跨页",可显示页面 3 和页面 4,然后选择"视图">"使跨页适合窗口"。

当激活载入文本图标时,仍然可以浏览不同的页面,或是添加新的页面。

3. 如图,将载入文本图标(▒)移至左上角参考线的交点处。

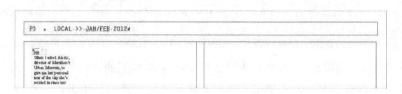

4. 按住 Alt (Windows) 或 Option (Mac OS),并单击。

文本串接至第 1 栏。由于按住了 Alt 或 Option,所以光标仍然为载入文本图标,可将文本串接到另一文本框架。

5. 松开 Alt 或 Option,并将导入文件图标(▒)置于参考线指明的第 2 栏中。

6. 在右侧分栏的紫色分栏参考线中拖曳,创建新的文本框架。

从该文章的设计缩略图可看到,在两个新分栏的上方和下方有其他的设计元素。可调整文本框架的高度,使其位于水平蓝绿色参考线内侧。

> **ID** **注意**:适应文本框架的文本数量可能依赖于系统中可用的特定字体。在打印环境中,所有的文本使用相同的字体十分重要。然而在本课程中,字体的应用不是很重要。

7. 使用选择工具,拖曳每个文本框架的顶部和底部,使他们适合于蓝绿色参考线,如图所示。

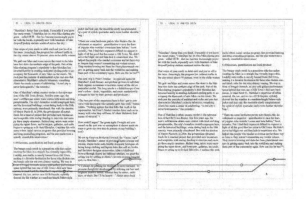

单击载入文本图标,在分栏参考线中创建文本框架,并导入文本(左图);
手动重置分栏位置,如页面上参考线指定(右图)

第 2 个文本框架右下角的红色加号("+")说明其文本存在溢流。后续课程将对其进行调整。

8. 选择"文件">"存储"。保留该页面,以便进行下一练习。

5.5 自动串接文本

在下一跨页中将使用自动串接载入其余文本。自动串接文本时，InDesign 将在后续页的分栏参考线中创建新的文本框架，直到载入所有溢流文本。

 提示：单击载入文本图标创建文本框架时，InDesign 将在单击处创建新的文本框架，其宽度与分栏宽度相同。虽然这些文本框架位于分栏参考线之内，需要时仍可对其进行移动、调整尺寸和形状。

1. 使用选择工具（ ），单击页面 3 第 2 栏中的文本框架的出口。该载入文本图标表明存在溢流文本（如有需要，可先单击文本框架将其选定，然后再单击出口）

2. 选择 "版面" > "下一跨页"，显示页面 5 和页面 6。

3. 载入文本图标（ ），置于页面 5 的第 1 分栏上，大约位于分栏与页面空白参考线交点（将在以后调整文本框架高度）。

 提示：输入分隔符，如 "分栏符" 和 "框架分隔符"（"文字" > "插入分隔符"），可调整文本串接至文本框架的方式。

4. 按住 Shift 键，并单击。

注意此时新的文本框架添加至页面 5 和页面 6 的分栏参考线内。这是由于按住 Shift 键将自动串接文本。现在，该文章的所有文本都载入完毕。但还需调整文本框架的高度，以使其在水平蓝绿色参考线内侧。

5. 使用选择工具，拖曳每个文本框架的顶部和底部，使它们适合于蓝绿色参考线，如图所示。

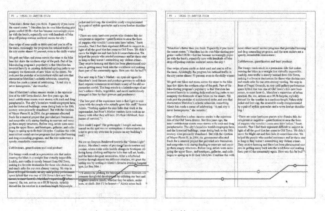

如图所示，文本依然溢流

6. 选择 "文件" > "存储"。保留该页面，以便进行下一练习。

5.6 自动创建串接框架

为加快创建同栏宽链接文本框架，InDesign 提供了快捷键。拖曳文字工具创建文本框架时按下右方向键，InDesign 将自动把文本框架分割为多个串接的文本框架。例如，创建文本框架时，按下一次右方向键，该文本框架将被分割一次，变为宽度相同的两个文本框架；按下 5 次右方向键，该文本框架将被分割 5 次，变为宽度相同的 6 个文本框架（若按下右方向键次数过多，可按下左方向键移除多余的分栏）。

>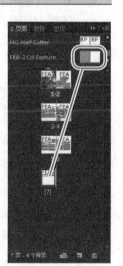
> **ID** 提示：除了串接文本框架，也可预先串接空白的文本框架。使用选择工具，单击文本框架的出口，然后单击下一文本框架的任意处。重复该过程，直到串接了所有文本框架。

现在将在文档尾部添加页面，并将使仍溢流的文档串接到拆分的文本框架。

1. 选择"窗口" > "页面"以显示页面面板。

2. 在页面面板的上半部分，滚动并找到"FEA-2 Col Feature"主页。

3. 选择左侧封面的主页，并向下拖曳至页面面板的下半部分。当主页图标置于页面 5 之下时，松开鼠标。

4. 双击页面 7 的图标，可使该页面置于文档窗口中央。

5. 选择文字工具（**T**）并置于页面 7 的第 1 栏中，大约位于垂直紫色参考线和水平蓝绿色参考线的交点。

6. 向右下拖曳文字工具，创建宽度跨越两个分栏的文本框架。拖曳时，按下一次右方向键。

InDesign 自动将该文本框架分割为宽度相同的两个串接文本框架。

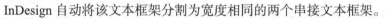

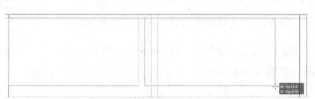

> **ID** 注意：如果不小心多次按下右方向键，产生了多于两个串接文本框架时，可选择"编辑" > "还原"，然后再尝试一次。拖曳时也可按下左方向键，移除文本框架。

7. 向上滚动查看页面 6 的底部。

8. 使用选择工具（），单击页面 6 第 2 栏中的文本框架。然后，单击该文本框架右下侧的出口，使用载入文本图标载入溢流文本。

9. 向下滚动至页面 7。在第 1 栏的文本框架中单击载入文本图标。

文本将串接两个链接的文本框架。如有需要，可使用选择工具在分栏参考线中调整两文本框架的尺寸和位置。

10. 选择"文件">"存储"。保留该页面，以便进行下一练习。

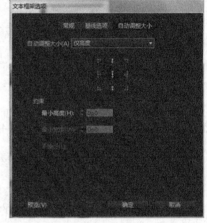

提示：当载入文本图标位于空白文本框架之上时，将出现"链条"图标说明可以连接至该文本框架。也可将溢流文本串接至空白的图片框架，此时图片框架将自动转换为文本框架。

5.7 自动调整文本框架尺寸

当添加、删除和编辑文本时，最后都需要调整文本框架的尺寸。使用 InDesign 自动调整尺寸功能，可按照用户规定的大小自动调整文本框架的尺寸。

现在将使用"自动调整大小"功能，根据文本的长度自动调整最后一个文本框架的尺寸。

1. 使用选择工具（ ），单击页面 7 右侧第 2 栏中的文本框架。选择"对象">"文本框架选项"。

2. 在"文本框架选项"对话框中，单击"自动调整大小"标签。在"自动调整大小"菜单中，选定"仅高度"。

3. 单击第 1 行中的中间图标（ ），说明希望文本框架向下延伸，就像手动地向下拖曳文本框架底部的控点一样。单击"确定"按钮。

4. 使用选择工具，单击选择左侧的文本框架。向上拖曳文本框架底部的中间控点，以缩小文本框架的高度。

文本框架重新串接至第 2 栏，文本框架的尺寸将自动扩展。

cuisine, where rustic cafes huddle alongside boutiques offering hemp clothing and hipster hubs that sell art, books, and the latest designer accessories. After a whirlwind browse through almost ten different retailers, we greet the setting sun by settling at Alexis's favorite evening hangout spot, Le Bon Mot.

"I'll always be pushing for Meridien to move forward—to promote thoughtful development by utilizing our best and brightest creative minds, whether they be artists, architects, or chefs. But I'll be honest—" Alexis eases back into her chaise lounge and smiles, "there's nothing like the vibe of an old French bistro, even if we're not in France."

5. 使用文字工具（ ），在文本尾部"France."后单击，按下几次 Enter 键，观察文本框架如何扩展。

6. 将分栏置于任意位置，只要没有溢流文本即可。

7. 选择"编辑">"全部取消选择"，然后选择"文件">"存储"。

串接文本时添加页面

除了在已有的页面上串接文本框架，也可在串接文本时添加新的页面。该功能称作"智能文本重排"，这是导入书籍章节等长篇幅文本的理想功能。使用智能文本重排，串接文本或在主页文本框架中输入文字时，都将自动添加页面并串接文本框架以包含所有文本。因编辑或设置格式使得文本长度变短时，多余的页面会自动删除。下面练习使用智能文本重排：

1. 选择"文件">"新建">"文档"，并确保"目标"为"打印"。

2. 确保页面数量为"1"，然后选择"主页文本框架"，单击"确定"按钮。

3. 选择"编辑">"首选项">"文字"（Windows）或是"InDesign">"首选项">"文字"（Mac OS）用以打开文字首选项。

文字首选项中，"智能文本重排"区中的选项可用来指定在使用该功能时如何操作页面。

- 在何处添加页面（是在故事结尾、小节处还是文档的最后）。

- 是将"智能文本重排"仅仅应用到主文本框架，还是文档中的其他文本框架。

- 页面如何插入到封面跨页。

- 当文本变短时，是否删除空白的页面。

4. "智能文本重排"是默认选中，但还需进行确认，单击"确定"按钮。

5. 选择"文件">"置入"。在"置入"对话框中，找到 Lesson05 文件夹中的 05_Long_Biking_ Feature_JanFeb2013.docx，将其打开。

6. 在新文档第一页的页边空白处，在页边距内单击载入文本图标，以将所有的文本串接至主文本框架，如有需要可添加页面。注意观察页面面板上的页面数量。

7. 不保存修改，并关闭文档。

5.8 添加跳转行页码

当文章内容跨越几个页面时，读者不得不跳转行，此时可添加跳转行，如"（下转第 X 页）"。在 InDesign 中可创建跳转行，将自动更新文本串接后下一页面的页码。

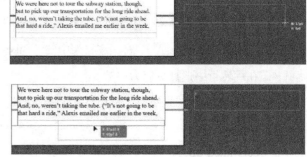

1. 双击页面面板中的页面 2，将其显示在文档窗口中央。向右滚动查看部分粘贴板。需要时可放大视图以便查看文本。

2. 使用文字工具，并在粘贴板上拖曳创建大约 17×3picas 大小的文本框架。

3. 使用选择工具（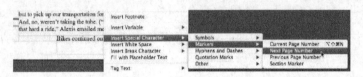），拖曳新文本框架至页面 2 第 2 栏的底部。请确保新文本框架的顶部与现有文本框架的底部重合。

4. 使用文字工具，在新文本框架中单击，放置插入点，输入："Bikes continued on page"。

ID | **注意**：为了下一页页号显示正确，包含有跳转行的文本框架必须接触或覆盖串接文本框架。

5. 选择"文字"＞"插入特殊字符"＞"标志符"＞"下转页码"。此时跳转行显示为"Bikes continued on 3 ."。

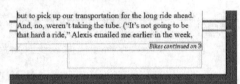

6. 选择"文字"＞"段落样式"，以显示段落样式面板。保持插入点在跳转行中，单击"Continued From/To Line"段落样式，根据模板设置文本格式。

7. 选择"文件"＞"存储"。

8. 选择"视图"＞"使跨页适合窗口"。

9. 在屏幕顶部的应用程序栏中，从屏幕模式菜单（▣）选择"预览。"

ID | **提示**：试试几种文本串接选项，看看哪种串接方式最适合你工作和你的项目。例如，如果为目录创建模板，可能将几个小的文本框架进行串接，以便存放项目描述，然后再串接文本。

5.9 练习

本课程中，学习了如何创建跳转行来说明某文章在其他页面继续显示。用户也可以创建跳转行来表示该文章是从哪个页面转接而来的。

1. 使用选择工具（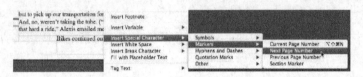），复制页面 2 中含有跳转行的文本框架（要复制对象，可将其选定，然后选择"编辑 > 复制"）。

2. 将跳转行文本框架粘贴到页面 3。拖曳文本框架，直到与第 1 栏文本框架的顶部相接。

3. 使用文字工具（Ｔ），将文本框架中的"Bikes continued on"修改为"Bikes continued from"。

4. 在跳转行中选择页码为"3"。

此时，需要将"下转页码"替换为"上接页码"。

5. 选择"文字"＞"插入特殊字符"＞"标志符"＞"上接页码"。此时跳转行显示为"Bikes continued from 2 "。

复习题

1. 哪些工具可以串接文本框架？

2. 如何使用载入文本图标？

3. 当在分栏参考线间单击载入文本图标，将会发生什么？

4. 哪个键可自动将文本框架拆分成多个串接文本框架？

5. 哪种功能可自动添加页面和串接文本框架，从而包含导入文本文件的所有内容？

6. 哪种功能可基于文本的长度自动调整文本框架的尺寸？

7. 为确保在跳页中能有"下转页码"和"上接页码"，应做何种操作？

复习题答案

1. 选择工具。

2. 选择"文件">"置入"，并选择文本文件，或是单击文本溢流的出口。

3. InDesign 将在单击处创建文本框架，该文本框架将在垂直分栏参考线内适用。

4. 拖曳创建文本时，按下右方向键（也可按下左方向键来移除多余的分栏。）

5. 智能文本重排。

6. 自动尺寸调整功能，可在"文本框架选项"对话框架中找到。

7. 包含跳转行的文本框架必须接触包含故事的串接文本框架。

第6课 编辑文本

课程概述

本课程中，读者将学习下列操作：

- 处理字体缺失。

- 输入和导入文本。

- 查找和修改文本和格式。

- 检查文档拼写。

- 编辑拼写词典。

- 自动纠正拼写错误。

- 使用拖曳来移动文本。

- 使用文章编辑器。

- 追踪文本修改。

 完成本课程大约需要 1 小时。

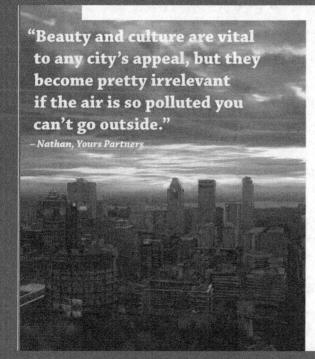

InDesign 提供了许多在文本处理软件中可找到的文本编辑功能，包括查找和替换文本、设置格式、拼写检查、自动纠正拼写以及追踪修改。

6.1 概述

本次课程中，将执行平面设计师普遍遇到编辑任务，包括导入新文章，并使用 InDesign 中的编辑功能查找并替换文本和格式、拼写检查，输入和追踪文本修改等等。

> **ID** | **注意**：如果还未从配套光盘中复制本课程的资源文件，请现在复制。

1. 为确保用户的 Adobe InDesign 程序的首选项和默认设置符合本课程的要求，请先按照前言中的步骤将 InDesign Defaults 文件移动到其他文件夹。

2. 启动 Adobe InDesign。为确保面板和菜单命令符合本课程要求，请依次选择"窗口"＞"工作区"＞"[高级]"，然后再选择"窗口"＞"工作区"＞"重置高级"。

3. 选择"文件"＞"打开"，然后选择已下载到硬盘上的 InDesignCIB 中的课程文件夹，打开 Lesson06 文件夹中的 06_Start.indd 文件。

4. 当显示"缺失字体"警告时，单击"确定"按钮（打开文件时，系统中没有安装文件中使用的字体时，将出现"缺失字体"警告）。

后续的内容中，将使用系统中已有的字体查找替换缺失字体来解决该问题。

> **ID** | **注意**：如果在系统中激活了 Corbel Bold，将不会显示该警告。可以先复习替换丢失字体的步骤，再开始学习下一节内容。

5. 选择"文件 ＞"存储为"，将文件名修改为"06_Text.indd"，并保存至 Lesson06 文件夹中。

6. 在同一文件夹中打开"06_End.indd"，查看完成后的文档效果。可以保持该文档打开，以作为操作参考。

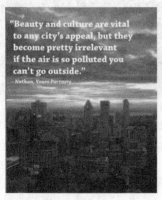

7. 若已就绪，可单击文档左上角的标签以显示操作文档。

6.2 查找并替换缺失字体

之前打开文档时，Corbel Bold 字体已经列为缺失。如果该字体在用户电脑中已经安装，将不会看到报警信息，但仍然可以遵循下列步骤以备后用。下面将查找使用 Corbel Bold 字体的文本，并将其替换为类似的字体 Chaparral Pro Bold。

1. 请注意展开跨页左侧页面的醒目引文为粉色高亮显示，说明这些文本使用的是缺失字体。

2. 选择"文字"＞"查找字体"。在"查找字体"对话框中列出文档中使用的字体和类型，如"PostScript"，"TrueType"或"OpenType"。在缺失字体的旁边将出现警告图标（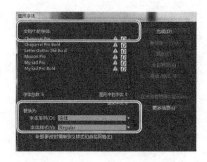）。

3. 在"文档中的字体"列表中选择"Corbel Bold"。

4. 在对话框架底部的"替换为"选项中，从"字体系列"下拉列表中选择"Chaparral Pro"。

5. 在"字体样式"中输入"Bold"，或是从下拉列表中选择"Bold"。

6. 单击"全部修改"按钮。

7. 单击"完成"关闭对话框架，并查看文档中替换的字体。

8. 选择"文件"＞"存储"。

6.3 输入和导入文本

可直接在 InDesign 文档中输入文本，或是从其他应用程序（如文字处理软件）中导入文本。如需输入文本，需选择文字工具并选择文本框架。导入文本时，可直接从硬盘中拖曳文件，也可从

Mini Bridge 面板中拖曳文件,还可通过导入光标导入多个文本文件,或是将文件导入选定的文本框架。

6.3.1 输入文本

虽然平面设计师并不负责文本编辑（也可称为"拷贝"），但也常常需要从带有标记的硬拷贝或是 Adobe PDF 中输入编辑文字。本练习中，将使用文字工具为现有文本添加内容。

1. 将文档置于屏幕中，以便查看左侧页面的大字号醒目引文。

2. 选择"视图">"其他">"显示框架边缘"。此时文本框架四周围绕着金色的边框架。

3. 选择"视图">"网格和参考线">"显示参考线"。显示页边、分栏和标尺参考线，以便于定位对象。

4. 使用文字工具，在醒目引文下的"Nathan"后面单击。

5. 输入一个逗号，然后输入"Yours Partner"

6. 选择"文件">"存储"。

6.3.2 导入文本

为杂志等项目使用模板时，设计师一般会将文章文本导入现有文本框架。本练习中，将导入 Microsoft Word 文件，并对其应用"正文"格式。

1. 选择"版面">"下一跨页"，在文档窗口中显示第 2 个跨页。每个页面都包含一个文本框架，随时可导入文章。

2. 使用文字工具，单击左侧页面上文本框架的最左侧分栏。

3. 选择"文件">"置入"在"导入"对话框中，确保没有勾选"显示导入选项"。

> **ID** 提示：在"置入"对话框中，可用 Shift- 单击来选择多个文本文件。选择完毕，在光标之后将加载这些文件。然后单击文本框架或在页面依次导入文本文件。这种方法对保存在不同位置的长文本来说十分有用。

4. 在电脑上 InDesignCIB 的课程文件夹中，浏览并选择 Lesson06 文件夹中的"Biking_Feature_JuneJuly2013.docx"文件。

5. 单击"打开"按钮。

该文本串接入分栏，并填满两个文本框架。

6. 选择"编辑">"全选"，选中所有文本。

7. 单击右边的段落样式面板图标，以显示该面板。

8. 单击 "BodyCopy" 样式组旁边的小三角，可显示这些样式。

9. 单击 "Paragraph Indent" 样式，将其应用至选定段落。

10. 选择 "编辑" > "全部取消选择"，取消选择文本。

现在已修改的文章格式不再适合文本框架。在跨页的页面 2 文本框架的右下角会看到出现红色的加号（"+"），说明出现溢流文本。下面将使用 "文章编辑器" 来修复该问题。

11. 选择 "视图" > "其他" > "隐藏框架边缘"。

12. 选择 "文件" > "存储"。

6.4　查找和修改文本及设置格式

与大部分主流文字处理软件类似，InDesign 可以查找和替换文本并设置格式。通常，当平面设计师调整版面时，仍会造成副本修改。当编辑进行全局修改时，"查找 / 更改" 可确保正确而统一地修改。

6.4.1　查找和修改文本

本实例中，校对员发现导游的名字不是 "Alexis" 而是 "Alexes"。因此需要在文档中修改所有出现该导游名字的地方。

> **ID** | 提示：利用 "查找 / 更改" 对话框中的 "搜索" 菜单，可在其下拉菜单中选择查找 "所有文档"、"文档"、"文章"、"到文章末尾" 或 "选定内容"。

1. 使用文字工具，单击该文章的开始处 "When Iasked" 前面（左侧页面的最左边分栏）。

2. 选择 "编辑" > "查找 / 更改"。如有需要，可单击 "查找 / 更改" 对话框架顶部的 "文本" 标签，显示文本查找选项。

3. 在 "查找内容" 文本框中输入 "Alexis"。

4. 按下制表符键切换至 "更改为" 文本框，输入 "Alexes"。

"搜索"菜单可定义查找范围。由于"Alexis"可能出现在文档的任意位置，如表格或是标题等，因此需要选择查找整个文档。

5. 从"搜索"菜单的下拉菜单中选择"文档"。

在使用"查找 / 更改"对话框时，应对设置进行测试。在应用全局修改前，找到其中一个查找字段，并进行替换（或者，用户可能偏向于查看每个修改的字段，观察每次修改给周围的文本和换行符带来的影响）。

6. 单击"查找"。当第 1 个"Alexis"高亮显示时，单击"更改"。

> **ID** 提示：当打开"查找 / 更改"对话框时，仍然可以单击文本，使用"文字"工具进行编辑。保持"查找 / 更改"打开，在编辑文本后继续查找。

7. 单击"查找下一个"，然后单击"全部更改"。当出现提示共
7 处替换时，单击"确定"按钮（如果只替换了 6 出，可能
是忘了在"搜索"菜单中选择"文档"）。

8. 保持"查找 / 更改"对话框打开，以便后续练习使用。

6.4.2 查找和修改格式

文章编辑的另一个全局编辑任务是设置文字格式（非拼写修改）。城市 HUB 自行车项目希望名称能显示为小型大写样式，而不是全部大写。本文章中，"HUB"为三个大写字母，没有应用全部大写样式。由于"小型大写"样式只能应用于小写字母，因此需要将"HUB"修改为"hub"，使得区分大小写。

> **ID** 提示：对于缩略词，设计师喜欢使用小型大写样式（缩写大写），而不是全部大写样式。小型大写样式和小写字符高度一样，能更好地融入文本。

1. 在"查找内容"文本框中输入"HUB"。

2. 按下制表符键切换至"更改为"文本框，输入"hub"；

3. 在"查找"菜单下选择"区分大小写"图标（■）。

4. 将光标指向"搜索"菜单下的一排图标中，以便查看其工具提示，观察这些功能如何影响
"查找 / 更改"。例如，单击"全字匹配"图标（■），可确保不会查找或修改拼写中带有"查
找内容"的其他字符。请不要修改任何设置。

5. 必要时，可单击"更多选项"按钮，显示寻找文本的格式选项。在对话框底部的"更改格式"
区域中，单击"指定要更改的属性"图标（■）。

6. 在"更改格式设置"对话框的左侧,选择"基本字符格式"。然后在对话框的主区域中,从"大小写"菜单中选择"小型大写字母"。

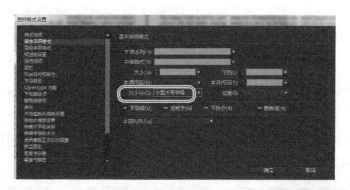

7. 保持其他选项空白,单击"确定"按钮,返回"查找 / 更改"对话框。

注意出现在"更改为"上方的提示图标 。该图标说明 InDesign 将把文本更改为特定的格式。

8. 单击"查找"测试设置,然后单击"更改"。确认将"HUB"修改为"HUB"后,可单击"全部更改"。

9. 当出现提示共有几处替换时,单击"确定"按钮,再单击"完成",关闭"查找 / 更改"对话框。

10. 选择"文件">"存储"。

ID 提示:如果不满意"查找 / 更改"功能的结果,也可选择"编辑">"撤销"来撤销"修改"操作,无论是"更改"、"全部更改"还是"查找 / 更改",均适用。

6.5 拼写检查

InDesign 还提供了与文字处理软件类似的拼写检查功能。使用该功能,可对选定文本、整篇文章、文档中的所有文章或多个打开文档中所有文章进行拼写检查。可定制那些容易出现拼写错误的单词,在文档词典中添加这些单词。另外,也可让 InDesign 标明拼写错误,客户自行修正。

ID 提示:请确保与客户和编辑沟通,确认自己是否需要负责拼写检查。许多编辑喜欢亲自进行这项工作。

6.5.1 在文档中检查拼写

在文档交付打印或是分发之前都应进行拼写检查。在本实例中,新导入的文章可能存在问题,因此在开始设计版面之前应对其进行拼写检查。检查拼写功能既会检查适合文本框架大小的文本，也会检查溢流文本。

1. 如有必要，可选择"视图">"使跨页适合窗口"以查看跨页的两个页面。

2. 使用文字工具，在已操作过的文章中首单词"When"的前面单击。

3. 选择"编辑">"拼写检查">"拼写检查"。

4. InDesign 立即开始检查拼写，但也可以选择"搜索"菜单中的选项来修改检查范围。本练习中，保持默认设置检查整篇文章。

5. 可能出现的拼写问题显示在"不在词典中"的文本框架中。出现的前两个单词为人名："Alexes"和"Meridien's"，单击"全部忽略"。

> **ID** 提示：使用"拼写检查"对话框架中的"搜索"菜单，可选择查找"所有文档"、"文档"、"文章"、"到文章末尾"或"选定内容"。

6. 当出现"Musuem"时，可在"建议校正为"中浏览推荐项，选择"Museum"，并单击"更改"。

7. 按照下列方法来处理拼写问题：

   • Meridien：单击"全部忽略"。

   • 6am：单击"跳过"。

   • brutalist：单击"跳过"。

   • transporation：在"更改为"中输入"transportation"，并单击更改。

   • emailed，nonprofts，Nehru，pomme，Grayson，hotspots，vibe：单击"跳过"。

8. 单击"完成"按钮。

9. 选择"文件">"存储"按钮。

6.5.2 为特定文档词典添加单词

使用 InDesign，可为用户词典或是特定文档词典添加单词。例如，不同的用户可能有不同的拼写习惯，此时最好能为特定文档词典添加单词。本实例中，将把"Meridien"添加进文档词典。

> **ID** 提示：如果某个单词并不属于某种特定语言，比如人名，可选择"所有语言"，将其添加进所有语言的拼写词典中。

1. 选择"编辑">"拼写">"用户词典"，显示"用户词典"对话框。

2. 从"目标"下拉菜单中，选择"06_Text.indd"。

3. 在"单词"文字框架中输入"Meridien"。

4. 勾选"区分大小写"确保只将"Meridien"添加到词典，而小写的"meridien"在拼写检查依然会被标记。

5. 单击"添加"，然后再单击"完成"按钮。

6. 选择"文件">"存储"。

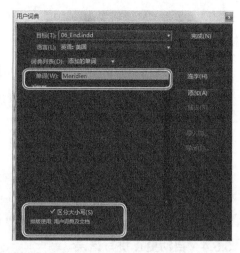

6.5.3 动态拼写检查

并非必须在文档完成后再进行拼写检查。可使用动态检查在文本中找到拼写错误的单词。

 提示：在拼写检查首选项的"查找"区中，可定制可能出现的拼写错误类型，包括："拼写错误的单词"、"重复的单词"、"未大写的单词"、"未大写的句子"。例如，使用词典检查很多名称时，只希望选择没有大写的单词，而不是拼写错误。

1. 选择"编辑">"首选项">"拼写检查"（Windows）或是"InDesign">"首选项">"拼写检查"（Mac OS）用以打开拼写检查首选项。

2. 在"查找"区中，选择希望高亮显示的错误类型。

3. 勾选"启用动态拼写检查"。

4. 在"下划线颜色"中使用下拉菜单，定制如何标识这些错误。

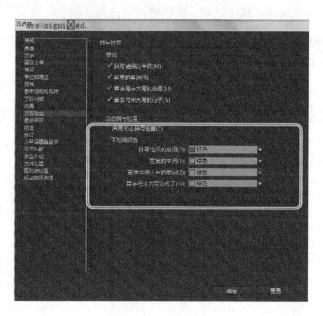

5. 单击"确定"关闭首选项对话框，回到文档。

6. 确认在"编辑">"拼写检查"子菜单中已选择"动态拼写检查"。

出现拼写错误的单词（根据用户词典默认选项）将用下划线标示出来。

7. 使用文字工具，在文本中单击，并输入正确的拼写。选择"编辑">"撤销"，可移除该单词。

8. 选择"文件">"存储"。

ID | 提示：右键 – 单击（Windows）或 Ctrl – 单击（Mac）某个动态拼写标识出的错误单词，可显示出上下文菜单，并可选择相应的更改选项。

6.5.4 自动更正拼写错误

"自动更正"拼写是比"动态拼写检查"更高层次的拼写检查。使用"自动更正"功能，InDesign 可在用户输入时自动更正拼写错误的单词。该纠正功能是基于常用错误单词的内部列表进行的。根据需要可添加其他经常拼错的单词，包括其他语言的列表。

1. 选择"编辑">"首选项">"自动更正"（Windows）或是"InDesign">"首选项">"自动更正"（Mac OS）以打开自动更正首选项。

2. 勾选"启用自动更正"。

默认的常见拼写错误列表对应的语言为"英语：美国"。

3. 将"语言"修改为"法语"，并注意查看该语言中的常见拼写错误。

4. 如果有兴趣，还可以试试其他语言。现在将语言选回"英语：美国"。

编辑已经意识到城市名"Meridien"常常会误写为"Meredien"，为了防止出现该错误，可在自动更正列表中添加该单词的正确和错误拼写。

5. 单击"添加"按钮。在"添加至自动更改列表"对话框中，在"拼写错误的单词"文本框中输入"Meredien"，在"更正"文本框中输入"Meredien"。

添加至自动纠正列表

6. 单击"确定"按钮完成添加，再次单击"确定"按钮关闭"首选项"对话框。

7. 使用"文字"工具，在文本任意处输入"Meredien"。

8. 注意此时将自动把"Meredien"更正为"Meridien"，然后选择"编辑">"撤消"以删除刚刚输入的单词。

9. 选择"文件">"存储"。

6.6 拖放编辑文本

为在文档中快速地剪切和粘贴文本，InDesign 允许在文章中、文本框架间以及文档间拖曳文本。下面将使用拖曳功能将文本从一个段落移动到另一个段落中。

> **ID** | 提示：当拖曳文本时，InDesign 默认将自动在单词的前后添加或删除空格。若需关闭该功能，可取消选择"文字首选项"中的"剪切和粘贴单词时自动调整间距"。

1. 选择"编辑">"首选项">"文本"（Windows）或是"InDesign">"首选项">文本"（MacOS），打开文本首选项。

2. 在"拖放文本编辑"中，选择"在版面视图中启用"，这样就可以在版面视图中进行拖放，而不是仅仅在文章编辑器中操作。单击"确定"按钮。

3. 在文档窗口中，滚动至第 1 跨页。如有需要，可调整视图显示比例，方便查看右侧页面的最右分栏。

在"P22/Product Protection"旁，常用短语"using, abusing"颠倒为"abusing, using"。此时使用拖放功能可快速地进行修正。

4. 使用文字工具，选择"using"及其后面的逗号和空格。

5. 将"I"形光标置于选定的文字上，此时光标变为拖放图标。

6. 将文字拖曳至单词"abusing"之前这一正确位置。

> **ID** | 提示：如果希望拷贝选定的文字，而非移动，可在拖曳时按住 Alt（Windows）或 Option（Mac OS）键。

7. 选择"文件" > "保存"。

6.7 使用文章编辑器

如果需要输入许多文本编辑内容、重写文章或是剪切整个文章，可以使用文章编辑器对文本进行操作。文章编辑器窗口具有下列功能：

- 可显示不具有任何格式的纯文本。省略了所有的图片和其他非文本元素，便于编辑。

- 文本左侧的分栏显示有垂直的深度标尺以及应用到每个段落的段落样式名称。

- 动态拼写（若已启用）将高亮显示拼写错误的单词，效果和在文档窗口中一样。

- 如果在"文字首选项"中选择了"在文章编辑器中启用"，可在文章编辑器中对文本进行拖放操作，操作方法与之前一样。

- 在"文章编辑器显示"首选项中，可为编辑器定制字体、字号、背景颜色等。

第二跨页上的文章不再适应这两个文本框架，可使用文章编辑器对文本进行编辑，修复该问题。

> **ID** **注意**：如果文章编辑器窗口位于文档窗口之后，可在窗口菜单底部选择编辑器名称使之前置。

1. 选择"视图" > "使跨页适合窗口"。

2. 向下滚动至第 2 跨页。使用文字工具，单击文章的最后一个段落。

3. 选择"编辑" > "在文章编辑器中编辑"，将文章编辑器窗口置于跨页的最右分栏旁边。

4. 在编辑器中向下滚动至文章的尾部。注意出现了红线，说明产生溢流文本。

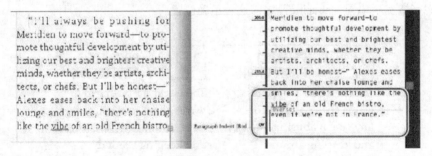

5. 在最后一段中，在"creative minds"之后单击，输入句号。

> **ID** **注意**：如有需要，可在"France"后删除最后一段，以解决文本溢流的问题。

6. 然后选定后面的句子：逗号、空格以及"whether they be artists, architects, or cheifs"和句号，

按下退格或删除键。注意现在的版面不再有溢流文本。

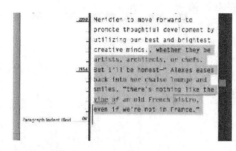

7. 关闭文章编辑器窗口。

8. 选择"文件">"存储"。

6.8 追踪修改

对于有些项目而言，需要查看文档在设计和编审过程中做出了哪些修改。除此之外，编审人员还可能提出修改的建议，其他的用户可选择接受或驳回。在文字处理项目中，使用文章编辑器可对文本的添加、删除或移动等操作进行追踪。

本文档中，将对目录提出修改建议，然后接受该建议，从而停止追踪该修改。

ID | 提示：在"追踪修改"首选项中，可定制要跟踪哪些修改以及如何在编辑器中显示。

---

1. 向上滚动至文档的第 1 跨页。使用文字工具选择第 1 行目录："P48/2 Wheels Good"

2. 选择"编辑">"在文章编辑器中编辑"，将文章编辑器窗口置于目录旁边。

3. 选择"文字">"追踪修改">"追踪当前文章的修改"。

4. 在文章编辑器窗口中，选择第 1 句："Sometimes the best way to see the city is by bicycle."

5. 剪切粘贴或拖放该句至第 2 句："Alexes K., director of Meridien's Urban Museum, takes us on a personal tour."之后。

注意观察在文章中编辑器中是如何标记这些修改的。

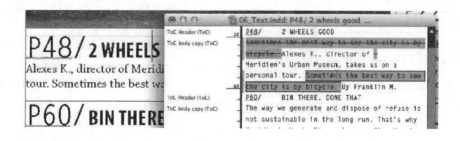

6. 保持打开"文章编辑器"，选择"文字">"追踪修改"，并查看接受和驳回修改的选项。

7. 当查看了所有的可能性后，可选择"接受全部修改">"在本文章中"。

8. 当弹出对话框时，单击"确定"按钮。

9. 关闭文章编辑器窗口。

10. 选择"文件">"存储"。恭喜！您已完成本课程的学习！

6.9 练习

至此，用户已经尝试了 InDesign 文本编辑的基本工具，下面在本文档中进行更多编辑和格式设置。

1. 使用"文字"工具，在第 2 跨页的文章上创建新的文本框架。使用控制面板输入标题并设置格式。

2. 如果有其他的文本文件，也可将其拖曳至文档中，并观察其导入方式。如不希望刚导入的文本留在文档中，可选择"编辑">"撤销"。

3. 查看段落样式面板中所有可用的样式，并尝试将它们应用到文章的文本中。

4. 为文章添加子标题，并应用"Subhead"段落样式。

5. 使用"查找 / 更改"对话框，查找文章中的所有破折号，并将其替换为两边都有空格的破折号。

6. 使用"文章编辑器"和"追踪修改"编辑文章。观察如何标识不同的修改，并试着接受和驳回修改建议。

7. 尝试修改拼写检查、自动更正、追踪修改以及文章编辑器显示的首选项。

复习题

1. 哪些工具可以编辑文本？

2. 编辑文本的大多数命令在哪里？

3. 查找和替换的功能叫做什么？

4. 当检查拼写时，InDesign 将标识出词典里没有的单词，但并不意味着该单词拼写错误。如何才能修复该问题？

5. 如果总是习惯性地输错某一单词，该怎么办？

复习题答案

1. 使用文字工具。

2. 在编辑菜单和文字菜单中。

3. "查找 / 替换"（编辑菜单中）。

4. 可将这些单词添加到相应语言文档或 InDesign 的默认拼写词典，选择"编辑" > "拼写检查" > "用户词典"。

5. 将该单词添加进"自动更正"选项中。

第7课 排版艺术

课程概述

本课程中，你将学习如何进行下列的操作：

- 定制并使用基线网格。

- 调整文本的垂直和水平间距。

- 修改字体和文本样式。

- 插入"OpenType"字体中的特殊字符。

- 创建可跨越多个分栏的标题。

- 平衡分布分栏中的文本。

- 将标点悬挂在页边外。

- 添加和设置下沉效果。

- 调整换行。

- 指定带前导符和创建悬挂式缩进的制表符。

- 添加段落线。

 完成本课程大约需要 1 小时。

InDesign 提供了多种方法用于微调排版，包括突显段落的首字下沉、文本框架边缘悬挂标点、精确控制行间距和字符间距，以及自动平衡分布分栏中的文本。

7.1 概述

本课程中，将练习微调一篇将在某高端生活杂志上发表的餐厅评论的版面。为满足该杂志对版面美观的要求，精确地设置文字的间距和格式：使用基线网格来对齐不同分栏中文本和菜单的各个部分以及其他装饰性的技巧，如首字下沉和引文等。

1. 为确保用户 Adobe InDesign 程序的首选项和默认设置符合本课程的要求，请先按照前言中的步骤将 InDesign Defaults 文件移动到其他文件夹。

> **ID** 注意：如果还未从配套光盘中复制本课程的资源文件，请现在复制。

2. 启动 Adobe InDesign。为确保面板和菜单命令符合本课程要求，请依次选择"窗口">"工作区">"[高级]"，然后再选择"窗口">"工作区">"重置'高级'"。

3. 选择"文件">"打开"，然后选择已下载到硬盘上的 InDesignCIB 中的课程文件夹，打开 Lesson07 文件夹中的 07_Start.indd 文件。

4. 选择"文件">"存储为"，将文件名修改为"07_Type.indd"，并保存至 Lesson07 文件夹中。

5. 在同一文件夹中打开" 07_End.indd"，可查看完成后的文档效果。也可以保持打开该文档，作为操作的参考。若已就绪，可单击文档左上角的标签显示操作文档。

本课程中，将主要集中处理文本。可以使用控制面板中的"字符样式控件"和"段落样式控件"，或是使用字符面板和段落面板。由于面板可随意拖放，使用单独的字符面板和段落面板将更容易操作。

6. 分别选择"文字">"字符"和"文字">"段落"，打开这两个主要的文本编辑面板。在编辑过程中请保持面板打开。

> **ID** 注意：可以拖曳段落面板标签至字符面板，创建一个面板组。

7.2 调整垂直间距

InDesign 为定制和调整框架中文本的垂直间距提供了多种选项。用户可以：

- 使用基线网格设置所有文本行的间距。

- 使用字符面板上的下拉菜单设置每行的间距。

- 使用段落面板中的"段前间距"和"段后间距"设置每个段落的间距。

- 使用"文本框架选项"对话框中的垂直对齐和平衡对齐选项，对齐文本框架内的文本。

- 在"换行和分页选项"对话框中，可使用"段中不分页"和"与下段同页"等选项，控制文本从一栏串接到另一栏的方式。

在本节中，将学习使用基线网格对齐文本。

7.2.1 使用基线网格对齐文本

确定文档正文的字体大小和行间距后，就应为整个文档设置使用基线网格。基线网格表示出文档正文的行间距，可用于对齐相邻分栏和页面之间的文本基线。

使用基线网格前，需要核对文档的上边距、正文的行距。这些元素会与网格协同工作，确保设计的外观一致。

1. 选择"版面">"边距和分栏"，查看上边距的值，将该值设定为："6p0"（6 派卡 0 点），单击"取消"按钮。

2. 在工具面板中选择文字工具，查看行距。单击，将光标置于文章的第 1 段，起始为"Sure"。在字符面板中将行距设为"14pt"。

ID　注意：要查看默认基线网格的效果，可选择所有文本（"编辑">"全选"），然后单击段落面板右下角的"对齐至基线网格"按钮。注意观察基线间距如何变化，然后再选择"编辑">"撤销"。

---

3. 选择"编辑">"首选项">"网格"（Windows）或"InDesign">"首选项">"网格" (Mac OS)"，可设置基线网格选项。

4. 在基线网格"中的"开始"文本框架输入"6p"，以便与上边距"6p0"匹配。

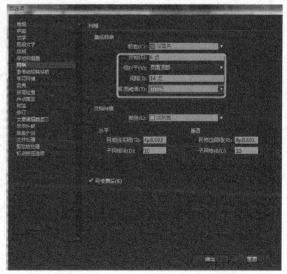

该选项设置了第 1 条网格线在文档中的位置。如果使用默认的设置值"3p0"，第 1 条网格线将出现在页面上边距之上。

5. 在"间隔"文本框中输入"14pt"以匹配行距。

6. 在"视图阈值"下拉菜单中选择"100%"。

视图阈值菜单指定了缩放比例最小为多少后才能时在屏幕上看到基线网格。当设置为100% 时，仅当缩放比例不小于 100% 时才能在文档窗口看到基线网格线。

7. 单击"确定"按钮。

提示：定制视图阈值后可在设置的视图比例中（基于屏幕尺寸、视野和项目）看到
基线网格。

8. 选择"文件">"存储"。

7.2.2 查看基线网格

现在将把刚设置的基线网格在屏幕上显示出来。

1. 选择"视图">"实际尺寸"，然
后再选择"视图">"网格和参考
线">"显示基线网格"，可在文档
中查看基线网格。

注意：如果基线网格没有出现，可能是因为该文档缩放比例小于基线网格的视图
阈值。选择"视图">"实际尺寸"，将视图尺寸修改为视图阈值的100%。

利用基线网格还可以对齐一个段落、选定段落或文章中的所有的段落（一篇文章是指一系列
串接框架中的所有文本）。使用段落面板，按照下列步骤可对齐主文章和基线网格。

2. 使用文字工具，单击跨页第1段的任意位置，放置插入点，然后选项"编辑">"全选"
以选择正文中所有的文本。

3. 如果段落面板不可见，可选择"文字">"段落"。

提示：同其他大多数段落样式一样，基线网格控件也位于控制面板中。

4. 在"段落"面板中，单击"对齐至基线网格"按钮。此时文本将移动，将字符的基线对齐
网格线。

5. 单击剪切板，取消选择文本。选择"文
件">"保存"。

7.2.3 修改段落间距

将段落对齐网格后，再指定段前间距和段后间距时，此时将忽略段前间距和段后间距的值，
它们将被自动调整为网格间隔的下一个整数倍。例如，某段落对齐网格间距为14pt的基线网格，
如果对其应用大于0小于14pt的段前间距,该段落将自动从下一条基线开始。如果应用了段后间距,

下一个段落将自动跳到下一条基线处。这就把段落间距设置为 14pt。

　　现在将通过增大子标题前的段前间距，使子标题更加醒目。然后，更新子标题的段落样式，可自动地将间距应用到所有子标题中。

> **ID** 提示：设置段落属性时，并不需要使用文字工具选择整个段落。只需选择需要设置格式的段落中的一部分。如果只是设置某个段落的样式，也只需单击该段落的任意位置即可。

1. 使用文字工具，单击左侧页面的子标题 "THE RESTAURANT"。

2. 然后在段落面板的 "段前间距" 文本框架中输入 "6pt"，然后按下 Enter 键。

这些点将自动转换为皮卡斯（picas），子标题中的文本也将自动移至下一条网格线。

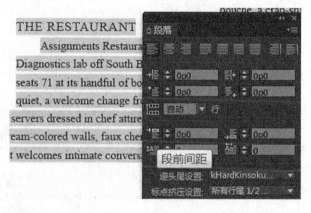

3. 选择 "文字" > 段落样式" 以显示段落样式面板。

4. 将输入光标停留在 "THE RESTAURANT" 子标题，注意在面板中 "Subhead" 样式名称后出现了加号（"+"）。

该加号说明选定文本的格式已经在原有段落样式的基础上进行了修改。

5. 从段落样式面板菜单中，选择 "重新定义样式"。"Subhead" 样式将包含选定段落的样式，具体来说就是新的段前间距值以及对齐基线网格设置。

注意此时在样式名称后的加号（+）消失了，而且在右侧页面的子标题 "THE GOALS" 的段前间距也增大了。

> **ID** 提示：如果是出版物的二次设计，可能常常需要用到已设置样式文本。重新定义样式可轻松地保存新的样式，然后再更新样板。

6. 选择 "视图" > "网格和参考线" > "隐藏基线网格"。

7. 选择 "编辑" > "全部取消选择"。

8. 选择 "文件" > "存储"。

ID 提示：从应用程序栏上的"查看选项"菜单中选择"基线网格"，可查看①隐藏基线网格。

7.3 修改字体和字体样式

修改文本的字体和文本样式为文档带来不凡的视觉差异。现在，将修改右对页中引文文本的字体、文本样式、字号以及行距。另外，还将插入"Open Type"字体中的一个"替代字"——艺术字。使用"字符"面板和"字形"面板可完成上述修改操作。

1. 首先放大右对页中的引文。

2. 如果字符面板不可见，可选择"文字" > "字符"。

3. 使用文字工具，单击引用文本框架内部。连续单击四次，选定整个段落。

ID 提示：为快速访问常用的字体，可在任意字体菜单中单击该字体名称左侧的星形。然后在菜单的顶部勾选"仅显示常用的字体"。

4. 在字符面板中，设置如下选项：

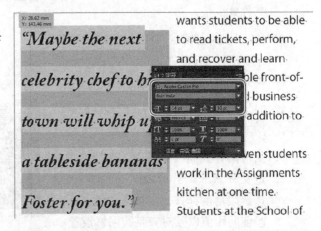

   • 字体："Adobe Caslon Pro"（字母排序为"C"）。

   • 样式："Bold Italic。"

   • 字体大小："14 pt"

   • 行距："30 pt"

5. 选择"编辑" > "全部取消选择"。

6. 选择"文件" > "存储"。

7.3.1 使用替代字替换字符

由于 Adobe Caslon Pro 是一种 Open Type 字体（这种字体为标准字符提供给了多个替代字，用户可根据需要进行选择。字形是字符的特定形式。例如，在特定的字体中，大写字母 A 有多种形式，如"花饰字"和"小型大写字母"。使用字形面板可选择这些不同的形式，并能找到某种字体的所有字形。

ID 提示：字形面板具有许多控件可用于筛选字体中的字符，如标点符或装饰符。有些字体可能有上百种可选项，而有些字体可能只有几种。

1. 使用文字工具（**T**），单击引文中的第 1 个"M"。

2. 选择"文字" > "字形"。

3. 在字形面板中，从"显示"下拉菜单中选择"所选字体的替代字"，可看到所有可选的字形。Adobe Caslon Pro 的版本不同，选项也会不同。

4. 双击类似手写体的"M"，替换原有的字符。

替代可用字形的另一种方法是应用"OpenType"样式。下面将应用花饰字，替换"Foster"中的"F"（以及其他相关的字形）。

5. 使用文字工具，拖曳选择文本框架中的所有文本。

6. 在字符面板中，单击面板菜单按钮，然后从下拉菜单中选择"OpenType">［花饰字］

7. 选择"编辑">"全部取消选择"。

8. 选择"文件">"存储"。

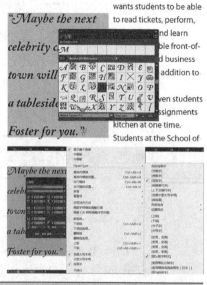

ID 注意：在 OpenType 菜单中，括号中的字体选项不可用。

7.3.2 添加特殊字符

下面为文章的结尾添加装饰字体字符和右对齐制表符（也称作"文章结束字符"）。该字符可让读者知道该文章至此结束。

ID 提示：还可以在文本菜单（"插入">"特殊字符">"符号"）和上下文菜单中访问一些更常用的字形，如版权符号和商标符号。在插入点右键单击（Windows）或 Control- 单击（Mac OS）可访问上下文菜单。

1. 滚动鼠标或缩放以便查看文章的最后一段，结尾为"bananas Foster for you."。

2. 使用文字工具（ **T** ），在最后一段的末尾句号后放置插入符。

3. 如果没有打开字形面板，可选择"文字">"字形"。

此时可利用字形面板查看并插入"OpenType"属性，如装饰符、花饰字、分数字符和连笔字等。

4. 在面板底部的文本框中，输入"Adobe Caslon Pro"的前几个字母，即可自动识别并选择该字体。

5. 在字形面板的"显示"下拉菜单中选择"装饰符"。

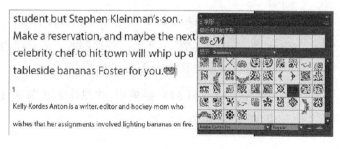

6. 从列表中选择所需的装饰符，并双击插入，此时该字符出现在插入点处。

7. 使用文字工具（■），在最后的句号和装饰符之间放置光标。

8. 右键单击 (Windows) 或 Control- 单击（Mac OS）显示上下文菜单，并选择"插入特殊字符" > "其他" > "右对齐制表符"。

9. 选择"文件" > "存储"。

> **ID** | 提示：按下 Shift+ 制表符可快速插入右对齐制表符。

OpenType 字体

OpenType 字体如 Adobe Caslon Pro，可能包含很多以前没看见过的字形。OpenType 字体可包含比其他字体更多的字符和字形替代字。如果想了解 OpenType 字体的更多信息，可访问：www.Adobe.com/type。

7.3.3 插入分数字符

本文章的菜谱中并没有用到真正的分数字符，如 1/2 是由数字 1、斜线和数字 2 组成的。大部分字体都为包含了常用的分数字符(如 ½, ¼, 和 ¾)。这种分数字符将比仅仅使用数值和斜线显得更专业。

1. 滚动至右对页底部的菜谱。

> **ID** | 提示：编辑菜谱等需要各种分数的文档时，大部分字体内置的分数可能无法满足全部的数值需求。此时需要使用分子和分母格式选项，该选项可在某些"OpenType"字体中找到，或是购买特定的分数字体。

2. 使用文字工具（■），选中第 1 个 "1/2"（菜谱 Caesar Salad 中 "1/2 lemon"）。

3. 如果没有打开字形面板，可选择"文字" > "字形"。

4. 从"显示"下拉菜单中选择"数值"。

5. 调整面板尺寸以便查看更多的字符。需要时也可滚动鼠标找到 "½"。

6. 双击 "½" 可替换选定的 "1/2"。

注意此时 ½ 已经存储在了字形面板顶部的"最近使用的字形"中。下面修改文章中其他的分数："1/4"和"3/4"。

7. 在 "CAESAR SALAD" 菜单中，找到并选定 "1/4"（ "1/4 cup red wine vinegar"）。

8. 在字形面板中，找到并双击"¼"。

9. 重复步骤 6 和 7，找到并选择"3/4"（"3/4 cup virgin olive oil"），然后在"字形"面板中用"¾"进行替换。

10. 如有需要，可按照上面的步骤继续替换菜谱中剩下的"1/2"和"1/4"：选择它们，并在字形面板中的"最近使用的字体"部分双击相应的字形。

11. 关闭字形面板，并选择"编辑 > 全部取消选择"

12. 选择"文件" > "存储"。

7.4 微调分栏

除了可调整文本框架中分栏的数量、宽度以及间距之外，还可以创建跨越几个分栏的标题（也称作跨头），并自动平衡显示分组中的文本。

7.4.1 创建跨头

边栏框架的标题需要跨越 3 个分栏。要实现该效果，可使用段落样式而非在文本框架导入标题。

1. 使用文本工具，单击标题"TRY IT @ HOME"。

2. 如果没有打开段落面板，可选择"文字" > "段落"。

3. 从段落面板菜单中选择"跨栏"。

4. 在"跨栏"对话框中的"段落版面"下拉菜单中选择"跨栏"。

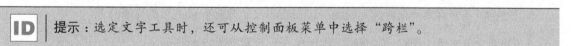

ID　提示：选定文字工具时，还可从控制面板菜单中选择"跨栏"。

5. 勾选"预览"，然后从"跨越"下拉菜单中选择不同的选项来观察标题效果。然后，从该菜单中选择"全部"，然后单击"确定"按钮。

6. 保持插入光标位于子标题"TRY IT @ HOME"中，从段落样式面板菜单中选择"重新定义样式"。该样式将更新，并影响"跨栏"设置。

7. 选择"文件" > "存储"。

7.4.2 平衡分栏

添加标题后，在每个分栏中使用平衡文本以完成边栏的微调。可通过插入分栏符手动完成该操作（"文字" > "插入分隔符" > "分栏符"）。但在重排文本时，分隔符常常会导致文本流入错误的分栏。因此，应使用自动平衡分栏。

> **ID** 提示：从"文本框架选项"对话框（对象菜单）中选择"平衡分栏"。

1. 选择"视图" > "使页面适合窗口"，将该页面 2 居中显示在窗口中。

2. 使用选择工具，单击选择包含菜谱的文本框架。

3. 在控制面板中单击"平衡分栏"（该分栏控件位于控制面板的右侧。）

当使用平衡分栏时，应注意配合使用段落的"与下段同页"和"段中不分页"设置。

4. 选择"文件" > "存储"。

"平衡分栏是针对边栏的文本框架设置的，而段落则按照"与下段同页"和"段中不分页"段落样式进行串接。

7.5 修改段落对齐

通过修改水平对齐方式，可轻松地控制段落在文本框架中的显示方式。可让文本与文本框架的一个或两个边缘对齐，可设置内边距以及让文本左右边缘都对齐。本练习中，将让作者简介（也称作"bio"）与右边距对齐。

1. 如有需要，可滚动鼠标放大视图，以便查看文章最后一段之后的作者介绍。

2. 使用文字工具（ T ），在介绍文本中单击，放置插入点。

3. 在段落面板中，单击"右对齐"按钮。

由于介绍文本尺寸太小，使得文本行与基线网格的间距显得很宽。为解决该问题，可让段落不与基线网格对齐。

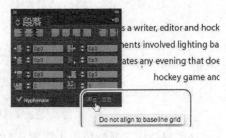

4. 保持插入光标位于介绍段落里，并在段落面板中单击"不对齐基线网格"。如果该文本不适应文本框架，可使用选择工具调整文本框架的长度。

> **ID** 提示：当选择"悬挂标点"时，将应用整个文章，这意味着是一个文本框架或几个排文框架中的所有的文本。

5. 选择"编辑">"全部取消选择"。

6. 选择"文件">"存储"。

将标点悬挂在页边外

某些时候当标点挂在一行的开始或结尾时，会出现页边距不均匀的情况。为修复该视觉差异，设计师常常将标点悬挂在文本框架外面一点，这种方式称为视觉边距对齐方式，使字符能够稍微超出文本框架。

本练习中，将学习对醒目引文应用视觉边距对齐。

1. 如有需要，通过滚动和缩放视图查看右对页上的引文。

2. 使用选择工具，单击选择包含该引文的文本框架。

3. 选择"文字">"文章"，打开文章面板。

4. 勾选"视觉边距对齐方式"，然后关闭文章面板。

 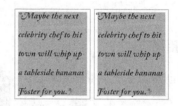

注意到现左引号的左边缘悬挂在文本框架外面，但此时文本在视觉上是对齐的。

5. 选择"编辑">"全部取消选择"。

6. 选择"文件">"存储"。

7.6 创建首字下沉

使用 InDesign 中特殊的字体功能，可为文档添加创意十足的效果。例如，可使段落的一个字符或单词下沉，应用渐变和颜色填充文本，使用连笔字和旧体数字以及创建上标和下标字符。现在，将为文章的第一段创建首字下沉。

1. 滚动以便看到左对页上的第一段。使用文字工具，在该段落中单击。

2. 在段落面板中的"首字下沉行数"中输入"3"，使该字符下沉 3 行。

3. 在"首字下沉一个或多个字符数"中输入"2"，可放大"Sure"中的"S"。

按下 Enter 键可查看多个首字下沉字符。然后选择"编辑"＞"撤销"。

4. 使用文字工具，选择下沉的字符。

现在可应用任意的字符格式。

ID 提示：首字下沉可保存为段落样式，因此可快速一致地进行应用。

ID 提示：可手动为下沉字符应用其他样式，或是字符样式。如果某些字符样式专门用于下沉字符，可自动将该样式编进段落样式中。

5. 选择"文字"＞"字符样式"以显示字符样式面板。

6. 单击"首字下沉"样式，将其应用至选定的文本。单击取消选择该文本，并观察下沉效果。

7. 选择"文件"＞"存储为"。

7.6.1 为文本应用描边

下面将为刚刚创建的下沉字符添加描边。

1. 保持选定"文本"工具（ T ），选定下沉字符。

2. 选择"窗口"＞"描边"。然后在描边面板的"粗细"文本框中输入"1pt"，然后按下 Enter 键。

此时在选定字符周围出现描边效果。现在将修改描边的颜色。

3. 选择"窗口"＞"色板"。在色板面板中，选择"描边"按钮（ ），然后单击 [黑色]。

4. 按下 Shift+Ctrl+A (Windows) 或 Shift+Command+A (Mac OS)，取消选择文本，以便查看描边效果。

5. 选择"文件"＞"存储"。

7.6.2 调节首字下沉对齐

可调整下沉字符的对齐方式，还可缩放带下行部分的下沉字符（如"y"）。本节中，将调节下沉字符使其更好地对齐左侧页边。

1. 使用文字工具（**T**），在带有下沉字符的第一段中单击。

2. 选择"文字">"段落"。在段落面板中，从面板菜单中选择"首字下沉和嵌套样式"。

3. 勾选右侧的"预览"选项，以便查看修改效果。

4. 选择"左对齐"可移动下沉字符，使其与文本的左侧边缘对齐。

5. 选择"文件">"存储"。

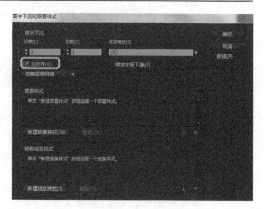

7.7 调整字偶间距和字符间距

可使用字偶间距调整与字符间距调整修改字符间距和字间距。还可使用 Adobe 单行书写器和段落书写器器控制段落中整个文本的间距。

调整字偶间距和字符间距

通过调整字偶间距，可增加或缩小两个特定字符间的间距。字符间距调整则是将一系列字母之间的间距设置为相同的值。在某个文本中可同时应用这两种调整方法。

下面将手动微调下沉字符"S"和该单词余下部分"ure"间的字偶间距。然后再调整绿色框架中的标题"If You Go"的字符间距。

1. 可使用工具面板中的缩放显示工具，拖曳出一个环绕下沉字母的矩形框，以便清除地查看调整后的效果。

2. 使用文字工具，在"S"和"u"之间单击。

3. 按下 Alt+ 左方向键（Windows）或 Option+ 左方向键（Mac OS），可减小间距，将"u"向

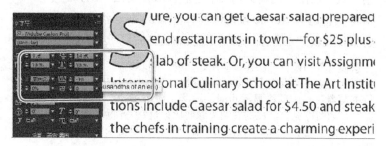

左移动。继续按下该组合键，直到调整至满意的间距。

本例中显示"字符间距调整"为"－10"。也可在字符面板中查看新的微调值。

下面为整个标题"If You Go"设置字符间距，以增大所有字符间的距离。为调整字符间距，需首先选择希望调整的文本。

> **ID** | **注意**：如果无法正常选择文本，可先用选择工具选定紫色文本框架。

4. 选择"编辑">"全部取消选择"。向下滚动以便查看"Sure"下方紫色框架中的标题"If You Go"。

5. 使用文字工具，在标题"If You Go"上连续单击 3 次以选定整个标题。

6. 在字符面板中，从"字符间距调整"下拉菜单中选择"50"。

7. 单击粘贴板，取消选择文本。

8. 选择"视图">"使跨页适合窗口"，查看最新修改效果。

9. 选择"文件">"存储"。

7.8 调整换行符

当文本未对齐时，每行末的换行符将影响文章的可读性。例如，当段落左对齐时，右侧边缘将参差不齐。这种参差不齐的状况由字体、字号、行距、分栏宽度等因素导致，如果过多将影响阅读效果。另外三种影响文章可读性的段落样式包括：

1. "段落书写器"，可自动决定换行符。

2. "连字"，例如是否用连字符连接大写字符。

3. "平衡未对齐的行"。

> **ID** | **提示**："调整"设置与段落书写器和连字设置一同控制段落缩进显示。如需为选定段落调整这些设置，可从段落面板菜单中选择"对齐"。

平面设计师常常会结合使用多个设置，对某段样本进行调整。然后，再将这些设置保存为段落样式，以便应用到其他文本上。本课程文档中用到的主段落样式指定为 Adobe 段落书写器和微调的连字设置，因此将仅仅比较"书写器"和"平衡未对齐的行"这两种方式。

注意换行符和换行方法连续应用之间的差别。第1栏中显示了具有定制的"连字"设置（例如：禁止大写字符相连）以及"Adobe单行书写器"。中间栏显示相同的段落，应用了"Adobe段落书写器"，如图可见，该栏的右侧边缘要比第1栏整齐得多；右侧分栏显示的是应用了"Adobe段落书写器"以及"平衡未对齐的行"的段落

7.8.1 应用 Adobe 段落书写器和单行书写器

段落的疏密程度（有时也称作段落色彩）是由使用的排版方式决定的。InDesign 会综合考虑到选定文本的字间距、字符间距、字形尺寸和连字选项等，从而评估并选择最佳的换行方式。InDesign 提供了两种排版选项：InDesign 段落书写器，针对的是段落中的所有行；Adobe 单行书写器，仅针对每一行。

使用段落书写器时，InDesign 对每行进行排版时将考虑对段落中其他行的影响，因此为整个段落来设置最佳的排版方式。当修改某行的文本时，段落前面和后面的行可能都会改变换行位置，使得整个段落中文字的间距是均匀的。而使用单行书写器时（这是其他排版和字处理软件使用的标准排版设置），InDesign 仅仅会调整经过编辑的文本后面的文本行。

本课程中文本的默认设置为 Adobe 段落书写器。为更好地观察两种书写器的区别，可对该文本再应用单行书写器重排正文。

 提示：作为最后的选择，还可手动地插入强制换行符（Shift+Enter）来调整换行，或是在行末使用随意换行符。这两个换行符都可以在"文字">"插入换行符"子菜单中找到。由于换行符常常标志文本重排，因此最好在文本或格式最后使用。

1. 使用文字工具，在正文中单击。

2. 选择"编辑">"全选"。

3. 在段落面板中，从面板菜单中选择"Adobe 单行书写器"。如有需要，可放大视图尺寸以便观察区别。

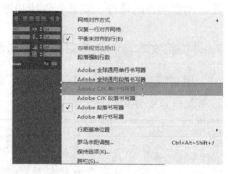

单行书写器将单独处理每一行，因此可能导致段落中有些行间距较密，而有些行间距较宽。由于段落书写着眼于整个段落，因此段落中的疏密程度更一致。

4. 单击页面的空白区域，取消选择文本，并查看间距和换行方面的差别。

5. 选择"编辑">"撤销"，将文章恢复到使用 Adobe 段落合成器。

连字设置

该设置将决定是否以及如何用连符连接行末的单词。从段落面板菜单中选择"连字设置"，可为选定的段落定制连字设置。同时也可以在"段落样式"对话框中调整连字设置。一般来说，连字符设置为编辑工作，而非设计工作。例如，出版样式指南可能会指定大写的单词不用连字。

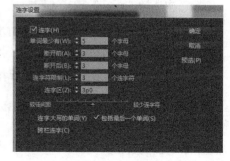

编辑文本时，可从控制面板中使用"连字"选择框架，快速地启用和禁用连字。另外，某些特定的单词，如商标，需

要用到连字或是用特定点进行连接。此时可在"编辑">"拼写检查">"用户词典"中指定所需的连字。

7.8.2 平衡未对齐的行

段落未对齐时，行末有时可能会参差不齐，有些行特别长，有些特别短。使用 Adobe 段落书写器以及调整连字可解决该问题，另外还可以使用"平衡未对齐的行"。下面将学习应用该功能。

> **ID** 提示："平衡未对齐的行"这一功能还能应用于平衡多行的标题。

1. 使用文字工具，在该正文中单击。

2. 选择"编辑">"全选"。

3. 在段落面板中，从面板菜单中选择"平衡未对齐的行"。

4. 选择"文件">"存储"。

7.9 设置制表符

使用制表符可将文本放置于分栏或文本框架的特定水平位置。在制表符面板中，可组织文本并创建制表符前导符、缩进和悬挂缩进。

7.9.1 将文本与制表符对齐并添加制表符前导符

现在将为左对页的"If You Go"框架设置制表符信息。制表符标记已经输入到了文本中，此时需要设置该标记具体的位置。

> **ID** 提示：使用制表符时，可选择"文字">"显示隐藏字符"，查看制表符。在文字处理文件中创建者经常为对齐文本输入多个制表符，甚至输入空格而不是制表符。只有查看隐藏字符才方便处理该问题。

1. 如有需要可滚动鼠标放大视图，以便查看"If You Go"文本框架。

2. 为查看文本中的制表符标记，请确保已勾选"文字">"显示隐藏字符"，以及在工具面板中选择"正常"模式（ ⬚ ）。

3. 使用文字工具（ T ），单击"If You Go"文本框架内，并从第二行的"Name"到行末的"6-8 p.m."全部选定。

4. 选择"文字">"制表符"，打开制表符面板。

当文本框架内有输入光标并且上方有足够的空间时，制表符面板将与文本框架的顶部靠齐，使"制表符"面板的标尺与文本对齐。不管制表符面板位于什么位置，都可通过输入特定的值来精确地设置制表符。

5. 在"制表符"面板中，单击"左对齐制表符"（ 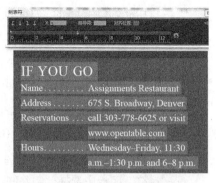 ）。将指定文本对齐制表符的左侧。

6. 在"X"文本框输入"5p5"，按 Enter 键。

此时在选定文本中制表符标识后的信息将与新制表符对齐，制表符位于制表符面板标尺的上方。

7. 保持选定文本，并打开制表符面板，单击标尺上的新制表符，并将其选定。在"前导符"文本框中输入一个句号和一个空格。

"前导符"文本框指定了填充文本与制表符之间空白区域的字符。制表符前导符常常用于目录中。使用两段之间的空格在制表符前导中创建更加开放的点序列。

8. 按 Enter 键使前导符生效。保持制表符面板打开，以便后面的练习使用。

9. 选择"文件" > "存储"。

> **ID** 提示：可结合使用项目符号或编号、制表符以及悬挂缩进等，创建项目符号和数值列表。但另外一种快速的方法是使用段落面板菜单中的"项目符号和编号"，或是文本菜单中的"项目符号列表和编号列表"子菜单实现。也可以将项目符号和编号列表格式保存为段落样式中的一部分。

使用制表符

创建和定制制表符的控件与字处理器中的控件十分类似。用户可以精确地指定制表符的位置，在栏中重复制表符，为制表符创建前导符，指定文本与制表符的对齐方式，轻松地对创建的制表符进行修改。由于制表符是一种段落样式，因此可插入光标所在的段落或是任意选定的段落。所有的控件都位于制表符面板中，可选择"文字" >"制表符"打开制表符面板。下面是制表符控件的工作说明。

- 输入制表符：按下制表符键，可在文本中输入制表符。

- 指定制表符对齐方式：单击制表符面板左上角的一个制表符按钮，可指定文本与制表符的对齐方式，包括"左对齐制表符"、"居中对齐制表符"、"右对齐制表符"及"对齐小数位（或其他指定的字符）制表符"。

- 指定制表符位置：单击某个制表符按钮，并在"X"文本框中输入值，按 Enter 键，可在指定位置放置制表符。也可单击某个制表符按钮，然后单击标尺上方的空白处。

- 重复制表符：在标尺中选择制表符，要创建多个等距的制表符，可选择标尺上的一个制表符位置，然后从制表符面板菜单中选择"重复制表符"。将根据选定制表符与前一制表符（或左缩进）的距离跨栏创建多个制表符。

- 指定文本中对齐的字符：单击"对齐到小数位（或其他指定字符）"按钮，然后在"对齐位置"框架输入或粘贴字符，可指定文本对齐的字符（如果文本没有包含该字符，文本将左对齐制表符）。

- 创建制表符前导符：在"前导符"框架中最多可输入 8 个重复字符，可填充文本与制表符之间的空白区域，例如在目录中为文本和页码之间添加句点。

- 移动制表符：选择标尺上的制表符，并在"X"文本框中输入新值，可对制表符进行移动。在 Windows 中按下 Enter 键。在 Mac OS 中按 Return 键，也可以拖曳标尺上的制表符至新的位置。

- 删除制表符：将制表符拖离标尺，可删除制表符，或在标尺上选择制表符，从"制表符"面板中选择"删除制表符"。

- 重置默认制表符：从制表符面板菜单中选择"清除全部"可恢复默认的制表符。默认的制表符位置根据"首选项"对话框中"单位和增量"中的设置而不同。例如，如果水平标尺的单位设置为英寸，默认每隔 0.5 英寸放置一个制表符。

- 修改制表符对齐方式：在标尺上选定制表符，并单击不同的制表符按钮，可修改制表符的对齐方式。也可在单击标尺中的制表符时按下 Alt (Windows) 或 Option (Mac OS)，以切换不同的对齐方式。

> **ID** 提示：在 Mac OS，当输入新制表符位置时，按下数字键盘的 Enter 键可创建新制表符，而非移动选定的制表符。

7.9.2 创建悬挂缩进

悬挂缩进中，在制表符标识之前的文本将悬挂在左侧，就如常常看到的项目符号列表和编号列表。下面将使用制表符面板，为"If You Go"文本框架中的信息创建悬挂缩进，也可在段落面板中使用"左缩进"和"首行左缩进"选项。

1. 使用文字工具，单击"If You Go"文本框架内，并将第二行的"Name"开始到行末的"6-8 p.m."全部选定。

2. 请确保制表符面板仍然位于文本框架顶部。

3. 在制表符面板中，向右拖曳标尺左侧的缩进标识底部，直到"X"值为"5p5"。

拖曳该标识底部可同时移动"左缩进"和"首行左缩进"标识。注意观察所有文本如何向右移动，且段落面板中的"左缩进"值变为"5p5"。

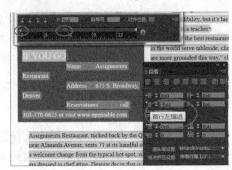

保持选定文本。下面将分类标题恢复到原有的位置，并创建悬挂缩进。

4. 在段落面板上的"首行左缩进"（▤）框架中，输入"-5p5"。取消选择文本，并查看悬挂缩进。

ID 注意：如果移动了制表符面板，可单击右侧的"将面板置于文本框架之上"按钮（磁铁形）。

5. 关闭制表符面板。

6. 选择"文件">"存储"。

使用悬挂缩进

使用控制面板、段落面板以及制表符标尺上的控件，可调整段落的缩进方式，包括"左缩进"，"右缩进"，"首行左缩进"，"最后一行右缩进"等。另外还可用下列方法创建悬挂缩进：

- 拖曳制表符标尺上的缩进标识时按下 Shift 键。Shift 键可单独拖曳缩进标识。

- 按下 Control+\ (Windows) 或 Command+\ (Mac OS)，可使文本任意处插入"在此处缩进对齐"符号。所有文本将立即悬挂在该符号的右侧。

- 选择"文字">"插入特殊字符">"其他">"在此处缩进对齐"，可插入悬挂缩进符。

7.10 在段落前面添加段落线

可在段落前面或后面添加段落线。使用段落线而不是绘制一条直线是因为可对段落线应用段落样式。例如，某段落样式用可能会为突出引文使用段前线和段后线。也可在子标题之上使用段前线，段落线可等于栏宽或是文本宽度：

- 当设置宽度为"栏"时，段落线将和文本分栏拥有相同的宽度——减去任何段落缩进设置。可在"段前线"对话框架"左缩进"和"右缩进"中输入负值，扩展段前线。

- 当设置为宽度"文本"时，段落线将和文本拥有相同的长度。段前线是多行段落的第一行；而段后线是段落的最后一行。

现在将为文章末尾的作者介绍添加段前线。

1. 滚动以便查看右对页面的第 3 栏，该栏包含有作者介绍。

2. 使用文字工具（ **T** ），在介绍文本中单击。

3. 从段落面板菜单中选择"段落线"。

4. 在"段落线"对话框的顶部，从菜单中选择"段前线"，并勾选"启用段落线"以激活段落线。

5. 选择"预览"选项，移动对话框以便能查看该段落。

6. 在"段落线"对话框中，设置下列选项：

- 从"粗细"下拉菜单中选择"1pt"。

- 从"颜色"下拉菜单中，选择"紫色"（C=97，M=90 Y=30，K=18）。

- 从"宽度"下拉菜单中，选择"栏宽"。

- 在"位移"文本框架中输入"p9"。

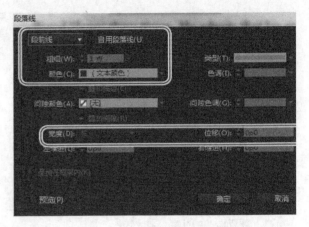

7. 单击"确定"应用修改。

此时在作者介绍上方出现了紫色的段落线。

8. 要查看结果：

- 选择"编辑">"全部取消选择"。

- 选择"视图">"使跨页适合窗口"。

- 在屏幕顶部的应用栏程序中，从屏幕模式菜单选择"预览"。

- 按下"制表符"，隐藏所有面板。

9. 选择"文件">"存储"。

恭喜，您已完成本课程的学习！为完全完成本课程项目，还需要花点时间和编辑或校对员一起修复过紧或过松的行、不适当的换行和窗口等。

7.11 练习

现在已完成学习 InDesign 格式文本的基本操作，是时候自己好好用用这些技术了。试试下面的操作任务，可有效提高排版技巧。

1. 请在多个段落中放置插入点，并试着启用和禁用段落面板上的连字功能。选择一个带连字符的单词，并从字符面板菜单中选择"不换行"，可取消该单词的连字符。

2. 尝试其他连字设置。首先，选定文章中的所有文本。然后，从段落面板菜单中选择"连字"。在"连字设置"对话框，选择"预览"，并试试各种设置效果。例如，若文本中选定了"连接大写的单词"，但编辑可能希望禁用该选项防止厨师的姓名使用连接符。

3 尝试其他对齐设置。首先，选择所有文本，然后从段落面板中选择"双末行齐左"（▤）。从段落面板菜单中选择"对齐"。在"对齐"对话框，选择"预览"，并试试各种设置效果。

4. 例如，观察应用 Adobe 单行书写器和 Adobe 段落书写器来对齐文本的区别。

5. 选择"文字">"插入特殊字符"，并查看所有可用的选项，如"符号">"项目符号"和"连字符和破折号">"全角破折号"。使用这些字符而非连字符可加强排版的专业程度。选择"文字">"插入空格"，注意其中包含一个"不间断空格"。使用该空格将两个单词连在一起，使其不能分开到两行显示（如"Mac OS"）。

复习题

1. 如何查看基线网格?

2. 何时使用右缩进制表符?

3. 如何将标点悬挂在文本框架边缘?

4. 如何平衡分布分栏?

5. 调整字偶间距和字间距之间的区别是什么?

6. Adobe 段落书写器和 Adobe 单行书写器之间的区别是什么?

复习题答案

1. 选择"视图">"网格和参考线">"显示基线网格",可查看基线网格。而且当前文档视图必须等于或高于基线网格选项的视图阈值设置。默认情况下为 75%。

2. 右缩进制表符可自动将文本对齐段落右侧的页边,对于导入文字结束符十分有用。

3. 可选择文本框架,并选择"文字">"文章",选择"悬挂标点",然后应用到文章的所有文本。

4. 使用选择工具选定文本,然后单击控制面板上的"平衡分栏"按钮,或是从"文本框架选项"对话框中选择"平衡分栏"("对象">"文本框架选项")。

5. 字偶间距用于调节特定两个字符之间的间距,而字间距则调节的是选定字符的所有间距。

6. 在决定合适的换行符时,段落书写器对多行同时进行计算评估而单行书写器仅仅着眼于某一行。

第8课 处理颜色

课程概述

本课程中，读者将学习下列操作：

- 设置颜色管理。

- 决定输出需求。

- 为"色板"面板添加颜色。

- 为对象和文本应用颜色。

- 创建虚线描边。

- 创建和应用渐变色板。

- 调整渐变混合方向。

- 创建和应用色调。

- 创建和应用专色。

 完成本课程大约需要 1 小时。

用户可以创建、保存和应用印刷色和专色。创建和保存的颜色可包含底色、混合油墨以及混合渐变。使用印前检查可确保颜色可正确地输出。

8.1 概述

本课程中，将为一家虚构的巧克力公司"Tifflin's Truffles"的杂志广告添加颜色、底色和渐变。该广告的颜色格式为 CMYK，并且专色也随 CMYK 图片一同导入。但在开始之前，还将做两件事确保文档在屏幕上的视觉效果和打印一致：首先查看颜色管理设置，然后使用印前检查查看导入图片的颜色模式。

ID | **注意**：如果还未从配套光盘中复制本课程的资源文件，请现在复制。

1. 为确保用户的 Adobe InDesign 程序的首选项和默认设置符合本课程的要求，请先按照前言中的步骤将 InDesign Defaults 文件移动到其他文件夹。

2. 启动 Adobe InDesign。为确保面板和菜单命令符合本课程要求，请依次选择"窗口">"工作区 >"[高级]"，然后再选择"窗口">"工作区">"重置'高级'"。

3. 选择"文件">"打开"，然后选择已下载到硬盘上的 InDesignCIB 中的课程文件夹，打开 Lesson08 文件夹中的 08_Start.indd 文件。

4. 选择"文件">"存储为"，将文件名修改为"08_Color.indd"，并保存至 Lesson08 文件夹中。

ID | **注意**：当前的"显示性能"设置，可能会使图片看起来失常或带有锯齿状。在后面的内容将解决该问题。

5. 在同一文件夹中打开"08_End.indd"，可查看完成后的文档效果。可以保持打开该文档，以作为操作的参考。若已经准备就绪，可单击文档左上角的标签显示操作文档。

—— 使用间隙颜色进行虚线描边

—— 文本变换为轮廓并用底色进行填充

—— 对象填充渐变色

—— 应用颜色的文本

8.2 管理颜色

颜色管理可用于在不同输出设备上一致地生成颜色，如显示器、平板电脑、彩色打印机和胶印机等等。Adobe 创意套件提供简单易用的颜色管理功能。用户不需要成为颜色管理专家，就可完成一致的颜色设置。从编辑到最终打印，为确保精确的颜色设置，使用"创意套件"的颜色管理，可跨应用程序和平台一致地查看颜色。

据 Adobe 所述，"对于大部分的颜色管理流程，最好使用 Adobe 系统测试过的预设颜色。仅当用户了解颜色管理，对修改有足够信心时，才可修改特定的选项"。本节中，将讨论 Adobe InDesign 和"创意套件"的预设颜色设置和策略，可用于帮助用户在项目中使用一致的颜色。

色彩管理的必要性

没有哪种屏幕、打印机、复印机或印刷机可显示人眼可见的所有颜色。各种设备都有特定的功能，在生成彩色图像时都会做出不同的折中显示。特定输出设备的显色能力被统称为色域或色彩空间。InDesign 和其他图片应用程序，如 Adobe Photoshop 和 Adobe Illustrator，都是用颜色数值来描述图片每个像素的颜色。颜色数值基于不同的颜色模式，例如 RGB 分别代表红色（R）、绿色（G）以及蓝色（B），而 CMYK 分别代表青色（C）、洋红色（M）、黄色（Y）和黑色（K）。

使用颜色管理可轻松将源文件中的像素颜色值转换为特定输出设备（如显示器、笔记本、平板、彩色打印机或高分辨率的胶印机等）的颜色值。在 InDesign 帮助文件中可找到有关颜色管理的更多信息，在线网址为 www.adobe.com（搜索颜色管理）。

ID 提示：为达到颜色一致，应定期校准显示器和打印机的颜色。校准设备可使其符合预设的输出标准。许多颜色专家相信定期校准是颜色管理中最重要的方面。

为颜色管理创建视图环境

操作环境将影响显示器和打印输出时的颜色显示。为达到最好的显示效果，可按照下列步骤控制颜色和光线：

- 在提供稳定亮度级和色温的环境中查看文档。例如，自然光的颜色特性时刻都在变化，这将改变屏幕上的颜色显示效果，因此最好是在无窗的房间中进行工作。安装 D50（5000K）照明灯，可消除荧光灯带来的蓝绿色。同时也可使用 D50 灯箱来查看打印的文档。

- 在使用中性颜色的墙壁和天花板的房间中查看文档。房间的颜色可影响显示器色彩和打印色彩的视觉效果。最佳的房间色调为中性灰。而且，衣服的颜色也会反射到显示器的屏幕上，可能会影响颜色的视觉效果。

- 移除显示器桌面彩色背景。文档周围存在过多明亮的图标将防碍精确的颜色感知。因此应该将桌面设置为中性灰色。

- 在真实世界环境下查看文档校稿，尽量与读者阅读环境相同。例如，用户可能希望在家用典型的电灯下观察家用物品的样子，或是在办公室用的荧光灯下查看常用家具的样子。但是应在所在国家关于合同校对的法定光线条件下进行最终的颜色判断。

—— InDesign 帮助

8.3 使用 Adobe Bridge 同步颜色设置

Adobe 创意套件用户可使用 Adobe Bridge 在不同应用程序之间同步颜色设置。该功能保证所有的 Adobe 创意套件的组件能安装相同的方式显示和打印颜色。为使用该功能，可在 Bridge 选定一个颜色设置文件（CSF）。能否选择最好的 CSF 文件取决于用户的工作流程。在帮助中查找"Bridge"，可获取更多 Adobe Bridge 的相关信息。

> **ID** 注意：Adobe Bridge 是一个独立应用程序，可用于 InDesign Creative 用户。如果在系统中没有安装，可跳至下一练习。

选择 CSF 文件并使用创意套件：

1. 在窗口文档顶部的应用栏上单击"转到 Bridge"按钮（  ）。

2. 选择"编辑"＞"颜色设置"，常见的选项包括：
   - 准备视频和屏幕演示的显示器颜色。
   - "北美通用 2"，针对大部分打印工作和屏幕显示是保证大部分工作流程安全的默认设置。
   - 常规报纸制作使用"北美报纸"。
   - 高端打印流程使用"北美预印 2"，包括图片、文档和设备的源和输出配置文件。

   - 制作内容的"北美网络／互联网"，仅仅用于在线交付内容。
3. 查看这些选项，然后单击"取消"。
4. 切换回 InDesign。

8.4 在 InDesign 中指定颜色设置

为统一颜色设置，可使用预设的颜色管理策略和默认的配置文件来指定颜色设置文件（CSF）。

如果是使用"Bridge"在创意套件中同步颜色设置，仍然可为特定的项目重载这些设置。这些颜色设置将应用到 InDesign 应用程序，而非某个单独的文档。

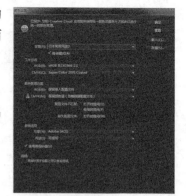

1. 在 InDesign 中，选择"编辑">"颜色设置"。

2. 如果已经安装了创意套件，在"颜色设置"对话框顶部会出现提示说明是否已同步颜色设置。

3. 在该对话框中单击不同的选项，并观察哪些可用。

4. 单击"取消"关闭"颜色设置"对话框。

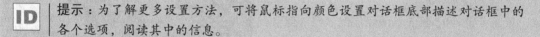

ID 提示：为了解更多设置方法，可将鼠标指向颜色设置对话框底部描述对话框中的各个选项，阅读其中的信息。

8.5　使用全分辨率显示图片

在颜色管理流程中，即使使用默认的颜色设置，也应在显示器性能范围内用最好的显示质量显示图片。使用低分辨率显示图片时，虽然图片显示速度快，但颜色将无法精确呈现。

可试试"视图">"显示性能"菜单中的选项，查看文档在不同分辨率下的显示效果

- 快速显示（不显示图片，适合于对文本进行快速编辑）

- 典型显示

- 高品质显示

本课程需选择"视图">"显示性能">"高品质显示"。

ID 提示：用户可在"首选项"中指定"显示性能"的预设值，还可使用"对象">"显示性能"更改单独对象的显示。

8.6　在屏幕上校对颜色

用户在屏幕校对颜色称作软校对，InDesign 试图按照特定的输出特定进行显示。模拟输出的显示效果取决于很多方面，包括房间的光照条件以及是否校准显示器等。进行软校对，可进行下列操作：

1. 在 InDesign 中，选择"窗口">"排列">"新建窗口"，为"08_Color.indd"打开第二个窗口。

2. 选择"窗口">"排列">"层叠"，显示所有打开文件的窗口。

3. 单击"08_Color.indd:2"激活该窗口，然后选择"视图">"校样颜色"。此时可看到按照"视图">"校样设置"中设置的校对颜色。

4. 选择"视图">"校样设置">"自定",可定制软校对。

5. 在"定制校样环境"对话框中，单击"要模拟的设备"菜单，并选择不同的桌面打印机和输出设备。单击"确定"，观察在不同输出设备中的颜色显示效果。注意此时InDesign 文档标题栏显示模拟了何种设备，（如 Document CMYK）。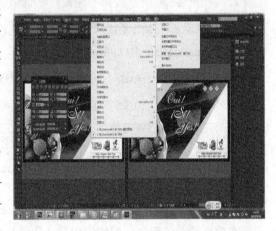

6. 重复步骤4和步骤5,查看不同的软校对选项。

7. 完成了查看不同软校对选项后，关闭"08_Color.indd:2's"窗口。如有需要,可调整"08_Color.indd"窗口的尺寸和位置。

显示器校准和特性化

使用配置软件可校准显示器并实现显示器特性化。校准可使显示器回复预设标准，例如，调节显示器使用图形艺术标准的白点色温（5000 K）进行显示颜色。显示器特性化可简单地创建配置文件，描述显示器当前如何显示颜色。

显示器校准涉及调整下列视频设置：亮度和对比度（整体的显示亮度）、伽马（中间色调值的亮度）、荧光粉（CRT 显示器发光的物质）以及白点（显示器可显示亮度和强度最高的颜色）。

校准显示器时，应将其调节至已知规格。校准显示后，将保存一个颜色配置文件。该配置文件说明了显示器的颜色配置——显示器能显示哪些颜色，不能显示哪些颜色，图片中的颜色数值如何转换才能正确显示。

1. 请确保显示器已开启超过 30 分钟。这会让显示器有足够的时间进行预热，以便产生更加标准的输出。

2. 还应确保显示器至少能显示上万种颜色。最好能保证显示上百万种颜色，24 位或者更高。

3. 移除显示器桌面上的彩色背景图标，并将其颜色设置为中性灰。文档周围存在过多明亮的图标将妨碍精确的颜色感知。

4. 可按照下列步骤中一项对显示器进行校准。

   • 在 Windows 中，安装和使用显示器校准实用程序。

   • 在 Mac OS 中，可使用位于 System Preferences/ Hardware/Displays/Color 制表符中的校准使用程序。

- 为保险起见，还可使用第三方软件和测量设备。通常，同软件一起使用色量计等测量设备，可创建更精确的配置。这是因为测量颜色显示的仪器远远比人眼更精确。

注意显示器性能会随时间发生变化和衰退，请尽量每月校准一次。如果发现无法将显示器校准至标准状态，说明显示器的使用时间过长。

大部分配置软件都将自动更新的配置设置为默认的显示器配置。想了解如何手动设置显示器配置，可参考操作系统的帮助系统。

——InDesign 帮助

8.7　定义打印需求

无论文档是用于打印交付还是数字格式，在开始制作之前，都应清楚文档的输出需求。例如，对于打印文档，应与印前服务提供商商量文档的设计和色彩使用。由于印前服务提供商了解设备性能，他们的建议可能会有效地提高效率、降低成本，提高质量，避免潜在的打印或色彩问题。本课程用到的广告是为使用 CMYK 颜色模式的商用打印机设计的。

为确定文档是否满足打印需求，可使用印前检查配置进行检查，该配置包含了文档尺寸、字体、颜色、图片、出血等一系列规则。然后印前检查面板会提示用户文章中任何不遵循该规则的配置。下面将导入由打印商提供的出版杂志的印前检查配置。

> **ID** 提示：服务提供商和商用打印机可能会提供印前检查配置带有用于输出的各种必备规格。用户可以导入这些配置，并用来检测文档是否符合要求。

1. 选择"窗口" > "输出" > "印前检查"。

2. 从"印前检查"面板菜单（ 🔽 ）中选择"定义配置"。

3. 在"印前检查配置文件"对话框中，单击左侧印前检查配置列表下方的"印前检查配置菜单"按钮（ 🔽 ）。选择"载入配置文件"。

4. 打开"Magazine Profle.idpp fle"文件，该文件位于电脑上的"InDesignCIB \Lessons\Lesson08"内，单击打开。

5. 选定"Magazine Profile"后，请仔细查看广告输出特定的配置。检查那些 InDesign 标记为错误的选项。例如，在"颜色" > "不允许使用色彩空间和模式"中如果勾选了 RGB 选项，任何 RGB 的图片都会引起报错。

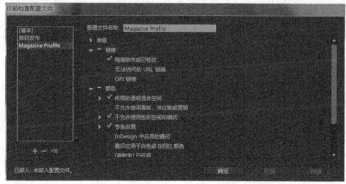

6. 单击"确定"按钮，关闭"印前检查配置文件"对话框。

提示：文档窗口的左下角会一直显示文档中出现的印前检查错误数量。关于印前检查错误，可打开印前检查面板查看更多详细信息

7. 从印前检查面板的配置菜单中，选择"Magazine Profile"。

注意配置检测到导入 Illustrator 文件的一个问题。如果该广告真要交付给杂志出版，必须要对该错误进行修复。

8. 单击"图像和对象"旁边的三角形，可查看错误。

9. 单击"描边粗细过小"旁的三角形。

10. 双击图片文件名称"scc.ai"，可查看有问题的图片。单击下面"信息"旁的三角形，可显示该错误的详细信息。

11. 关闭印前检查面板。

12. 选择"文件">"存储"。

提示：在链接面板中选择图片，并从链接面板菜单中选择"编辑原稿"或"编辑方式"，快速地在原图片编辑程序中进行编辑。

8.8 创建和应用颜色

为达到最大的设计灵活度，InDesign 提供了多种方法用于创建和应用颜色和渐变的方法。在保证正确输出的情况下，这使工作更加轻松便捷。在本节内容，我们将学习多种方式来创建和应用颜色。

注意：本课程操作过程中，请根据需要移动面板和修改缩放比例。更多的相关信息，可参阅第 1 课。

8.8.1 为色板面板添加颜色

结合使用面板和工具，可为对象添加颜色。InDesign 中的颜色工作流程都是围绕色板进行展开的。使用色板命名颜色，可轻松地为文档中的对象应用、编辑和更新颜色。虽然也可使用"颜色"面板应用颜色，但是这些颜色（称作未命名颜色）无法快速地进行更新。此时如果要修改多个对象上的未命名颜色，则需要分别更新每个对象的未命名颜色。

下面将创建文档中用到的大部分颜色。由于文档用于商业印刷，因此需要创建 CMYK 模式的颜色。

1. 请确保没有选择任何对象，然后打开色板面板。如果无法显示面板图标，可选择"窗口">"颜色">"色板"。

"色板"上存储有用户创建的各种颜色、色调以及渐变。

2. 选择色板面板菜单（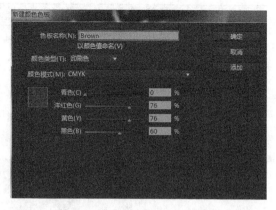）中的"新建颜色色板"选项。

3. 在"新建颜色色板"对话框中，取消选择"以颜色值命名"，并在"色板名称"中，输入"Brown"。请确保"颜色类型"设置为"印刷色"，颜色模式设置为"CMYK"。

4. 在颜色百分比中做如下设置：青色（C）= 0，洋红色（M）= 76，黄色（Y）= 76，黑色（K）= 60。

5. 单击"添加"，可将该新颜色添加进"色板"面板中，并保持打开对话框。InDesign 将为当前颜色创建副本，作为开始。

> **ID** 注意：'根据颜色值命名'选项会根据输入的颜色值对颜色进行命名，在用户修改颜色值时自动更新。该选项仅适用于印刷色，在使用色板查看某种样式的具体组成时很有用处。对于本色板而言，应取消选择"根据颜色值命名"，才可给它指定名称（Brown），这将更易识别。

6. 重复前面的 3 个步骤，创建下列的颜色：
   - Blue：青色（C）=60，洋红色（M）=20，黄色（Y）=0，黑色（K）=0
   - Tan：青色（C）=5，洋红色（M）=13，黄色（Y）=29，黑色（K）=0

7. 完成后，可单击"新建颜色色板"对话框上的"确定"按钮。

添加进"色板"的新建颜色仅保存在相应的文档中，但仍可以导入到其他文档中使用。现在可将这些颜色应用到文本、图片和描边。

8. 选择"文件"＞"保存"。

> **ID** 提示：如果用户忘记为颜色命名，或是输入了错误的颜色值，双击"色板"上的色样，修改其名称和颜色值，然后再单击"确定"按钮。

8.8.2 使用色板面板为对象应用颜色

用户可使用色板或是在"控制"面板中应用色样。应用色样一般有下列 3 个步骤：① 选定文本或对象；② 根据修改要求，选定描边或填充选项；③ 选择颜色。还可以将色样拖曳至对象。本练习中，将使用色板面板将颜色应用于描边和填充。

1. 选择工具面板上的缩放显示工具（🔍），在页面右上角的三个菱形周围拖曳出一个矩形，请确保可看到所有三个菱形。

ID 提示：按下 Ctrl+=（Windows）或 Command+=（Mac OS），可放大缩放比例。按下 Ctrl+-（Windows）或 Command+-（Mac OS），可缩小缩放比例。

2. 使用选择工具（ ），单击中间的菱形。在色板上选择"描边"（ ），然后选择"Green"（可能需要向下滚动色样列表才能看到）。

使用"描边 / 填充切换"（ ），指定应用颜色值在对象的边缘（描边）或是对象的内部（填充）。无论何时应用颜色，都请注意框架，因为很容易将颜色应用到错误的部位。

此时中间菱形的边框架已变为绿色。

3. 选择左侧菱形，并在色板中选择"Brown"将其描边设置为棕色。

ID 提示：如果不小心将颜色应用到错误的部位，可选在"编辑 > 撤销"，再进行操作。

4. 保持选择左侧的菱形，然后在色板中选择填充（ ），并选择"Green"。

8.8.3 使用吸管工具应用颜色

右侧的菱形需要设置相同的棕色描边和绿色填充。此时可使用吸管工具快速拷贝之前使用过的颜色。另外还可以使用工具面板上的填充框架应用 InDesign 的"[纸色]"颜色。

ID 提示："[纸色]"是一种特殊的颜色，这种颜色模拟打印纸本身的颜色。

1. 选择"吸管"工具，单击左侧菱形。

注意此时"吸管"已填充了颜色（ ），说明已成功从对象中获取属性。

2. 使用已填充颜色的吸管，单击右侧菱形的灰色背景。

此时该菱形的描边和填色都应用了与左侧菱形相同的颜色。

现在将把中间那个菱形的填充架设置为 [纸色]。

3. 使用选择工具（），单击中间的菱形。

4. 选择工具面板上的填充框架，然后在色板上单击 "[纸色]"。

5. 选择 "编辑" > "全部取消选择"，然后选择 "视图" > "使页面适合窗口"。

8.8.4 使用控制面板为对象应用颜色

下面为广告底部的 6 个菱形框架应用棕色边框架。

1. 使用选择工具（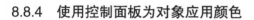），单击其中一个菱形可选择该组。

2. 在控制面板中，找到 "填充" 和 "描边" 控件。单击 "描边" 菜单，可看到可用的颜色。

3. 选择 "Brown"。

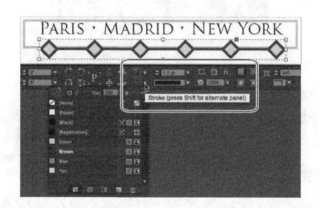

8.8.5 创建虚线描边

下面将把广告的黑色边框架修改为定制的虚线。由于仅对一个对象使用定制虚线，因此可使用描边面板进行创建。如果需要将该描边保存并在整个文档中使用，可创建 "描边" 样式。有关保存描边样式的更多知识，包括虚线、点线、条纹等，可参阅 InDesign 帮助。

本练习中，将为广告中的占位框架设置定制的虚线描边。

1. 选择 "编辑" > "全部取消选择"。如有需要，可选择 "视图" > "使页面适合窗口"。

2. 使用选择工具（），选择广告边缘的黑色边框架。

3. 如果描边面板不可见，可选择 "窗口" > "描边"。

4. 从描边面板的 "类型" 下拉菜单中，选择虚线（最后一项）。

此时在描边面板底部将出现 6 个虚线框架。要创建新的虚线，可设置虚线的长度及虚线间的间隔。通常需要进行几次尝试才能达到合适的样式效果。

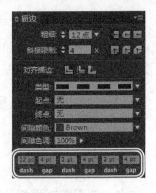

5. 从"间隙颜色"菜单中选择"Brown"，将虚线间隙填充为棕色。

6. 在"虚线"文本框和"间隔"文本框中依次输入下列数值："12"，"4"，"2"，"4"，"2"，"4"。

7. 选择"编辑 > 全部取消选择"，然后关闭描边面板。

8. 选择"文件" > "存储"。

8.9 使用渐变

渐变是两种或多种颜色之间，同一颜色不同色调之间的逐渐混合。用户可创建出线性或径向渐变效果。本例将使用色板创建线性渐变，并应用到若干对象上，然后使用渐变工具调节渐变效果。

A.线性渐变   B.径向渐变

8.9.1 创建和应用渐变色板

InDesign 每种渐变至少包含两种颜色停止点。通过编辑各停止点的颜色混合，以及新增颜色停止点，可创建出定制的渐变效果。

> **ID** | 提示：不管是用于平板、喷墨式打印机还是胶印机，都应测试特定输出设备的颜色渐变。

1. 选择"编辑" > "全部取消选择"，确保没有选择任何对象。

2. 选择色板面板菜单（ ）中的"新建渐变色板"选项。

在"新建渐变色板"对话框中，渐变色板是由渐变曲线上的一系列颜色停止点定义的。其中在颜色停止点上的颜色是渐变中最浓的起始色，该点以渐变曲线下的方块为标识。

3. 在"色板名称"中，输入"Brown/Tan Gradient"，保持将"类型"菜单设置为"线性"。

4. 单击左停止点标记（ ）。从"停止点颜色"菜单中选择"色板"，然后选择"Browm"。

注意此时渐变曲线的左端已变为棕色。

5. 单击右停止点标记（🔒）。从"停止点颜色"菜单中选择"色板"，然后向下滚动色板列表并选择"Tan"。

 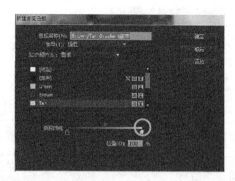

此时渐变曲线显示为棕色和棕褐色的混合色。

6. 单击"确定"按钮。此时在"色板"上显示出新的渐变色板。

下面应用该渐变色填充页面右上角中间的菱形框架。

7. 放大显示右上角，以便同时查看三个菱形框架。

8. 使用选择工具（ ），选择中间的菱形框架。

9. 选择工具面板上的"填充"（ ），然后在色板上单击"Brown/Tan Gradient"。

10. 选择"文件">"存储"。

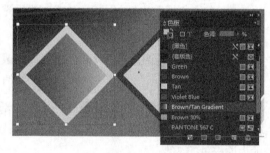

8.9.2 调整渐变混合方向

为对象填充了渐变颜色效果后，通过使用"渐变色板"工具可修改渐变效果，沿着一条绘制的假想线进行渐变。使用该工具可修改颜色渐变的方向，修改起始和终止的停止点。下面修改颜色渐变的方向。

> **ID** | 提示：使用渐变色板工具时，填充对象的范围越大，颜色渐变就越慢。

1. 请确保选择中间的菱形框架，然后从工具面板中选择渐变色板工具（ ）。

下面使用渐变色板工具，查看如何修改渐变的方向和强度。

2. 将光标置于选定的菱形框架的外侧，并如下图所示进行拖曳，可创建更加缓慢的渐变效果。

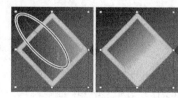

释放鼠标时，可看到棕色和棕褐色之间的转变比之前更加平滑。

3. 使用渐变色板工具拖曳菱形框架中心的细线，可创建更加快速的渐变效果。继续在菱形框架上尝试渐变色板工具其他的效果，便可深入理解该功能的工作原理。

4. 完成后，从菱形框架顶部拖曳至底部。这是对中间菱形框架应用的最终渐变操作。

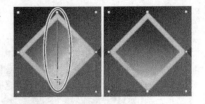

5. 选择"文件" > "存储"。

8.10　创建色调

除了添加颜色和渐变，还可使用"色板"添加色调。色调是某种颜色经过加网而变得较浅的版本。下面创建以前保存的 "Brown" 色板的 30% 色调。

> **ID**　提示：由于 InDesign 保持了色调和原有颜色之间的关系，因此色调十分有用。例如，如果将棕色修改为其他颜色，相应的色调也会修改为更浅的显示效果。

1. 选择"视图" > "使页面适合窗口"，将该页面居中显示在窗口中。

2. 选择"编辑" > "全部取消选择"。

3. 在"色板"中选择"Brown"，然后选择色板面板菜单中的"新建色调色板"选项（▤）。

4. 在"新建色调色板"对话框中仅可修改底部的色调选项。在"色调"框架中输入"30"，单击"确定"按钮。

此时新的色调色板出现在色板列表的底部。在色板顶部显示出选定色板的相关信息，此时"填充／描边"框架中显示出棕色色调已选定为当前填充色，"色调"框架显示为原棕色的30%。

5. 使用选择工具（▶），单击页面中间的"¡Sí!"。

6. 请确保勾选"填充"框架，然后在色板上单击刚刚创建的棕色色调。注意观察颜色如何发生变化。

7. 选择"文件" > "存储"。

8.11　创建专色

本广告示例将使用商用打印机按照 CMYK 颜色模式进行打印，需要 4 个独立的印版，分别对应青、品红、黄、黑 4 种颜色。但是 CMYK 颜色模式的颜色范围有限，此时就需要用到专色。专色用于创建 CMYK 色域外的其他颜色或将一直使用的专用颜色，如某些公司图标中的颜色。

在本广告示例中使用的专色油墨无法在 CMYK 颜色模式中实现。下面将添加一个专色至颜色库中。

1. 选择"编辑">"全部取消选择"。

2. 选择"色板"面板菜单中的"新建颜色色板"选项(▤)。

3. 在"新建颜色色板"对话框中,从"颜色板式"菜单中选择"专色"。

4. 并从"颜色模式"菜单中,选择"PANTONE solid coated"。

5. 在"PANTONE C"框架中,输入 567,可自动滚动 PANTONE 色板列表至需要的"PANTONE 567 C"。

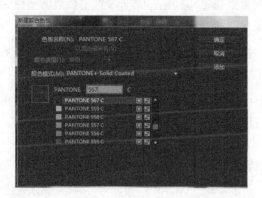

6. 单击"确定"按钮。此时已将该专色添加进色板中。

色板上颜色名称旁边的图标(▨)说明该颜色为专色。

关于专色和印刷色

　　专色是一种预先混合好的特殊颜色,用以替代或是补充 CMYK 印刷油墨。每种专色都需要在打印机上有自己的印刷板,因此当指定的颜色较少或是对颜色准确性要求较高时,可选择使用专色。专色油墨可精确地重现印刷色色域之外的颜色。但是专色打印出的真实样子还是取决于商用打印机上的混合油墨,以及打印用的纸张,而非取决于设定的颜色值或通过颜色管理制定的颜色。指定的专色值仅仅用于描述该颜色在显示器和复合打印机上的模拟效果(受制于输出设备的色域)。

ID 注意:用户创建的每个专色都会在打印机上添加额外的专色印刷版。通常,商用打印机可能添加一种和多种专色,可使用两种颜色混合(黑色和一种专色),或是四种颜色(CMYK)。使用专色将会增加打印成本。若要在项目中使用专色,最好能事先咨询打印提供商。

印刷色使用四种标准印刷色油墨混合进行打印：青、品红、黄、黑（CMYK）。当某项目需要的颜色较多，而且都用专色的话会非常昂贵而且不可行（比如打印彩色照片），此时应使用印刷色。

- 为实现高质量的打印效果，可使用印刷色谱（印刷商可能提供）中的 CMYK 值进行设置。

- 印刷色颜色值最终都为 CMYK 形式，因此如果使用 RGB（或 LAB）模式指定印刷色值，在打印时这些值都会转换为 CMYK。转换出来的效果会根据颜色管理设置和文档配置产生差异。

- 不要根据显示器上的效果来指定印刷色，除非设置了合适的颜色管理系统，并且了解显示器显示颜色的各种限制。

- 由于 CMYK 的色域比一般的显示器要小，因此应避免在文档中使用数字设备专有的印刷色。

有时候，在同一项目中可同时使用印刷色和专色。比如，用户可能要使用专色油墨打印公司的图标，在同一页面还需要使用印刷色打印年度报告中的照片。用户也可使用专色印刷版，上印刷色项目区域上应用上光色。在这两种案例中，打印共需要 5 种颜色油墨，4 种印刷色油墨和 1 种专色油墨。

—— InDesign 帮助

8.12 为文本和对象应用颜色

用户可为选定的字符和对象应用色板进行填充和描边，包括转化为空心轮廓的文本，如本例广告中部的文本。

> **ID** 提示：用选择工具选定文本框架，然后选择"文字">"创建轮廓"，可将文本转换为空心轮廓。也可使用文字工具选择字符，将其转换为锚定对象。

8.12.1 为文本应用颜色

和为对象应用颜色一样，也可为文本应用描边或填充。下面将对文档顶部和底部的文本应用颜色。

1. 使用选择工具（▶），单击选择包含有"Indulgent?"的文本框架。

2. 在工具面板中单击填充框架下方的"格式针对文本"按钮（T）。然后，确保已选择填充框架（▣）。

3. 在色板中单击"PANTONE 567 C"，并单击空白区域取消选择文本框架。此时文本已按照专色进行显示。

4. 在键盘上按下 T 键，选择文字工具（）。选择右下角的文字"Paris • Madrid • New York"。

5. 单击控制面板上的"字符格式控制按钮"（A）。

6. 找到控制面板上中部的"填充"和"描边"，单击"填充"菜单，可看到可用的颜色。

7. 然后选择"PANTONE 567 C"色板。

8. 选择"编辑">"全部取消选择"，然后选择"文件">"存储"。

8.12.2 为其他对象应用颜色

页面中部的文本已经转换为轮廓，因此文档不再需要之前的字体。此时，每个字都已转换成单个的对象。下面为"Yes!"应用"Oui!"的同种颜色。首先，放大"Oui!"以便查看使用的是何种颜色。

> **ID** 提示：有时将文本转换为轮廓对象，是为了填充图片或是调整字符的形状。

1. 在工具面板中，选择缩放显示工具（🔍），在文本周围拖曳出选取框架，放大选定区域。

2. 选择直接选择工具（↖），选定文本"Oui!"。

选定对象时，注意此时色板上相应的色板已高亮显示。

现在将把颜色应用到"Yes!"上。

3. 请确保将色板上的"色调"设置为 100%。

4. 从色板面板上将"Green"色板拖曳至"Yes!"。请确保拖曳进对象内部，而不是边框。

把色板拖曳进文本后，鼠标变为带黑框的箭头（▸）。如果色板拖曳至文本边框上，鼠标会变为带有细线的箭头（▸）。

> **ID** 注意：使用直接选择工具选择对象可调整轮廓形状。

再创建一种色调

首先为文本应用"Blue"，然后决定是否使用不同深浅的颜色。接着基于"Blue"创建新的色调。如果编辑原有的"Blue"，基于该颜色的色调也会发生相应的变化。

1. 选择"编辑">"全部取消选择"。

2. 使用选择工具（↖）选择"¡Si!"，然后单击"Blue"进行填充。

3. 在色板中选择"Blue"，然后选择色板面板菜单中的"新建色调色板"选项()。在"色调"框架中输入"40"，单击"确定"按钮。

4. 保持选定"¡Sí!"，单击填充"Blue" 40%。

5. 选择"编辑" > "全部取消选择"。

6. 下面修改 Blue 色板。"Blue40%"是基于 Blue 色板的，因此该色调也会相应变化。

7. 双击"Blue"（不是"Blue40%"），以修改该色板。

8. 在"色板名称"框架中，输入"Violet Blue"。

9. 在颜色百分比中做如下设置：C = 59，M = 80，Y = 40，K = 0。

10. 单击"确定"按钮。

11. 在色板上色板的颜色、名称，以及基于该色板的色调均已更新。

12. 选择"文件" > "存储"。

8.13 使用高级渐变技术

InDesign 可运行用户创建多个颜色渐变，并控制颜色混合的渐变点。另外，还可将渐变应用到单个对象或是一组对象。

8.13.1 使用多个颜色创建渐变色板

本课程中，用户已经使用两种颜色创建了渐变色板——棕色和棕褐色。现在将使用三种停止点创建渐变色板，中间使用白色两侧使用黄色和绿色。开始之前，请确保没有选择任何对象。

1. 从色板菜单中选择"新建渐变色板"，并在"色板名称"中输入"Green/White Gradient"。

   将"样式"设置为"线性"。在"新建渐变色板"对话框底部的渐变曲线中显示之前混合的颜色。

2. 单击左停止点标记(📍)，并从"停止点"菜单中选择"色板"，在列表中选择"Green"色板。

3. 单击右停止点标记(📍)，并从"停止点"菜单中选择"色板"，在列表中选择"Green"色板。

> **ID** 注意：调节某中颜色值时按下 Shift 键，其他颜色值也会自动按比例调整。

4. 保持选择右停止点标记，并从"停止点"菜单中选择 CMYK。按住 Shift 键，同时拖曳"黄色"滑块，直到黄色的数值为 40%，松开鼠标和按键。

此时渐变曲线由绿色和浅绿色构成。现在将在中间添加停止点标记，这样颜色可向中央渐变为白色。

5. 单击渐变曲线中央的下方添加新的停止点。

6. 在"位置"中输入"50"。按下制表符键执行该值。

7. 在"停止点颜色"中，选择"CMYK"，然后将 4 个颜色滑块都拖曳至 0，创建白色。

8. 单击"确定"按钮，选择"文件">"存储"。

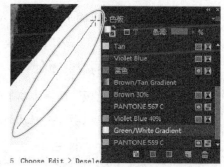

8.13.2 为单个对象应用渐变

下面应用刚创建的渐变填色。首先，修改视图尺寸以便查看整个页面。

1. 可选择"视图">"使页面适合窗口"，或是双击工具面板上的抓手工具（🖐）。

2. 使用选择工具（🔘），选择巧克力图片右侧的绿色条纹。

3. 选择工具面板上的"填充"（🔲），并在色板上单击"Green/White Gradient"。

4. 选择工具面板上的渐变色板工具（▦），并在对象中向右上方拖曳，可调整渐变快慢。根据拖曳起始位置的不同会产生不同的效果。

5. 选择"编辑">"全部取消选择"，然后选择"文件">"存储"。

8.13.3 为多个对象应用渐变

在之前的课程中，已经使用渐变色板工具修改了渐变的方向以及渐变的起始点和终止点。现在将使用渐变色板工具为页面底部的 6 个菱形框架应用渐变效果。最后在演示模式中查看最终的效果。

1. 使用缩放显示工具（🔍），放大"Paris•Madrid•New York"下方的菱形。

2. 使用选择工具（🔘），单击选择含有这 6 个菱形的分组，以及连接它们的直线。

现在将把"Green/White Gradient"效果应用到 6 个不同的菱形对象上。

3. 请确保已选择色板面板上的填充框架（🔲）。

4. 在工具面板底部单击并按住"应用渐变"按钮，应用最近选择的渐变。

请注意此时该渐变效果在每个对象中单独呈现。下面使用渐变色板工具将 6 个对象作为一个整体来应用渐变。

5. 保持选定这 6 个菱形，在工具菜单中选择渐变色板工具（▦）。

6. 从这组对象的最左侧拖曳一条直线至最右侧，然后松开鼠标。

此时渐变效果已经对这 6 个对象作为一个整体进行应用。

7. 选择"编辑" > "全部取消选择",并选择"文件" > "存储"。

下面将在演示模式中查看文档,查看过程中将隐藏所有 InDesign 工具和窗口,该文档将全屏显示。

8. 单击工具面板底部的"屏幕模式"按钮(![])并保持,然后选择"预览"(![])。完成查看后,按 Escape 键退出"预览"模式。

> **ID** 提示:演示模式可直观地向客户展示设计意图。用户还可使用键盘上的方向键来浏览不同的页面。

8.14 练习

请按照以下步骤巩固学习有关导入颜色和使用渐变色板的更多方法:

1. 选择"文件" > "新建" > "文档",然后在"新建文档"对话框中单击"确定"按钮。

2. 如有需要,可选择"窗口" > "颜色" > "色板",打开色板。

3. 然后选择"色板"面板菜单中的"新建色板"选项(![])。

4. 在颜色模式菜单中,选择其他库,并浏览 Lesson08 文件夹。

5. 然后双击文件"08_End.indd"。注意之前创建的颜色已经显示到"新建色板"对话框中。

> **ID** 提示::除了从其他文档中导入选定的颜色,还可快速导入所有颜色。可从色板菜单中选择"载入色板"。

6. 选择"Brown/Tan Gradient",并单击"添加"。

7. 然后选择想要的其他色板,单击"添加"可将其添加进新的文档中。

8. 完成添加后,单击"完成"按钮。

9. 使用框架工具,创建几个矩形框架和椭圆框架,然后再尝试使用"渐变色板"工具。拖曳鼠标时请注意由于拖曳的距离不同会产生不同的渐变效果。

10. 创建色板"[纸色]",并修改其颜色值。为达到更真实的预览效果,文档将反映出纸张颜色变化引起的页面变化。

复习题

1. 使用色板创建颜色相比颜色面板而言有何优势？

2. 比较使用"专色"和"印刷色"各有什么利弊。

3. 创建渐变并应用至某个对象后，如何修改渐变混合的方向？

4. 应用色板的 3 个一般步骤是什么？

复习题答案

1. 使用色板为文本和对象应用颜色时，如果修改颜色，不需要分别更新每个对象的颜色。只需在色板中修改这种颜色的定义值即可，修改后新的颜色将自动应用于所有对象中。

2. 使用专色，可确保颜色的精确性。但是每种专色都需要自己的印刷版，因此会提高成本。当某项目需要的颜色很多（比如打印彩色照片）时，都用专色会非常昂贵而且不可行，因此应使用印刷色。

3. 调整渐变混合方向，可使用渐变色板工具，沿所需方向拖曳一条虚构直线就可重新设定渐变方向。

4. 应用色板一般有下列 3 个步骤：① 选定文本或对象；② 根据修改要求，选定描边或填充选项；③ 选择颜色。用户可在色板或是控制面板中应用色板。使用工具面板可快速使用最近应用的色板。

第9课 使用样式

课程概述

本课程中，读者将学习下列操作：

- 创建和应用段落样式。

- 创建和应用字符样式。

- 在段落样式中嵌套字符样式。

- 创建和应用对象样式。

- 创建和应用单元格样式。

- 创建和应用表样式。

- 全局更新段落样式、字符样式、对象样式、单元格样式和表格样式。

- 从其他 InDesign 文档中载入和应用样式。

- 创建样式组。

 完成本课程大约需要 1 小时。

Premium Loose Leaf Teas, Teapots & Gift Collections

EXPEDITION TEA COMPANY™ carries an extensive array of teas from all the major tea growing regions and tea estates. Choose from our selection of teas, gift collections, teapots, or learn how to make your tea drinking experience more enjoyable from our STI Certified Tea Specialist, T. Elizabeth Atteberry.

Loose Leaf Teas

We carry a wide selection of premium loose leaf teas including black, green, oolong, white, rooibos and chai. Many of these are from Ethical Tea Partnership monitored estates, ensuring that the tea is produced in socially responsible ways.

2

unbelievable
believable taste. A
that results in a
aste.

nka • English
d body with
ticing with milk.

shnauth region,
liquor with nutty,
with milk.

Nuwara Eliya, Sri
n Ceylon with
excellent finish.
Year.

pe :: *Darjeeling,*
the distinctive
of black currant
e.

OOLONG TEA

Formosa Oolong :: *Taiwan* • This superb long-fired oolong tea has a bakey, but sweet fruity character with a rich amber color.

Orange Blossom Oolong :: *Taiwan, Sri Lanka, India* • Orange and citrus blend with toasty oolong for a "jammy" flavor.

Ti Kuan Yin Oolong :: *China* • A light "airy" character with lightly noted orchid-like hints and a sweet fragrant finish.

Phoenix Iron Goddess Oolong :: *China* • An light "airy" character with delicate orchid-like notes. A top grade oolong.

Quangzhou Milk Oolong :: *China* • A unique character —like sweet milk with light orchid notes from premium oolong peeking out from camellia depths.

GREEN TEA

Dragonwell (Lung Ching) :: *China* • Distinguished by its beautiful shape, emerald color, and sweet floral character. Full-bodied with a slight heady bouquet.

Genmaicha (Popcorn Tea) :: *Japan* • Green tea blended with fire-toasted rice with a natural sweetness. During the firing the rice may "pop" not unlike popcorn.

Sencha Kyoto Cherry Rose :: *China* • Fresh, smooth sencha tea with depth and body. The cherry flavoring and subtle rose hints give the tea an exotic character.

Superior Gunpowder :: *Taiwan* • Strong dark-green tea with a memorable fragrance and long lasting finish with surprising body and captivating green tea taste.

4   *Contains tea from Ethical Tea Partnership monitored estates.*

使用 Adobe InDesign 可创建各种样式，这些样式为一组格式属性，可一步应用到文本、对象和表格上。同时修改样式也将自动应用到所有关联的文本和对象。使用样式可快速统一地设置文档的布局格式。

9.1　概述

在本课程中，我们将为"Expedition Tea Company"的产品目录页创建和应用样式。样式是一组格式属性，使用样式可快速统一地设置格式，甚至可应用于跨文档设置（比如"正文"段落样式指定了字体、字号、前导值以及对齐等）。目录页面上包含有文本、表格和对象，下面将为其设置格式，然后以此为基础保存为样式。之后如要添加更多的目录内容，便可使用保存的样式一步设置新内容的格式。

> **ID** | **注意**：如果还未从配套光盘中复制本课程的资源文件，请现在复制。

1. 为确保您的 AdobeInDesign 程序的首选项和默认设置符合本课程的要求，请先文件按照前言中的步骤将 InDesignDefaults 移动到其他文件夹。

2. 启动 Adobe InDesign。为确保面板和菜单命令符合本课程要求，请依次选择"窗口">"工作区">"[高级]"，然后再选择"窗口">"工作区">"重置'高级'"。

开始工作前，需打开已有的 InDesign 文档。

3. 选择"文件">"打开"，选择打开 InDesignCIB\Lessons\Lesson09 中的"Lesson09"。

4. 选择"文件">"存储为"，将文件名修改为"09_Styles.indd"，并保存至 Lesson09 文件夹中。滚动浏览所有页面。

5. 在同一文件夹中打开"09_End.indd"，可查看完成后的文档效果。也可以保持打开该文档，以作为操作的参考。若已经准备就绪，可单击文档左上角的标签显示操作文档。

样式简介

InDesign 为几乎所有的文本和格式都提供了自动样式。所有类型样式（包括段落、字符、对象、表格和单元样式）的创建、应用、修改和共享操作都一致，有关样式的几点需知：

1. 基本样式

新建文档的默认格式设置都是基于基本样式的。例如，新建的文本框架的样式是由"基本文本框架"样式决定的。因此如果需要为所有新建的文本设置 1pt 的边框架，以需要编辑修改"基本文本框架"。请在没有打开任何文档的情况下，修改基本样式，以保证为所有新建文档创建新的默认设置。任何时候用户发现在不断重复相同操作时，都应停下来考虑是否应该将修改相应的基本样式，或是创建新的样式。

2. 应用样式

应用样式步骤十分简单，只需选定所需对象，单击相关样式面板上的样式名称即可。比如需要对某个表格格式进行设置时，可先选择该表格（"表">"选择">"表"），然后单击表格样式面板上的某个样式名称。如果使用的是全键盘，还可以通过设置键盘快捷键来应用样式。

> **ID** | 提示：键盘快捷键尤其适用于文本格式。将样式名称与快捷键功能关联起来，可帮助快速地记住相应的快捷键。例如创建了段落样式名称为"1 Headline"，并将快捷键设置为"Shift+1"，可轻松地将其快捷键记住。

3. 使用样式手动重写格式

在实践中，常常需要某个对象、表格或是文本满足特定的样式。我们可通过手动重写某些格式来满足需求。此时选定的对象如果不匹配所需的样式，样式名称旁会出现加号。将光标置于样式面板上的样式名称上，会出现工具提示说明应用的重写信息，可查看与原有样式有何区别。每个样式面板的底部都有"清除重写"控件，显示为加号图标。将鼠标移至该控件上，可学习如何清除重写。（应用段落样式时如果清除重写失败，可查看是否应用了字符样式）。

4. 修改和重定义样式

使用样式的主要好处在于能够快速对文档进行全局地修改。双击"样式"面板上的样式名称可显示选项对话框，可对该样式进行修改。从"样式"面板菜单中选择"重定义"还可手动修改文本、表格或对象的样式。

5. 共享样式

所有样式面板菜单都提供载入选项，用于从其他文档中导入样式。从其他文档拷贝粘贴元素时，会自动带入它们自身的样式。

9.2　创建和应用段落样式

使用段落样式可快速地对文档进行全局性的设置，极大地节省时间并保证创建统一的设计。段落样式可配合所有文本格式元素进行使用，包括字符属性（如字体、字号、字符样式和颜色）以及段落属性（如缩进、对齐、制表符和连字等）。与字符样式的区别在于段落样式可以一次性地应用到整个段落，而不仅仅是选定字符。

9.2.1　创建段落样式

本练习中，将创建应用段落样式并应用于选定的段落。首先，在文档中本地设置文本格式（而非基于样式），然后再利用已有的格式将其编进新的段落样式。

1. 选择"版面">"下一跨页"，在文档窗口中显示"09_Styles.indd"页面2。调整视图尺寸，以便查看文本。

> **提示**：处理长文档时，如书籍或目录等，使用样式相对于手动设置来说可节省大量的时间。常用方法是在文档开始选择所有文档，并应用"正文"段落格式。然后浏览文本，利用快捷键分别设置标题段落样式和字符样式。

2. 使用文字工具（T），拖曳选择文档第一栏简介段落后的子标题"Loose Leaf Teas"。

3. 如有需要，可单击控制面板上的"字符格式控制"按钮（A），并做如下设置：

   • 字体样式："Semibold"

   • 字号："18 pt"

保持其他设置为默认值。

> **提示**：创建段落样式最简便的方式就是使用本地格式设置一段样本段落，然后基于该样本段落创建新的样式。可快速有效地将新样式应用到文档的其他部分。

4. 在控制面板中单击"段落样式控制"（），将"段前间距"（）增加为"0p3"。

下面将使用这些格式创建段落样式，以便应用到其他子标题。

5. 请确保文本插入点仍然位于刚设置的文本中。如果没有显示段落样式面板，可选择"文字">"段落样式"打开段落样式面板。

此时段落样式面板上已经为用户提供给了几种样式，包括默认的"[基本段落]"。

6. 从"段落样式"菜单中选择"新建段落样式"，创建新的段落样式。此时打开了"新建段落样式"对话框，"样式设置"显示了刚应用于子标题的样式。

在"新建段落样式"对话框中，请注意新的样式是基于"Intro Body"样式的。由于创建样式时子标题应用了 Intro Body，因此新的样式将自动基于 Intro Body。在"新建段落样式"对话框上的通过使用"基于"选项，可将已有的样式设置为修改新样式的起始状态。

> **提示**：如果修改了基于的样式（例如修改字体），该修改将会自动更新到所有基于该样式的其他样式。而基于其他样式的独特样式将保持不变。基于其他样式有利于创建一系列相关的样式，如正文样式、项目列表样式等。如果正文样式的字体发生变化，所有相关样式的字体也都会发生变化。

7. 在对话框顶部的"样式名称"框架中，将二级标题的格式名称设置为"Head 2"。

为在 InDesign 中加速文本设置，可为段落样式指定为"下一样式"。每次按下 Enter 键后，InDesign 都将自动应用"下一样式"。比如标题样式可能自动继承正文段落样式。

8. 从"下一样式" 菜单中选择 "Intro Body （Body Text）"， 因为该样式用于设置标题（2）后面的文本样式。

还可创建键盘快捷键以方便地应用样式。

9. 单击"快捷键"文本框，按住 Shift (Windows) 或 Command (Mac OS)，然后按下数字键上的"9"（InDesign 要求为样式快捷键包含一个修正键）。请注意在 Windows 中，必须先打开键盘上的"Num Lock"才能创建和应用样式快捷键。

> **ID** │ 注意：如果键盘没有小数字键盘，可跳过本步骤。

10. 选择"将样式应用于选区"，可将新样式应用到刚才设置的文本上。

> **ID** │ 提示：如果不选择"将样式应用于选区"，新的样式也会出现在"段落样式"面板中，但是不会自动应用到选定的文本。

11. 单击"确定"按钮关闭"新建段落样式"对话框。

此时新建的"Head 2"高亮显示在段落样式面板上，说明该样式已应用于选定的段落。

12. 单击段落样式面板"Head 2"样式旁的箭头，可打开该样式。然后将"Head 2"样式拖曳至"Head 1"和"Head 3"中。

13. 选择"编辑" > "全部取消选择"，然后选择"文件" > "存储"。

9.2.2 应用段落样式

下面为文档中的其他段落应用新建的段落样式。

1. 如有需要，可向右滚动查看跨页的右页面。

2. 使用文字工具，在"Tea Gift Collections"中单击。

3. 在段落样式面板中单击"Head 2"样式，将样式应用到段落。此时文本属性将根据应用的段落样式发生相应的变化。

4. 重复步骤 2 和步骤 3，将"Head 2"样式应用至第二栏上的"Teapots and Tea Accessories"。

> **ID** **注意**：用户可使用先前定义的快捷键（Shift+9 或 Command+9）应用"Head 2"样式。在 Windows，请确保键盘上的"NamLock"已打开。

5. 选择"编辑">"全部取消选择"，然后选择"文件">"存储"。

9.3 创建和应用字符样式

先前的练习中，段落样式使用户只需单击鼠标或按快捷键就能设置字符和段落格式。同样，使用字符样式可一次性为文本应用多种属性（如字体、字号和颜色等）。但不同于段落样式，字符样式仅仅可应用于段落中特定范围内的文本（如一个单词或一个词组）。

> **ID** **提示**：字符样式可用于设置开头的字符，如项目符号、编号列表中的汉字和下沉字符。还可用于突出正文中的文本，比如股票的名称常常使用粗体和小型大写字母。

9.3.1 创建字符样式

下面将创建和应用字符样式至选定文本。以此说明使用字符样式如何提高效率、保证统一性。

1. 在页面 2 中滚动鼠标，以便查看第 1 栏上的第 1 个段落。

2. 如果没有显示字符样式面板，可选择"文字">"字符样式"以打开字符样式面板。

该面板列表中只包含默认样式"[无]"。

与前面使用段落样式相似，这里也将基于已有的文本格式创建字符样式。这种方法使用户在创建样式之前就能看到样式真实效果。本练习中，将设置公司名称"Expedition Tea Company"格式，并将这些格式设置为字符样式，以便能在文档中高效地重复使用。

3. 使用文字工具（ ），选择页面 1 第 1 栏上的文字"Expedition Tea Company"。

4. 单击控制面板上的"字符格式控制"按钮（ ）。

5. 从字符样式菜单中选择"Semibold"，然后单击"小型大写字母"按钮（ ）。

设置文本格式后，需要创建新的字符样式。

6. 单击字符样式面板底部的"创建新样式"，然后双击新建的"字符样式 1"。

打开"字符样式选项"对话框。

7. 在对话框顶部的"样式名称"文本框中，

将"样式名称"设置为"Company Name"。

像创建段落样式一样，下面为其创建快捷键以方便应用该样式。

8. 单击"快捷键"文本框，按住 Shift（Windows）或 Command（Mac OS），然后按下数字键上的"8"。在 Windows 中，请确保已打开键盘上的"Num Lock"。

ID 注意：如果键盘没有数字键，可跳过本步骤。

ID 提示：字符样式仅包含与段落样式不同的属性（如全部大写字母等）。使用含有该字符样式的段落样式，或含有该属性的字符样式，或是直接使用"全部大写字母"按钮都可将该效果应用到选定文本中。这就意味着需要有黑体文本的样式。

9. 单击左侧列表中的"基本字符样式"可查看字符样式的内容。

10. 单击"确定"，关闭"新建字符样式"对话框。此时新建的"Company Name"样式显示在字符样式面板中。

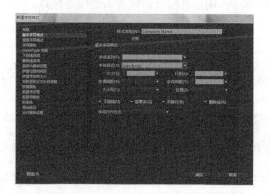

11. 选择"编辑">"全部取消选择"，然后选择"文件">"存储"。

9.3.2 应用字符样式

1. 现在已经可以使用字符样式来设置文档中的文本格式。类似于段落样式，使用字符样式可避免手工将多个文本设置逐个应用到文本。

可向右滚动查看跨页的右对页。

为保证公司名称格式统一，将应用"Company Name"字符样式。

2. 使用文字工具（ T ），选择正文第 1 段中的"Expedition Tea Company"。

ID 注意：用户还可使用先前定义的快捷键（Shift+8 或 Command+8）应用"Company Name"样式。

3. 在字符样式面板中，单击“Company Name”应用至该文本上。应用了字符样式后，可观察文本的变化。

4. 使用字符面板或键盘快捷键均可将字符样式应用到第二段中的文字“Expedition Tea Company”。

保持打开字符面板，方便进行下一练习。

5. 选择“编辑”>“全部取消选择”，然后选择“文件”>“存储”。

9.4 在段落样式中嵌套字符样式

为更加方便高效地使用样式，InDesign 允许用户将字符样式嵌入段落样式。嵌入样式可为段落特定位置的字符应用不同的字符格式（如首字符、第二个字符或第一行等）。这使得嵌入样式适合用于接排标题（每行或段落的开头部分可设置为与剩余文本不同的格式）。事实上，任何时候用户都可以在段落中定义格式模板，如在第一个句号之前使用斜体字，用户可将该格式嵌入进段落样式。

9.4.1 创建嵌入字符样式

为嵌入样式，需要先创建一个字符样式和一个嵌套该字符样式的段落样式。本练习中，将创建两个字符样式，并将它们嵌入已有的段落样式“Tea Body”。

 提示：在段落中根据特定的模式可使用嵌套样式功能，自动地应用不同的格式。例如，在目录中可自动将文本设置为粗体、修改制表符前导符（页码前面的句点）的字偶间距以及修改页码的字体和颜色等。

1. 在页面面板中双击页面 4，然后选择“视图”>“使页面适合窗口”。

如果正文太小不适合浏览，可放大标题“Black Tea”下方以“Earl Grey”开头的第 1 段。本练习中，将创建两个嵌入样式，用于将茶叶名称同其产地区分开来。请注意一组冒号（::）分开了茶叶名称和产地，并在地区后显示有项目符号（•）。这些字符对于创建嵌入样式十分重要。

2. 使用文字工具（ T ），选择第 1 栏中的“Earl Grey”。

3. 如有需要，可单击控制面板上的“字符格式控制”图标（ A ）。从“文本样式”下拉菜单中选择“Bold”。保持其他设置的默认值不变。

通过控制面板、段落面板以及字符面板上设置文本格式（而不是应用样式），这种方式称作局部格式化。此时该局部设置的文本格式将作为新字符样式的基础格式。

4. 从字符样式面板菜单中选择“新建字符样式”。打开“新建字符样式”对话框，显示已应用的格式。

5. 在对话框顶部的"样式名称"文本框中，将样式名称设置为"Tea Name"。

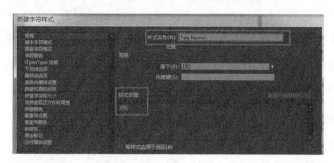

将颜色修改为紫红色，使得茶叶名称更加醒目。

6. 在面板左侧，单击列表中的"字符颜色"。

7. 在对话框右侧出现的"字符颜色"设置中，选择紫红色板（C = 43，M = 100，Y = 100，K = 30）。

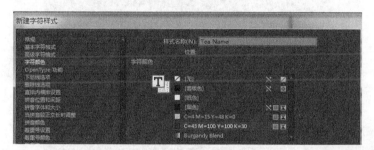

8. 单击"确定"按钮，关闭新建字符样式对话框。此时新建的"Tea Name"样式显示在字符样式面板中。

下面创建第二个字符样式。

9. 选择刚设置格式的文本"Earl Grey"右侧的"Sri Lanka"。使用字符面板（文本菜单）或控制面板将字体样式修改为斜体。

10. 重复步骤 4 ~ 步骤 7，创建名为"Country Name"的新样式。步骤 8 完成后，单击"确定"按钮，关闭"新建字符样式"对话框。此时新建的"Country Name"样式显示在"字符样式"面板中。

11. 选择"编辑">"全部取消选择"，然后选择"文件">"存储"。

至此已成功创建了两个新的字符样式。使用已有的"Tea Body"段落样式，即可创建和应用用户的嵌入样式了。

9.4.2 创建嵌套样式

使用已有段落样式创建嵌套样式，基本上是为 InDesign 指定第二套格式规则。本练习中，将把两种刚创建的字符样式嵌入"Tea Body"段落样式中。

ID

1. 首先将页面 4 置中显示在文档窗口中。

2. 如果段落面板不可见，可选择"文字" > "段落"打开面板。

3. 在段落样式面板上，双击"Tea Body"样式，打开"段落样式选项"对话框。

4. 从对话框左侧的分类目录中选择"首字下沉和嵌套样式"。

5. 在"嵌套样式"中，单击"新建嵌套样式"按钮，创建新的嵌套样式。此时出现了样式"[无]"。

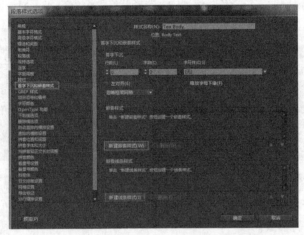

6. 单击样式"[无]"并在显示的下拉菜单中选择"Tea Name"，这是嵌入序列中第一个样式。

7. 单击"包括"，显示另一个下拉列表。该菜单仅包含了两个选项："包括"和"不包括"。需要将"Tea Name"字符样式应用至"Earl Grey"后的第一个冒号（:），因此选择"不包括"。

8. 单击"不包括"旁的数字"1"，激活文本框架，可输入数值。该数值定义了样式中应用元素的数量。虽然文本里有两个冒号，但只需指定第一个，因此保持该数值为"1"。

9. 单击"字符"，显示另一个下拉列表。单击文本框右侧的菜单按钮，查看该样式可应用的元素，包括句子、字符和空格等。选择"字符"，然后在框架中输入冒号（:）。

10. 在左下角，选择"预览"，并移动"段落样式选项"对话框，以便查看文本的分栏。冒号前（不包括冒号）每种茶叶的名称都应显示为粗体和紫红色。单击"确定"按钮。

11. 选择"编辑" > "全部取消选择"，然后选择"文件" > "存储"。

9.4.3　添加第二个嵌套样式

现在将添加另一个嵌套样式，但首先需要从页面中拷贝项目符号。使用先前创建的嵌入样式，可设置除了项目编号以外的格式，但是用户不可能总是输入项目符号，因此需要进行粘贴。

1. 在"Black Tea"下的第 1 分栏中，找到"Sri Lanka."后的项目符号。将其选定，并选择"编辑"＞"复制"。

ID | 注意：在 Mac OS 中，可复制粘贴项目符号，或按下"Option+8"

---

2. 在"段落样式"面板，双击"Tea Body"样式。在"段落样式选项"对话框中的"首字下沉和嵌套样式"部分，单击"新建嵌套样式"按钮创建新的嵌套样式。

3. 重复步骤 6 ~ 步骤 9"创建嵌套样式"，可使用下列格式设置嵌套样式：

   - 第一选项：选择"Country Name"。

   - 第二选项：选择"不包括"。

   - 第三选项：保持默认为"1"。

   - 第四选项：选择"Words"，并粘贴拷贝的项目符号（"编辑"＞"粘贴"）。

4. 如有需要，可选择左下角的"预览"。将"段落样式选项"对话框移到一边，将看到每个产地名称均为斜体。请注意茶叶名称和产地名称之间的冒号此时也是斜体显示，这不是设计所希望的。

为解决该问题，需要新建另外一个嵌套样式，并对冒号应用样式"[无]"。

5. 单击"新建嵌套样式"按钮，可创建另一个嵌套样式。

6. 重复步骤 6 ~ 步骤 9"创建嵌套样式"，可使用下列格式设置嵌套样式：

   - 第一选项：选择"[无]"。

   - 第二选项：选择"包括"。

   - 第三选项：输入"2"。

   - 第四选项：输入冒号"："。

至此已经创建第 3 个嵌套样式，但需要将其放置到嵌套样式"Tea Name"和"Country Name"之间。

7. 选择"样式"[无]，单击上移箭头按钮一次，并将该样式移动到其他两种样式中间。

8. 单击"确定"按钮，应用修改。现在嵌套样式已创建完成，它将字符样式"Tea Name"和"Country Name"应用于所有使用"Tea Name"的段落。

BLACK TEA¶	**Ti Kuan Yin Oolong** :: *China* • A light "airy"
Earl Grey :: *Sri Lanka* • An unbelievable aroma that portends an unbelievable taste. A correct balance of flavoring that results in a refreshing true Earl Grey taste.¶	character with lightly noted orchid-like hints and a sweet fragrant finish.¶
	Phoenix Iron Goddess Oolong :: *China* • An light "airy" character with delicate orchid-like

9. 选择"编辑">"全部取消选择",然后选择"文件">"存储"。

> **ID** 提示：如所见，使用嵌套样式可完成许多重复的格式设置操作。当编辑长文档时，可考虑建立格式模板，通过嵌套样式自动设置文本格式。

9.5 创建和应用对象样式

对象样式可对图片和框架应用格式，并对这些格式进行全局性更新。将格式属性（包括填充、描边、透明度、文本绕排等选项）与对象样式相结合，有助于进行更加高效和统一的格式设置。

9.5.1 创建对象样式

本章中，将创建一种对象样式并将其应用于页面 2 上包含"etp"符号的黑色圆形（"etp"表示的是 Ethical Tea Partnership)，然后在基于该黑色圆形框架的格式创建新的对象样式。首先修改圆形的颜色，并添加投影，然后再定义新的样式。

1. 双击页面面板中页面 4，将其在文档窗口置中显示。

2. 选择工具面板上的缩放显示工具（ ），放大视图以便查看 "English Breakfast"附近的"etp"符号。

为设置这个符号的格式，将使用紫红色填充并应用投影效果。为简便起见，所有"etp"符号的文本和圆形框架均放置在不同的图层，文本位于图层"etp Type"，圆形位于图层"etp Cirde"。

3. 选择"窗口">"图层"，查看"图层"面板。

4. 单击"Etp Type"名称左侧的空框架，显示锁定图标（ ）。锁定该图层可避免在编辑对象时不小心修改文本。

5. 使用选择工具（ ），单击"English Breakfast"旁的黑色"etp"符号。

6. 选择"窗口">"颜色">"色板"。在色板面板中，单击"填色"按钮，然后单击紫红色色板（C=43，M=100，Y=100，K=30)。

7. 保持选定"etp"符号,选择"对象">"效果">"阴影"。在"位置"部分，减少"X"位移和"Y"位

移的值至"p2"。

8. 选择"预览",可查看修改效果。

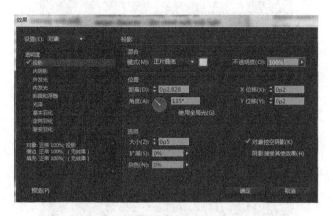

9. 单击"确定"按钮。此时该符号应该具有投影效果。保持选定该符号,为下一
   练习准备。

10. 选择"文件">"存储"。

9.5.2 创建对象样式

至此已为该对象设置了合适的格式,已经可以基于这些设置创建对象样式。保持选定"etp"符号,
下面基于其设置创建对象样式。

提示:与段落和字符样式类似,用户可基于某个对象样式创建新的对象样式。修
改基本样式之后,更改将自动应用到所有基于该样式的其他对象样式中(而这些
样式特有的属性将保持不变)。"基于"选项位于"新建对象样式"对话框的"常规"
面板中。

1. 选择"窗口">"样式">"对象样式",显示对象样式面板。

2. 在对象样式面板中,单击右下角"创建新样式"的同时按住 Alt (Windows) 或 Option (Mac OS)。

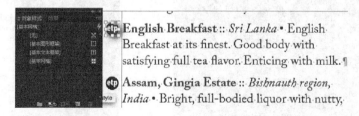

"新建对象样式"对话框将自动打开,用户可微调对象样式设置。该对话框左侧的复选框架说
明使用样式将应用哪些属性。

3. 在对话框顶部的"样式名称"框架中,将样式名称设置为"ETP Symbol"。

4. 勾选"将样式应用于选区",单击"确定"按钮。

此时新建的"ETP Symbol"样式显示在对象样式面板中。

现在将修改投影的颜色并更新对象样式。由于样式可很容易地基于新样式进行更新,用户无需在创建和应用样式前决定最终设计。

5. 保持选定该符号,选择"对象" > "效果" > "投影"。

> **ID** | 提示:本课程后续内容将使用更多重定义样式操作。

6. 在"混合"区中,单击颜色色板,然后选择淡黄色(C=4,M=15,Y=48,K=0),并单击"确定"按钮。

7. 单击"确定",关闭"效果"对话框。

8. 从对象样式面板菜单中,选择"重新定义样式"来更新样式。

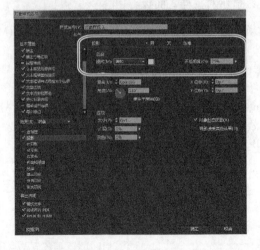

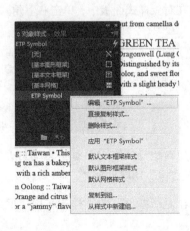

9. 选择"编辑">"全部取消选择"，然后选择"文件">"存储"。

ID 提示：修改样式后，应用该样式的文本、表格或对象都会自动更新。如果希望某个文本、表格或是对象不随之更新，可取消其与样式的关联。每种样式面板（段落样式、表格样式等等）的面板菜单中都有取消样式关联的命令。

9.5.3 应用对象样式

现在将为跨页 2 上的其他圆圈应用新的对象样式。应用对象样式将自动修改相应圆圈格式，而无需手动为每个圆圈应用颜色和投影效果。

1. 在窗口中显示页面 4 和页面 5，选择"视图">"使跨页适合窗口"。为方便快速地选择"etp"对象，可隐藏包含文本的图层。

2. 选择"窗口">"图层"。在图层面板中，单击"Layer 1"最左侧的"切换可视性"选框，隐藏该图层。

3. 使用选择工具（▶），选择"编辑">"全选"。

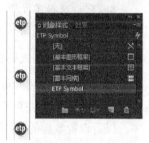

4. 在选择所有"etp"圆圈后，单击对象样式面板上的"ETP Symbol"样式。

5. 在图层面板中，单击图层 1 最左侧的分栏，可再次显示该图层。

6. 选择"编辑>全部取消选择"，然后选择"文件">"存储"。

ID 提示：当对文本、对象和表格设置有大概的想法时，就可以开始创建和应用样式。然后可通过使用"重定义样式"选项更新样式定义，自动更新应用该样式的对象格式，以达到预期的设置效果。所有 InDesign 样式面板（如段落样式、表格样式）的面板菜单都提供了"重新定义样式"选项。

9.6 创建和应用表样式和单元格样式

就像使用段落样式和字符样式设置文本的格式一样，通过使用表和单元格样式可轻松、一致地设置表的格式。使用表样式可控制表格的视觉属性，包括表格边框架、表前间距和表后间距、行描边和列描边以及交替填色模式。使用单元格样式可控制表格单元格内边距、垂直对齐、单元格的描边和填色以及对角线等。

在第 11 课"创建表格"中，将介绍更多创建表格相关的知识。

本练习中，将在文档中创建和应用一种表样式和两种单元格样式，以帮助区分不同茶叶的不同描述。

9.6.1 创建单元格样式

首先，将为页面 3 底部表格的表头行和表体行创建单元格样式。然后，将这 2 种样式嵌套到表样式中，该过程类似之前学习的将字符样式嵌套到段落样式中。现在开始创建两个单元格样式。

1. 在页面面板中双击页面3，然后选择"视图">"使页面适合窗口"。

2. 使用缩放显示工具（🔍），放大页面底部的表格，以便查看。

3. 使用文字工具（T），单击并拖曳选择表头行上的前两个单元格，这两个单元格内容为"Tea"和"Finished Leaf"。

Tea#	Finished Leaf#	Color#	Brewing Details#
White#	Soft, grayish white#	Pale yellow or pinkish#	165º for 5-7 min#
Green#	Dull to brilliant green#	Green or yellowish #	180º for 2-4 min#
Oolong#	Blackish or greenish#	Green to brownish #	212º for 5-7 min#
Black#	Lustrous black#	Rich red or brownish #	212º for 3-5 min#

4. 选择"表">"单元格选项">"描边和填色"。在"单元格填色"中，选择淡黄色板（C = 4，M = 15，Y = 48，K = 0）。单击"确定"按钮。

5. 保持选择单元格，选择"窗口">"样式">"单元格样式"，打开"单元格样式"面板。

6. 从单元格样式面板菜单，选择"新建单元格样式"。

选定单元格应用的单元格格式显示在"样式设置"框架中。还应注意到对话框左侧有其他单元格格式选项。但是在本练习中，仅需设置希望的段落样式并将其应用到表头行的文本中。

7. 在"新建单元格样式"对话框顶部的"样式名称"框架中，输入"Table Head"。

8. 然后再从"段落样式"的弹出菜单中，选择"Head4"。此时已准备好创建段落样式，单击"确定"按钮。

下面为表体行创建新的单元格样式。

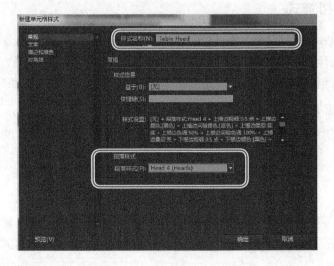

9. 使用文字工具（ **T** ），选择表格第二行的前两个单元格 。该单元格包含内容为"White"和"Soft，grayish white"。

10. 从单元格样式面板菜单中选择"新建单元格样式"。

11. 在样式名称框中输入"Table Body Rows"。

12. 然后再从"段落样式"下拉菜单中，选择"Table Body"。该段落样式已包含在文档中。

13. 单击"确定"按钮。此时在单元格样式面板上出现了新建的两种单元格样式。选择"编辑">"全部取消选择"。

14. 选择"文件">"存储"。

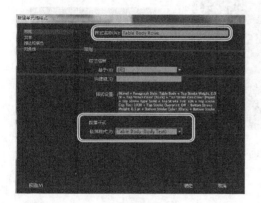

9.6.2 创建表格样式

下面将创建一种表格样式，该样式并不仅用于表格的整体外观，还将前面创建的两种单元格样式分别应用了表头行和表体行。

1. 在能够看到表格的情况下，选择文字工具（ **T** ），在表格中单击。

2. 选择"窗口">"样式">"表样式"。从"表样式"面板菜单选择"新建表样式"。

3. 在"样式名称"框架中，输入"Tea Table"。

4. 在"单元格样式"区中，选择下列选项：

- 在"表头行"下拉菜单中的选择 Table Head。

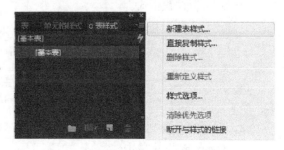

- 在"表体行"菜单中选择 Table Body Rows。

现在设置表格样式，使表体行交替改变颜色。

5. 在"新建表格样式"对话框的左侧，选择"填色"。

6. 并从"交替模式"下拉菜单中选择"每隔一行"，"交替"部分的选项将变得可用。

7. 然后设置下列交替选项：

  • 在"颜色"中选择淡黄色板（C = 4，M = 15，Y = 48，K = 0）。

  • 在"色调"中输入"30%"。

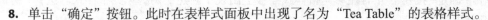

8. 单击"确定"按钮。此时在表样式面板中出现了名为"Tea Table"的表格样式。

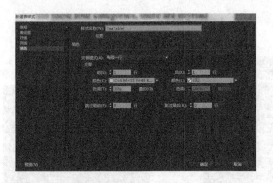 

9. 选择"编辑 > 全部取消选择"，然后选择"文件" > "存储"。

9.6.3 应用表格样式

下面将为文档中的两个表格应用刚创建的表样式。

 提示：如果是使用已有文本创建的表（使用"表" > "将文本转换为表"），当转换文本后可应用表样式。

1. 在保持屏幕上可看到表格的情况下，选择文字工具（ T ），在表格中单击。

2. 在"表样式"面板上双击"Tea Table"样式。此时该表格已用刚创建的表格和单元样式样式重新设置格式。

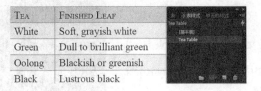

3. 在页面面板中双击页面 6，然后选择"视图" > "使页面适合窗口"。在表格"Tea Tasting Overview"中单击。

4. 在"表样式"面板上单击"Tea Table"样式。此时该表格已用刚创建的表格和单元样式样式重新设置格式。

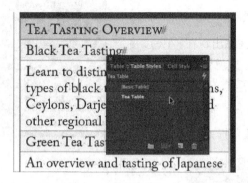

5. 选择"编辑">"全部取消选择",然后选择"文件">"存储"。

9.7 全局更新样式

在 InDesign 中有两种方式可更新段落样式、字符样式、对象样式、表样式和单元格样式。第一种是打开样式,直接修改格式选项。由于样式和应用该样式的对象具有关联,对样式进行修改将自动更新这些关联对象的格式设置。

另一种更新方式是使用局部格式来修改文本,然后基于该格式重新定义样式。在本练习中,将修改样式"Head 3"使其包含段后线。

1. 在页面面板中双击页面4,并选择"视图">"使页面适合窗口"。

2. 使用文字工具(T),拖曳选定的第 1 列上的子标题"Black Tea"。

3. 如有需要,可单击控制面板上的"字符格式控制"按钮(A)。在字号框架中输入"13",并按下 Enter 键 (Windows) 或 Return (Mac OS)。

4. 如果窗口中没有显示段落样式面板,可选择"文字">"段落样式",打开该面板。请注意此时已选定"Head 3"样式,说明选定文本应用了该样式。

5. 选择"文字">"段落",以显示段落面板。从面板菜单中选择"段落线"。

6. 在"段落线"对话框中,从对话框顶部下拉菜单中选择"段后线",并勾选"启用段落线"。请确保选定"预览",此时将对话框移到一边以便查看"Black Tea"。

7. 使用下列格式设置段落线:

• "粗细":"1 pt"。

• "颜色":"C = 4,M = 15,Y = 48,K = 0"(淡黄色板)。

• "位移":"p2"。

保持其他设置为默认。

8. 单击"确定"。此时在"Black Tea"下方出现了一条黄色细线。

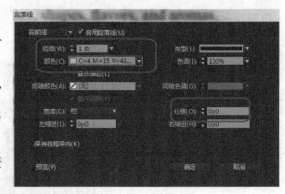

在段落样式面板中，请注意出现在"Head 3"样式名称旁的加号（"+"）。这说明选定的文本已应用了局部的格式，并重写了其应用的样式。

9. 将鼠标指向"Head 3"段落样式，可查看当前格式与原有段落样式的区别。

下面将重新定义段落样式，这样局部的修改将写进段落样式，并自动应用到所有应用了"Head 3"样式的对象中。

ID 提示：可按照步骤 8 来基于局部格式重新定义任意类型的样式。

10. 从段落样式面板菜单，选择"重新定义样式"。此时在"Head 3"样式名旁的加号（+）将消失。文档中所有的标题此时都应随着"Head 3"的修改进行了全局的更新。

11. 选择"编辑">"全部取消选择",然后选择"文件">"存储"。

9.8 从其他文档载入样式

样式只会出现在创建它们的文档中。但是也可通过从其他文档载入或导入文档来实现文档间样式共享。本练习中,我们将从已完成的"09_End.indd"文档中导入段落样式,并应用到页面 2 的第一段正文。

1. 在页面面板中双击页面 2,并选择"视图">"使页面适合窗口"。

2. 如果窗口中没有显示段落样式面板,可选择"文字">"段落样式",打开面板。

3. 然后从段落样式面板菜单中选择"载入所有文本样式"。

4. 在"打开文件"对话框中,双击 Lesson09 文件夹下的"09_End.indd"。此时将出现"载入样式"对话框。

5. 由于文档已经有了一部分样式,不需要导入所有的样式,可单击"全部取消选中"按钮。

6. 然后选择段落样式"Drop Cap Body"。可向下滚动至"Drop Cap"并确保选中。

> **ID** 提示:由于选择的段落样式使用了"首字下沉和嵌套样式"功能以自动应用"首字下沉"字符样式,所以也需选定该样式。

7. 单击"确定"按钮载入这两个样式。

8. 使用文字工具(T),在第 2 段中放置插入点,该段开头为"We carry"。然后从段落样式面板中选择新的 Drop Cap Body""样式。此时"We"变为紫红色斜体字并下沉显示。

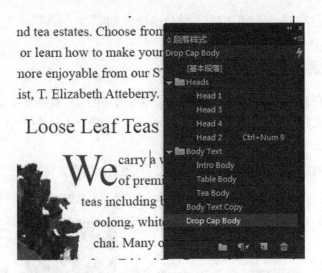

9. 选择"编辑">"全部取消选择",然后选择"文件">"存储"。

结束语

最后,预览完成的文档。

1. 单击工具面板底部的"预览"。

2. 选择"视图">"使页面适合窗口"。

3. 按下"制表符"隐藏所有面板,以便查看作品。

恭喜!我们已经完成了本次课程的学习。

9.9 练习

当创建长文档或模板作为其他文本的样板时,应最大程度地利用所有样式功能。如需进一步微调样式,可尝试下列方式:

1. 将新的"Drop Cap Body"样式拖曳进段落样式面板中的"Body Text"组。

2. 使用分组对象组成"etp"圆圈,并定位在文本中("对象">"定位对象">"选项")。"定位对象"选项可保存至对象样式中。

3. 为已有的样式添加键盘快捷键。

复习题

1. 如何使用对象样式提高工作效率?

2. 创建嵌套样式时应必须先创建什么?

3. 哪两种方式可全局更新已应用到文档中的样式?

4. 如何从其他 InDesign 文档中载入样式?

复习题答案

1. 对象样式可保存一组格式属性,可快速应用到图片和框架中,将大幅提高工作效率。如需更新格式,无需分别修改每个框架的样式,仅修改该对象样式,便可自动将修改更新至所有应用了该样式的框架。

2. 创建嵌套样式的两个前提条件分别为:首先创建一个字符样式,然后创建一个段落样式。这样才能将字符样式嵌入段落样式中。

3. InDesign 中有两种方式可更新样式。第一种是打开样式,直接修改格式选项。另一种是使用局部格式修改某实例,然后再基于该实例重新定义样式。

4. 载入样式十分简单。从对象样式、字符样式、段落样式、表格样式或是单元样式面板菜单中选择合适的"载入样式"选项,然后找到需要载入的文档。此时文档中的样式将载入相应的样式面板,可在当前文档中快速地使用。

第 10 课 导入和修改图形

课程概述

本课程中，将学习下列操作：

· 区分矢量图和位图。

· 导入 Adobe Photoshop 和 Adobe Illustrator 图形。

· 使用链接面板管理导入的图形文件。

· 调整图形的显示质量。

· 通过创建路径和 alpha 通道，调整图形显示。

· 创建串接文本的内嵌图片框架。

· 创建和使用对象库。

· 使用 Adobe Bridge 导入图形。

 完成本课程大约需要 60 分钟。

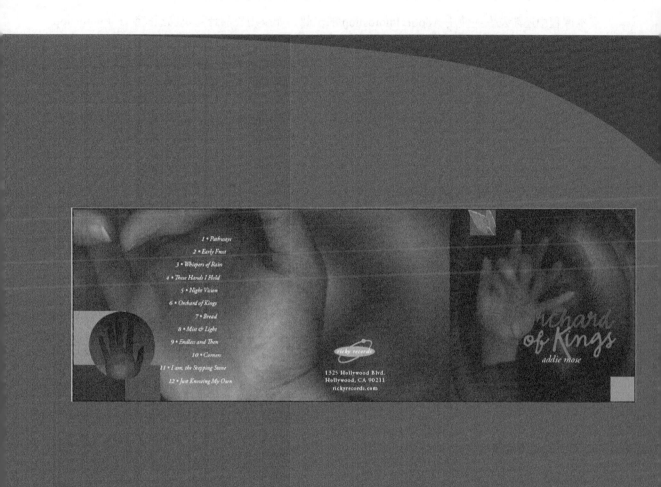

从 Adobe Photoshop、Adobe Illustrator 或其他图形应用程序导入
图片和原图可轻松提高文档显示效果。如果导入的图形发生了修改，
InDesign 将提醒用户已有最新版本的图形可用。用户可以随时更新或
替换导入的图形。

10.1　概述

本课程中，读者从 Adobe Photoshop、Adobe Illustrator 和 Adobe Acrobat 中导入并管理图片，制作一张 CD 封套。经过打印和裁切后，封套将被折叠，以适合 CD 盒的大小。

本课程中还涉及一些使用 Adobe Photoshop 的步骤，如果用户的计算机已经安装了 Photoshop 应用程序即可操作。

> **ID** | 注意：如果还未从配套光盘中复制本课程的资源文件，请现在复制。

1. 为确保用户的 Adobe InDesign 程序的首选项和默认设置符合本课程的要求，请先按照前言中的步骤将 InDesign Defaults 文件移动到其他文件夹。

2. 启动 Adobe InDesign。为确保面板和菜单命令符合本课程要求，请依次选择"窗口">"工作区">"[高级]"，然后再选择"窗口">"工作区">"重置'高级'"。

3. 选择"文件">"打开"，然后选择已下载到硬盘上的 InDesignCIB 中的课程文件夹，打开 Lesson10 文件夹中的 10_a_Start.indd 文件。此时将出现一条消息，说明文档包含指向已修改的源文件的链接。

4. 单击"不更新链接"，用户将在后面修改这些链接。

5. 如有需要，可关闭链接面板，以便查看文档。每次打开包含了丢失或修改了链接的 InDesign 文档时，都会出现链接面板。

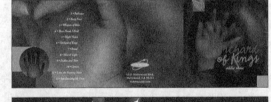

6. 在同一文件夹中打开"10_b_End.indd"，查看完成后的文档效果。如果愿意，可保持打开文档供操作时参考。如果已准备好开始本课程，可选择"窗口 >10_Start.indd"打开需要编辑的文档。

7. 选择"文件">"存储为"，将文件名修改为"10_cdbook.indd"，并保存至 Lesson10 文件夹中。

10.2　从其他应用程序添加图片

InDesign 支持各种常用的图片文件格式。因此在 InDesign 中可使用大部分应用程序制作的图片文件，特别是其他的 Adobe 专业图形应用程序（如 Photoshop、Illustrator 和 Acrobat）。

默认情况下，导入的图片都是链接的，这表明 InDesign 只是在文档中显示图片文件预览，而不是将图片整个拷贝到文档中。

链接图片文件主要有两个好处：首先，可以节省硬盘空间，特别在许多 InDesign 文档中重复使用同一图片时。其次，可使用专门的图形程序编辑链接的图片，并能在 InDesign 链接面板中轻松地更新链接图片。更新链接文件时保持原有的路径设置，因此无需重做。

所有链接图片和文本文件都列在链接面板中，该面板还为管理链接提供了各种按钮和命令。当需要打印 InDesign 文档或导出 PDF 文件时，InDesign 将根据链接，使用外部存储的原图片生成高质量的显示效果。

10.3　对比矢量图和位图

Adobe InDesign 和 Adobe Illustrator 都可用于创建矢量图，这种图形是基于数学表达式的形状组成的。矢量图由平滑的线条组成，在缩放时不会改变任何清晰度。这类图形特别适用于插图、文字或是图形（如徽标）等需要根据不同场景进行缩放的图形。

位图是由一组像素网格组成，一般都是由数码相机和扫描仪产生，常常使用图像编辑程序进行处理，比如 Adobe Photoshop。使用位图时，编辑的往往是像素，而不是对象或图形。由于位图可表现细微的阴影和颜色的渐变，适用于连续色调的图像，如绘图应用程序制作的照片或插画等。但位图的缺点在于放大时将变得模糊，并出现锯齿。另外位图文件一般也比矢量图文件更占空间。

ID｜注意：本课程操作过程中，可按自己需要移动和修改面板布局。参阅第 1 课。

通常，使用矢量图绘制工具绘制的图形，在任意尺寸下都有很好的视觉效果，例如公司图标，可用于名片上，也可用于大型的广告海报上。用户可使用 InDesign 绘图工具创建矢量插图，也可选择使用 Illustrator 更强大的矢量图绘制工具。而对于位图，

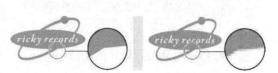

左侧为矢量图，右侧为位图

可使用 Photoshop 进行创建和编辑，以绘制出柔和线条或是逼真的效果，并对它们应用许多特效。

10.4　管理导入文件的链接

打开本课程的文件时，看到关于链接文件的警告消息框。现在将使用链接面板来解决该问题。该面板上提供了文档中所有链接文本或图片文件的完整状态信息。

通过使用链接面板，还能以不同的方式管理导入的图片或文本文件，如更新或替换文本或图片。本课程中学习到的管理链接文件的所有技巧都同样适用于图片和文本文件。

10.4.1　识别导入的图片

通过使用两种链接面板相关的方法可以识别已经导入文档的图片。在后续的课程中，还将使用链接面板编辑和更新导入的图片。

1. 从文档窗口左下角的"页面编号"框中选择页面 4，在窗口中居中显示该页面。

2. 如果没有打开链接面板，可选择"窗口">"链接"。

3. 使用选择工具（ ），选择页面 4 上的"Orchard of King"图标。选择图标后，请注意链接面板上图片的文件名"10_i.ai"也显示为已选定。

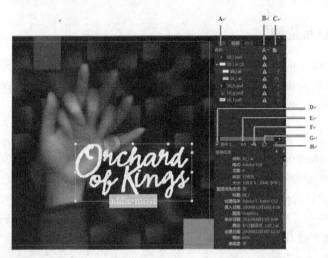

A—文件名栏　B—状态栏　C—页面栏　D—"显示/隐藏链接信息"按钮　E—"重新链接"按钮
F—"转至链接"按钮　G—"更新链接"按钮　H—"编辑原稿"按钮

现在将使用链接面板找到文档中图片。

在链接面板上，选择"10_g.psd"，然后单击"转至链接"按钮（ ）。此时选定该图片，并居中显示在窗口中。当知道文件名时，可以这样快速地选择图片。

特别是在编辑长文档并导入了大量图片的情况下，该方法将有效地快速找到链接图片。

10.4.2　查看有关链接文件信息

使用链接面板可轻松地编辑链接的图片和文本文件，同时可显示链接文件相关的信息。

> **ID** 提示：拖曳面板标签，可将链接面板移出面板分组。将面板移出面板分组后，将可以拖曳面板边框调整面板尺寸。

1. 请确保在面板中已选定图片名称"10_g.psd"。如果无法看到所有的链接文件名，可拖曳链接面板底部的水平分隔条以放大面板的上半部，显示出所有的链接。面板下半部的"链接信息"区中显示了选定链接的相关信息。

2. 单击"在列表中选择下一链接"按钮（ ），查看链接面板列表中下一个文件"10_f.pdf"的相关信息。按照该方法可快速地查看所有的链接。现在每个链接在状态栏都显示一个警

告图标（⚠）。该图标表明存在链接问题，将在后面进行修复。浏览查看了所有的链接信息后，单击"链接信息"按钮上方的"显示/隐藏链接信息"按钮（▼），可隐藏链接信息部分。

默认情况下，文件在链接面板上按照页面编号进行排序。用户也可选择按照其他方式进行排序。

3. 单击链接面板上的名称栏标题。此时面板上按照链接的字母顺序进行排序。每次单击该栏标题都将在按字母顺序升序或降序之间切换。

10.4.3　在资源管理器（Windows）或 Finder（Mac OS）中显示文件

虽然链接面板给出了特定导入图片文件的属性和位置信息，但并不能用来修改文件或文件名。使用"在资源管理器中查看"（Windows)或"在 Finder 中查看"（Mac OS)选项，可直接访问导入图片的源文件。

1. 选择链接"10_g.psd"，从链接面板菜单中，选择"在资源管理器中查看"（Windows）或"在 Finder 中查看"（Mac OS），打开链接文件所在的文件夹，并选择该文件。使用该功能可方便地找到文件在硬盘中的存储位置，必要时还可修改文件名称。

2. 关闭该窗口，回到 InDesign 中。

> **ID** 提示：也可从链接面板菜单中选择"Reveal in Bridge"，来定位导入的图片文件，并重命名。

10.5　更新修改的图片

即使已在 InDesign 文档中导入了文本或是图片文件，也可使用其他程序进行修改。链接面板上指明了哪些文件已做了修改，用户可选择是否使用最新版本更新 InDesign 文档。

在链接面板中，文件"10_i.ai"有提示图标（⚠），说明其源文件已进行了修改。正是该文件和其他一些文件导致打开文档时出现提示信息。现在将更新该文件链接，让 InDesign 文档使用该文件的最新版本。

> **ID** 提示：用户在链接面板上单击文件名右侧的页面编号，可转至该链接，并在文档窗口中居中显示。

1. 如有需要，可在链接面板上单击文件"10_i.ai"左侧的提示三角（▶），显示导入文件的两个实例。选择页面 4 上"10_i.ai"的实例，并单击"转至链接"按钮（⬛），在编辑视图中查看图片。更新链接并不必执行本步骤，但这可以快速地再次确认要更新的文件是否为目标文件。

2. 单击"更新链接"按钮（）。此时文档中的图片将更新为最新版本。

3. 从链接面板菜单中选择"更新所有链接"，可更新其余所有修改过的图片文件。

现在将使用修改过的图片替换第 1 跨页（页面 2 ~ 页面 4）上的手形图片。下面将使用"重新链接"按钮将链接修改到其他图片上。

ID ┃ 提示：链接面板底部的所有按钮在面板菜单中都有相应的命令。

4. 然后选择"视图" > "使跨页适合窗口"，转至页面 2 ~ 页面 4（第 1 跨页）。

5. 使用选择工具，选择页面 4 上的"10_h.psd"图片。这是一张手形的照片（如果单击内容提取器的内部，将选择图片本身而不是图片框架，本示例中，选择两者皆可）。可根据链接面板上显示为选择状态的文件名来判断是否选择了正确的图像。

6. 单击链接面板上的"重新链接"按钮（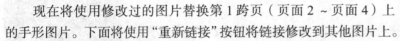）。

7. 浏览并找到 Lesson10 文件下的"10_j.psd"，单击打开。这样新的图片版本（具有不同的背景）将替换原有的图片，链接面板上也做了相应的更新。

8. 单击粘贴板中的空白区域，取消选择跨页上的所有对象。

9. 选择"文件" > "存储"。

ID ┃ 提示：用户可从"链接"面板上选择"面板选项"，定制面板分栏和信息。添加分栏后，还能调整它们的尺寸和位置。

在链接面板上查看链接状态

链接的图片可以在"链接"面板上以不同的方式出现，包括：

• 文档中使用的最新的图片只会显示文件名和所在的页面。

• 修改的文件会显示带有感叹号的黄色小三角（▲）。该提示图标表明硬盘上的文件版本比文档中使用的版本新。例如，当用户从 Photoshop 导入图片后，其他人员对原图片进行了修改保存，此时将出现该提示图标。

• 丢失的文件将显示带有问号的红色六边形（?）。表明该文件已不在最初导入的路径位置。这种情况出现在导入文档后，某人又将该源文件移动到了其他文件夹或是服务器上，结果无法得知丢失的图片是否为最新的版本。如果在出现该图片时打印或是导出文档，相应的图形可能不会以全分辨率打印或导出。

—— InDesign 帮助

10.6 调整显示质量

现在已修复了所有的链接，可以开始添加更多的图片。但在此之前，先调整之前导入的 Illustrator 文件"10_i.ai"的视图显示质量。

当在 InDesign 文档中导入图片时，软件将根据"首选项"对话框中的"显示性能"自动创建较低分辨率的图片。此时图片以低分辨率显示在文档中，因此会出现锯齿形的边缘。降低图片的显示分辨率可提高页面的加载速度，但不会影响最后的输出效果。用户也可控制 InDesign 显示导入图片时的详细程度。

1. 在链接面板上，选择之前更新的"10_i.ai"文件（页面 4 上）。单击"转至链接"按钮（  中的按钮图标 ），可在放大的视图中查看图片。

2. 右键-单击（Windows）或 Control-单击(Mac OS)"Orchard of Kings"图片，然后从关联菜单中选择"显示">"性能">"高品质显示"。此时选择的图片将以全分辨率显示。

使用"典型显示"

使用"高品质显示"

3. 选择"视图">"显示性能">"高品质显示"。该选项将修改整个文档的默认显示性能。此时所有的图片都按照最好的质量显示在文档中。

在一些老式计算机上，或文档中导入过多的图片时，这种设置可能会使屏幕重绘速度变慢。大部分情况下，建议将显示性能设置为"典型显示"，然后根据需要再单独修改某些图片的显示性能。

4. 选择"文件">"存储"。

10.7 使用剪切路径

使用 InDesign 可删除图片上不需要的背景。按照下面进行练习，将积累一定的相关经验。除了删除背景外，还可在 Photoshop 创建路径或是 alpha 通道，然后将其用于指定 InDesign 版面中图像的轮廓。

将导入的图片具有实心矩形的背景，使用户无法看到它后面的区域。可以使用"剪切路径"隐藏不需要的部分绘制矢量轮廓用作蒙版。InDesign 可在不同类型图片创建剪切路径：

- 如果已在 Photoshop 中绘制了路径并保存在图片上，InDesign 可以基于该路径创建剪切路径。

- 如果已在 Photoshop 中绘制 alpha 通道并保存在了图片上，InDesign 可以基于该通道创建剪切路径。alpha 通道带有透明和不透明的区域，通常用于照片或视频合成。

- 如果图片具有很淡或白色的背景，InDesign 可自动识别对象与背景之间的界线，创建剪切路径。

本例中将导入的梨子图像没有剪切路径和 alpha 通道，但它的背景为白色，使用 InDesign 可将其删除。

使用 Indesign 删除白色背景

现在将删除图片中 3 个梨子周围的白色背景。使用"剪切路径"命令的"检测边缘"选项，删除图片周围的白色背景。"检测边缘"选项可按照图片中图像的形状创建路径来隐藏该区域。

1. 双击页面面板上的页面 7，浏览该页面。

2. 确保在图层面板上选定了"Photos"图层，以便在该图层上显示图片。选择"文件">"置入"，然后双击 Lesson10 中的"10_c.psd"。

3. 将载入图形图标（🖼）放置于矩形的左侧，位于顶部边缘的左侧（请确保没有将鼠标置于矩形内），单击导入有 3 个梨子和白色背景的图片。如有需要，还可调整图片框架以匹配图片。

4. 选择"对象">"粘贴路径">"选项"。如需要可移动"剪切路径"对话框，以便查看梨子图片。

5. 然后从"类型"下拉菜单中选择"检测边缘"。如果未选择"预览"，现在可将其选择。此时白色的背景几乎已经完全删除了。

6. 拖曳"阈值"滑块，直到该阈值隐藏了尽量多的背景同时又不影响对象本身的显示。本示例使用的阈值为"20"。

> **ID** 提示：如果无法找到删除背景而又不影响对象本身的阈值设置，可指定特定的值，使得对象周边尽可能显示较少的白色背景。通过下列步骤微调剪切路径，可逐渐消除白色背景。

"阈值"选项可从白色开始隐藏图片的淡色区域。当向右拖曳至更高的值时，将增加隐藏的颜色暗度。不要试图找到完全匹配该梨子图片的设置。稍后将继续学习如何改进剪切路径。

7. 慢慢向左拖曳"容差"滑块，直到容差值大约为 1。

"容差"选项决定了自动生成的剪切路径共有多少个点。向右拖曳，将使用较少的点，粘贴路径将与图片关系更松散。在路径使用较少的点可能会加速文档显示，但也会降低精确度。

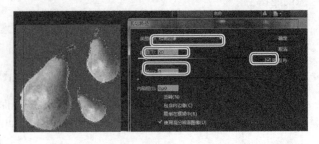

8. 在"内陷框"中输入值可关闭剩余的背景区域。这里使用的值为 0p1。该选项将均匀地收缩当前的剪切路径的形状，并且不影响图像的亮度。单击"确定"按钮，关闭"剪切路径"对话框。

9. 同时，也可选择手动微调剪切路径。可使用直接选择工具（），选择梨子图片。此时拖曳每个锚点，并使用绘图工具编辑图片周围的剪切路径。如果图片边缘复杂，可放大文档以便更好地调整锚点。

应用内陷值1点之前和之后。应用后可注意到在梨子周围移除了部分白色空间

10. 选择"文件">"存储"。

ID **注意**：还可使用"检测边缘"删除纯黑色背景。只需选择"反转"和"包含内边缘"选项，并指定一个高阈值（255）。

10.8 使用 alpha 通道

当图片含有背景，且不是纯白色或纯黑色，"检测边缘"可能无法有效地删除背景。对于这些图片，若根据背景的亮度值隐藏背景，可能隐藏对象本身中使用相同亮度值的部分。此时，可使用 Photoshop 中更高级的背景删除工具，使用路径或 alpha 通道标定透明区域，然后使用 InDesign 根据这些区域创建剪切路径。

ID **注意**：如果导入的 Photoshop（.psd）文件由图像和透明背景组成，InDesign 将根据透明背景进行剪切，而不依赖于剪切路径和 alpha 通道。这对于置入有羽化边缘的图片特别有用。

10.8.1 使用 alpha 通道导入 Photoshop 文件

之前使用的是"置入"命令来导入图片。现在将使用另一种方式，将 Photoshop 图片直接拖曳至 InDesign 页面上。这样 InDesign 可直接使用 Photoshop 路径和 alpha 通道，而无需将 Photoshop 保存为文档另一种文件格式。

1. 在图层面板上，确保已选定了"Photos"图层，以便在图层上能显示图片。

2. 然后选择"视图">"使页面适合窗口"，转至页面 2。

3. 在资源管理器（Windows）或 Finder（Mac OS）中，打开包含"10_d.psd"的文件夹 Lesson10。

调整资源管理器（Windows）或 Finder（Mac OS）窗口和 InDesign 窗口大小，从而同时查看 Lesson10 文件中的文件列表以及 InDesign 文档窗口。请确保可查看页面 2 左下部分的 1/4。

4. 将"10_d.psd"文件拖曳至页面 2 左侧的粘贴板，然后松开鼠标。单击粘贴板回到 InDesign 窗口，然后再次单击插入原尺寸的图片。

注意：拖曳文件时，一定将其拖曳到页面 2 左边的粘贴板上再放下，如果在现有框架中放下，将放在该框架内，请选择"编辑">"还原"，再重新操作。

5. 使用选择工具（），将图片调整至页面的左下角。

6. 如有需要，可最大化 InDesign 窗口，以便操作。现在已经完成了导入文件。

10.8.2 检查 Photoshop 路径和 alpha 通道

刚拖曳导入的 Photoshop 图像中，手形图案和背景有许多相同的亮度值。因此，无法简单地使用"剪切路径"对话框中的"检测边缘"选项隔离背景。

而是将使用 Photoshop 图片上的 alpha 通道。首先，将使用链接面板直接在 Photoshop 中打开图片，可看到已存在的路径和 alpha 通道。

本示例至少需要 Photoshop4.0 或更高版本，如果计算机具有足够的内存同时打开 InDesign 和 Photoshop 窗口将会使工作变得更容易。如果用户的计算机无法满足上述的条件，也可通过阅读下列步骤理解什么是 Photoshop 的 alpha 通道，然后继续后续课程中的工作。

1. 首先是使用选择工具（　），选择之前导入的"10_d.psd"文件。

2. 如果没有打开链接面板，可选择"窗口">"链接"。此时在链接面板上将显示图片的名称。

3. 在链接面板中，单击"编辑原稿"按钮（　）。将在某应用程序中打开图片，进行查看和编辑。本图片保存为 Photoshop 格式，因此如果用户电脑上安装有 Photoshop，InDesign 将启动 Photoshop 打开选定的文件。

提示：编辑选定的图片，除了使用链接面板上的"编辑原稿"按钮，还可从链接面板菜单中选择"编辑使用"命令，然后选择需要的应用程序。

注意："编辑原稿"按钮将在创建该文件的应用程序中打开。安装软件时，某些安装程序会修改操作系统的相关设置。"编辑原稿"命令将利用程序使用有关程序和文件的关联设置。如需修改设置，请参阅操作系统的相关文档。

4. 在 Photoshop 中，选择"窗口">"通道"显示"通道"面板，或是单击通道面板图标。单击"通道"面板顶部的标签并进行拖曳。

5. 如有需要，可增大通道面板高度以便查看除了标准的 RGB 通道之外的 3 个 alpha 通道（Alpha 1、Alpha 2 和 Alpha 3）。这些通道都是使用 Photoshop 中的蒙版和绘图工具绘制的。

6. 在 Photoshop 的通道面板中，单击 Alpha 1 可查看该通道，然后再单击 Alpha 2 和 Alpha 3，进行对比。

7. 在 Photoshop 中，选择"窗口">"路径"打开路径面板，或是单击路径面板图标。

保存带有3个alpha通道的Photoshop文件

该路径面板包含有两个路径名称："Shapes"和"Circle"。它们是由 Photoshop 中钢笔工具（✎）和其他路径工具绘制的，也可能是由 Illustrator 创建再粘贴进 Photoshop 中。

8. 在 Photoshop 的路径面板上，单击"Shapes"可查看该路径，然后再单击"Circle"。

9. 退出 Photoshop。本课中不需要再使用该程序。

10.8.3 在 InDesign 中使用 Photoshop 路径和 alpha 通道

现在将回到 InDesign 中，探索如何从 Photoshop 路径和 alpha 通道中创建不同的剪切路径。

ID 提示：通过调整"阈值"和"容差"值可微调根据 alpha 通道创建的剪切路径，就如之前在"使用 InDesign 删除白色背景"中的操作一样。根据 alpha 通道创建剪切路径时，可从低阈值（如 1）开始微调。

1. 切换回 InDesign。请确保在页面保持选定 10_d.psd 文件，如有需要，可重新使用选择工具（▸）将其选定。

2. 保持选定手形图片，并选择"对象">"粘贴路径">"选项"，打开"粘贴路径"对话框。如有需要，可移动该对话框，以便查看图片。

3. 请确保已选择"预览"，从"类型"下拉菜单中选择"Alpha 通道"。此时可使用"Alpha"下拉菜单，该菜单中列出了之前在 Photoshop 中看到的 3 个 alpha 通道。

4. 从"Alpha"菜单中选择"Alpha 1"。InDesign 将根据该 alpha 通道创建剪切路径。然后再选择"Alpha 2"，对比结果。

5. 接着选择"Alpha 3"，并选择"包含内边缘"选项。请注意观察图片上的修改。

选择"包含内边缘"选项后，InDesign 将能够识别 Alpha 3 通道中绘制的蝴蝶形空洞，并添加至剪切路径上。

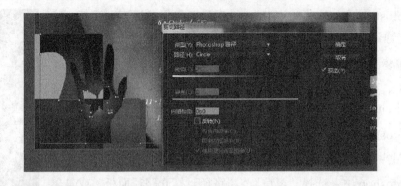

提示：通过在源文件中显示 Alpha 3 通道，可看到该蝴蝶形空洞在 Photoshop 是什么样子。

6. 从 "类型" 下拉菜单中选择 "Photoshop 路径"，然后从 "路径" 下拉菜单中选择 "Shapes"。InDesign 将调整图片的框架形状，匹配 Photoshop 路径。

7. 然后再从 "路径" 菜单中选择 "Circle"，单击 "确定" 按钮。

8. 选择 "文件" > "存储"。

10.9 导入本机 Adobe 图片文件

InDesign 使用户能够以独特的方式导入 Adobe 的本机文件，如 Photoshop、Illustrator 和 Acrobat，并提供了相应的选项以控制这些文件如何显示在文档中。例如，在 InDesign 中可以调整 Photoshop 图层的可视性，还可查看不同的复合图层。同样，如果导入了分层的 Illustrator 文件，也可通过调整其图层的可视性来改变插图。

10.9.1 导入带图层和图层复合的 Photoshop 文件

在之前的练习中，使用了带路径和 alpha 通道的 Photoshop 文件，但该文件仅使用单个背景图层。当使用分层的文件时，可单独调整每个图层的可视性。另外，还可查看不同的图层复合。

图层复合创建于 Photoshop 并保存为文件的一部分，常常用来制作图片的多层合成，来对比不同的风格和样式。当文件导入 InDesign 时，可在整个布局中预览不同的复合关系。下面将查看一些图层复合。

1. 在链接面板上，单击 10_j.psd 链接，并单击 "转至链接" 按钮（ ），选择文件并使其居中显示在文档窗口中。该文件是之前重新链接的，具有 4 个图层和 3 个图层复合。

2. 选择 "对象" > "对象图层选项" 打开 "对象图层选项" 对话框。该对话框允许用户关闭或打开图层，并在图层复合间实现切换。

3. 如有需要，可移动“对象图层选项”对话框，以便查看选择的图片。选择“预览”选项，可保持对话框打开的情况下看到图像变化。

4. 在“对象图层选项”对话框中，选择“hands”图层左侧的眼睛图标（ ）。此时将关闭该图层，仅留下了“Simple background”图层显示。单击“hands”图层旁的方框，可恢复打开该图层。

5. 然后从“图层复合”菜单中选择“Green Glow”。此时该图层复合拥有了不同的背景。然后从“图层复合”菜单中选择“Purple Opacity”。此时图层复合又变换了背景，并且“hands”图层变得部分透明。单击“确定”按钮。

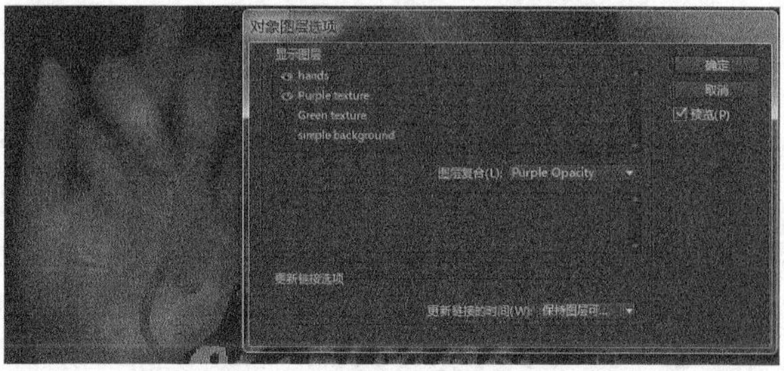

图层复合不仅仅是不同的图层的排列，而是可以用来保存 Photoshop 图层效果、可视性和位置等属性。当修改了图层文件的可视性时，InDesign 将在链接面板的“链接信息”区上显示相应提示。

6. 在链接面板中，如果无法看到该区域，可单击“显示 / 隐藏链接信息”按钮（ ）来显示。找到“图层优先选项”列表。其中显示“是（2）”，这说明有两个图层被覆盖。“否”说明没有覆盖任何图层。

7. 选择“文件”>“存储”，保存现在的文档。

10.9.2 创建内嵌图片框架

内嵌图片框架随文本一起编排。本练习中，将把唱片图标置入页面 6 的文本框架中。

> **ID** 提示：若“内嵌对象控制”不可见，可选择“视图”>“其他”>“显示内嵌对象控制”

1. 在页面面板中双击第 2 个跨页，选择“视图”>“使跨页适合窗口”。如有需要，可向下滚动。在粘贴板的底部有“Orchard of Kings”图标，下面将把它插入页面的段落中。

2. 使用选择工具（ ），单击该图标。请注意图片框架右上侧的绿色小方块。拖曳该方块可将对象内嵌进文本。

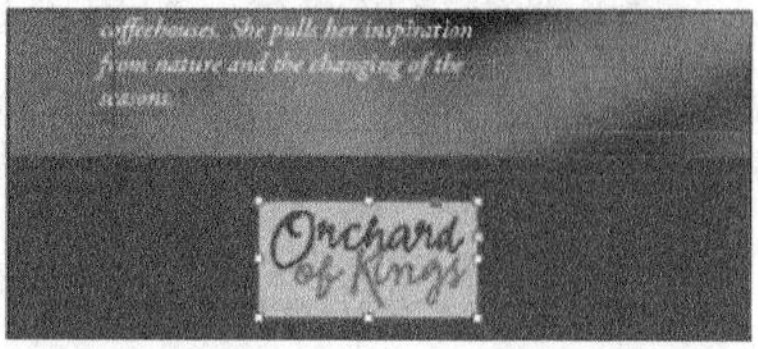

3. 按住“Z”键可临时使用缩放显示工具，或是选择“缩放”工具（ ），单击可查看图标及其上的文本框架。本实例中使用 150% 缩放比。

4. 选择“文字”>“显示隐藏字符”，可查看文本中的空格和换行符。这有助于定位希望内嵌的框架。

> **ID** 注意：当置入内嵌图片时，并不需隐藏字符，这里只是为了识别文本的结构。

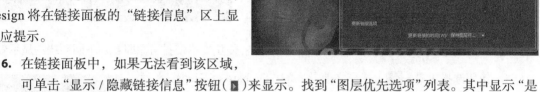

5. 按住 Shift 键，并拖曳图标右上角旁边的绿色小方块，回到下方的单词 "streets"。按住 Shift 键在两段文本之间创建行间图片。请注意当插入图片时，图片之后的文本将重排。

现在使用"段前间距"选项为图片和环绕的文本创建间距。

6. 选择文字工具（ T ），然后单击行间图片的右侧放置文本插入点。

7. 单击控制面板上的"字符格式控制"按钮（ ¶ ）。在"段前间距"选项（ ） 中单击"上箭头"按钮，将值修改为"0p4"。在增加该值时，内嵌图片框和下方的文本也在慢慢地拉大距离。

8. 选择"文件">"存储"，保存当前工作。

10.9.3　为内嵌图片框架添加文本环绕

用户可十分容易地为内嵌图片框架添加文本环绕，使用文本绕排可立即看到不同环绕的显示效果。

1. 使用选择工具（ ），选择之前导入的"Orchard of Kings"图标。

2. 按下 Shift+Ctrl（Windows）或 Shift+Command（Mac OS），并向右上拖曳图片框右上侧的控点，直到将大约有 25% 的图片嵌入第 2 分栏。该组合键可保证成比例地调整图片和框架的尺寸。

3. 选择"窗口">"文本绕排"打开文本绕排面板。即使已内嵌了图片，该图片还是显示在文本的下方。

4. 在文本绕排面板上，选择"沿对象形状绕排"（ ）来添加文本绕排。

5. 单击"上位移"选项（ ）的"上箭头"按钮，将值修改为"1p0"，增加图片边框与文本的距离。

文本还可按照图片形状而不是边框形状环绕图片。

6. 为看得更清楚，可单击粘贴板全部取消选择对象，然后单击"Orchard of Kings"图标。按下斜杠键（ / ），应用无填充颜色。

7. 在文本绕排面板中，从"类型"下拉菜单中选择"检测边缘"。由于该图片为矢量图形，文本绕排将紧靠文本边缘。

8. 为更清楚地查看文档，可单击粘贴板取消选择图片，然后选择"文字">"不显示隐藏字符"，隐藏不必要的段落换行和空格。

9. 使用选择工具（ ），再次选择"Orchard of Kings"图标。

10. 在文本绕排面板中，从"绕排到"下拉菜单中选择下列选项：

- "右侧"。文字将移至图片的右侧，并避开图片下方的区域，即使该区域有空间显示文本绕排的下边界。

- "右侧和左侧"。图片四周都可放置文本。应注意在文本绕排边界的文本区域出现了一些间隙。

- "最大区域"。文本移动至文本绕排边界的空间较大的一侧。

11. 也可选择直接选择工具（），然后单击图片查看用于文本绕排的锚点。使用"检测边缘"轮廓选项时，用户可手动调整锚点，通过单击锚点或拖曳可重定义文本绕排。

12. 关闭文本绕排面板。

13. 选择"文件" > "存储"。

10.9.4 导入 Illustrator 文件

InDesign 会充分利用矢量图提供圆滑边缘的优势，例如 Adobe Illustrator 的矢量图。当使用高质量显示时，矢量图和文本在任意的缩放比例下都能显示圆滑的线条。大部分矢量图不需要剪切路径，这是因为大部分应用程序制作矢量图时就使用了透明背景。本章中，在 InDesign 文档中插入 Illustrator 图片。

1. 在图层面板中，选择"Graphics"图层。选择"编辑" > "全部取消选择"，确保没有选中任何对象。

2. 选择"视图" > "使跨页适合窗口"，以便看到整个跨页。

3. 选择"文件" > "置入"，然后双击 Lesson10 文件中的"10_e.ai"。请确保没有选择"显示导入选项"，单击"打开"按钮。

4. 使用载入图片（）图标单击页面 5 的左上角，将 Illustrator 文件添加到页面，再将其移到下图所示的位置。Illustrator 创建的图片在对象周围区域默认为透明。

5. 选择"文件" > "存储"来保存所做的工作。

10.9.5 导入带图层的 Illustrator 文件

可导入包含图层的 Illustrator 本地文件，并控制图层的可视性，移动图片位置，但无法编辑路径、对象或文本。

1. 单击粘贴板，全部取消选择对象。

2. 选择"文件" > "置入"在"置入"对话框的左下角，选择"显示导入选项"。选择文件"10_n.ai"，然后单击"打开"按钮。由于选择了"显示导入选项"，将出现"置入 PDF"对话框。

3. 在该对话框中，确保已选择"显示预览"。在"常规"选项卡中，从"裁切到"下拉菜单中选择"定界框（所有图层）"，并确保选择了"透明背景"。

4. 单击"图层"选项卡，以查看图层。该文本包含 3 个图层：包含树木的背景图片（Layer3）、英文文本图层（English title）以及西班牙语文本图层（Spanish title）。

虽然可以指定导入哪些图层，但是过小的预览区域很难看清效果。

5. 单击"确定"按钮选择图层并在版面中显示。

6. 使用载入图形图标（ ），将光标置于页面 5 的蓝色框的左侧。请注意不要将载入图形图标置于蓝色框中，这将把图片插入该框架。单击插入图片，然后使用选择工具（ ），并放置图片。

7. 使用缩放显示工具（ ）放大图片。

8. 保持选定图片，选择"对象">"对象图层选项"。如有需要可移动对话框，以便查看文档中的图片。

9. 选择"预览"，然后单击"English title"图层旁的眼形图标（ ），将该图层关闭。现在再单击"Spanish title"图层旁的空框，打开该图层。单击"确定"按钮，并单击粘贴板取消选择图片。

使用分层的 Illustrator 文件，使用户可以使用创意插图，而不需要为不同的变化创建多个文件。

10. 选择"文件">"存储"来保存所做的工作。

10.10 使用库管理对象

对象库可用来存储和管理常用的图片、文本和页面。对象库可以以文件形式存储在硬盘上。还能为对象库添加标尺参考线（网），绘制形状和编组图片。每个库都可作为一个独立的面板，如有需要还可编组进其他面板。用户可根据实际需要创建多个库，不同的库可针对不同的项目或客户。本节中，将导入已存储在库中的图片，然后创建自己的库。

1. 如果当前不在第 5 页，在文档窗口左下角页面编号中输入"5"，按下 Enter 键或 Return 键转至该页面。

2. 选择"视图">"使页面适合窗口"，可看到整个页面。

3. 选择"文件">"打开"；选择 Lesson10 文件下的 10_k.indl，然后单击"打开"按钮，可打开库文件。拖曳"10_k"库面板的右下角，以便查看面板上的所有项目。

4. 在"10_k"库面板上，选择"显示库子集"按钮（ ）。在"显示库子集"对话框中，在"参数"部分最后一个文本框中输入"tree"，单击"确定"按钮。此时将搜索出库中所有名称中包含"tree"的对象，经搜索发现了两个对象。

5. 在图层面板中，确保目标图层为"Graphics"层，打开链接面板。

6. 将"10_k"库面板上的"Tree.psd"拖曳至页面5上。此时该文件已添加至页面上。请注意该文件名是如何显示在链接面板上的。

7. 使用选择工具（），放置"Tree.psd"图片，使其左侧边缘对齐页面的左边缘，上下边缘对齐蓝色背景框的边缘。图片应居中显示在蓝色框中，因此框的右侧边缘应对齐蓝色背景框的右侧边缘。

> **注意**：将树木图片拖曳至页面上后，链接面板上会可能显示丢失链接图标（❓）或修改链接图标（⚠），这是由于该图是从硬盘的原位置导入的。为消除这些警告，可单击面板上的"更新链接"按钮，或单击"重新链接"按钮，并导览至Lesson10文件夹并选择文件"Tree.psd"。

创建库

现在将创建自己的库，并将文本和图片添加到库中。当向库中添加图片时，源文件并没有拷贝进库，InDesign只是建立了与源文件的链接。因此存储在库中的图片仍然需要原有的高分辨率文件才能显示和打印。

1. 选择"文件">"新建">"库"。将库名称设置为"CD Projects"，并保存至文件夹Lesson10中。此时该库面板显示在之前打开的库面板的面板组中。

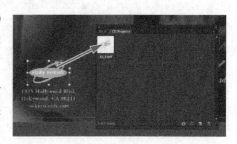

2. 导览至页面3，使用选择工具（），将"Ricky Records"图标拖曳至刚创建的库中。该图标已保存至库中，可用于其他InDesign文档。

使用片段

片段是一个文件，用于保存对象并描述对象在页面或跨页上彼此之间的相对位置。使用片段可方便地重用和放置页面对象。通过将对象保存进片段文件，可创建含有扩展名为.IDMS的片段（早期版本的InDesign使用的扩展名是.INDS）。在InDesign中插入片段文件时，可决定是将对象放置在原有位置还是在鼠标单击位置。还可将片段文件保存进对象库或是Adobe Bridge。

插入片段时，片段内容将保持它们的图层关系。当某片段包含资源定义，同时这些定义又出现在文档中，此时片段将使用文档中的资源定义。

在 InDesign 创建的片段无法在早期版本的 InDesign 中打开。

创建片段需进行下列操作之一：

- 使用选择工具，选择一个或多个对象，然后选择"文件">"导出"。从"保存类型"（Windows）或"存储格式"（Mac OS）菜单中，选择 InDesign Snippet。输入文件名并单击"保存"按钮。

- 使用选择工具，选择一个或多个对象，然后拖曳至桌面。此时已成功创建片段文件，重命名该文件。

- 从"结构"面板拖曳一个项目至桌面。

要添加片段至文档请按如下所述步骤操作。

1. 选择"文件">"置入"。

2. 选择一个或多个片段（.IDMS 或 .INDS）文件，单击"打开"按钮。

3. 在左上角希望导入片段文件的地方单击导入片段光标。

当在文本框架中放置插入点时，片段将作为定位对象插入文本。

插入片段后，其中所有对象都会保持选中状态。通过拖曳可调整所有对象的位置。

4. 如果导入了多个片段，滚动鼠标并单击可选择插入片段。

除了将对象插入至鼠标单击位置，还可以将这些对象插入到原有的位置。例如，如果文本框架在作为片段的一部分导出时出现在页面中间，再次插入片段时该文本框架将位于和之前相同的位置。

在"文件处理"首选项中，选择"置于原始位置"可保持对象在片段中的原有位置；选择"置于鼠标位置"，可将片段放置在鼠标单击位置。

—— InDesign 帮助

5. 在"CD Projects"库中，双击"Ricky Records"图标。在项名称中输入"Logo"，然后单击"确定"按钮。

6. 使用选择工具，将地址文本块拖曳进"CD Projects"库中。

7. 在"CD Projects"库中，双击"地址文本块"图标。在项目名称中输入"Address"，然后单击"确定"按钮。

现在的库包含文本和图片。对库进行修改后，InDesign 将立即保存修改。

8. 单击库面板组顶部的"关闭"按钮，关闭两个库面板，然后选择"文件">"存储"。

提示：如果使用 Alt- 拖曳（Windows）或 Option- 拖曳（Mac OS）将对象拖曳进库中，将出现"项信息"对话框，可为对象命名。

10.11 使用 Adobe Bridge 导入图片

Adobe Bridge 是一个独立应用程序，InDesign CC 用户可以使用。Adobe Bridge 是跨平台应用程序，可用来浏览本地和网络计算机的图片，并将其导入 InDesign 文档中。但这只是该程序众多功能的其中一项（如果用户没有 Bridge，可使用"插入"命令完成本节操作）。

1. 选择"文件">"在 Bridge 中浏览"，启动 Adobe Bridge。

在 Adobe Bridge 窗口左上角的"收藏夹"面板上列出了许多可使用 Adobe Bridge 浏览的位置。

2. 根据 Lesson10 文件夹所在的位置，进行如下操作之一：

* 如果本课程中用到的 Lesson10 文件夹存储于桌面，在"收藏夹"面板上单击"桌面"，可在 Adobe Bridge 中找到该文件夹，双击可打开查看里面的内容。

* 如果 Lesson10 放置于其他位置，可在"文件夹"面板上单击"我的电脑"（Windows）或"Computer"（Mac OS），然后单击文件夹左侧的三角，浏览该文件夹。单击文件夹图标，可在 Adobe Bridge 窗口中查看文件夹内容。

使用 Adobe Bridge 可查看图片缩略图

3. 利用 Adobe Bridge 可以很容易地浏览和重命名文件。单击"Leaf.psd"图片，然后单击文件名以选择文件名框。将文件重命名为"10_o.psd"，按 Enter 键或 Return 键确认修改。

4. 拖曳 Bridge 窗口右上角缩小窗口，移动窗口位置，以便查看文档的页面 4。将"10_o.psd"拖曳进 InDesign 文档。单击回到文档中，然后再次单击插入图片。

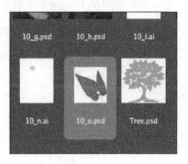

5. 使用选择工具（ ）将叶子图片放置在页面 4 左上角的紫色框
   上方。

6. 打开图层面板。图片的高亮绿色边框表明该图片已自动放置在
   了 "Graphics" 图片层。如果图片没有位于 "Graphics" 图层，
   可拖曳面板右侧的小方块至 "Graphics" 图层。

将图片导入 InDesign 后，就可利用 Adobe Bridge 和 Adobe InDesign
之间的集成关系，轻松地浏览和访问源文件。

7. 选择链接面板上的 "10_j.psd" 文件。然后右键单击（Windows）
   或 Control- 单击（Mac OS）链接，并从上下文菜单，选择 "在 Bridge 中查看"。

该操作可从 InDesign 切换到 Adobe Bridge 并选择 "10_j.psd" 文件。

8. 回到 InDesign 并保存文件。

恭喜！通过导入、更新和管理不同格式的文件，已经制作好一个 CD 封套。

10.12　练习

我们已完成了一些导入图片的练习，请用户自己完成下面的练习！

1. 在"置入"对话框中选择"显示导入选项",插入不同的文件格式,并观察每种格式的文件会出现哪些选项。如果需要了解所有选项的具体解释,请参阅 InDesign 帮助。

2. 使用多页 PDF 文件,并选择"置入"对话框中的"显示导入选项",导入多页的 PDF 文件和 Adobe Illustrator(.ai)文件,可从 PDF 中导入不同的页面,或从 Illustrator 文件中导入不同的原图。

3. 创建一个包含文本和图片的库。

复习题

1. 如何才能确定导入图片的文件名?

2. "剪切路径"中的"文本"菜单有哪四种选项,哪些是导入图片必须包含的选项?

3. 更新文件链接和重链接文件有何区别?

4. 何时可用更新图片版本?如何确保文档中的图片为最新版本。

复习题答案

1. 选择图片,然后选择"窗口">"链接"可在链接面板上查看图片名称是否高亮显示。出现在链接面板上的图片,可能是通过选择"文件">"置入"或是直接从资源管理器(Windows)、Finder(Mac OS)、Bridge 或 Mini-Bridge 拖曳进文档中。

2. 使用下列方式可利用"剪切路径"对话框从导入图片中创建剪切路径:

   • 当图片包含纯白色或纯黑色背景时,可使用"检测边缘"。

   • 当图片包含一个或多个 alpha 通道时,可选择"alpha 通道"选项。

   • 当 Photoshop 文件包含一个或多个路径时,可使用"Photoshop 路径"选项。

   • 如果修改了选定的剪切路径,使用出现的"用户修改路径"选项。

3. 使用链接面板更新屏幕上的图形表示,从而更新文件链接,轻松地更新图片。"重新链接"是使用"插入"命令插入另一张图片替换选定的图片。如果需要修改插入图片的所有导入选项,就必须替换该图片。

4. 在链接面板上,确保没有提示图标。如果出现提示图标,可选择其链接,并单击"更新链接"按钮。如果该文件已移动到其他地方,可使用"重新连接"按钮重新浏览定位。

第11课 创建表格

课程概述

本课程中，读者将学习如何进行下列操作：

- 将文本转换为表格，从其他应用程序中导入表格，从头创建表格。

- 修改表格的行数和列数。

- 调整表格行和列的尺寸。

- 使用描边和填色设置表格格式。

- 为长表格指定套用表头行和表尾行。

- 在表格单元格中导入图片。

- 创建和应用表样式和单元格样式。

 完成本课程大约需要 45 分钟。

Perfect Personal Pizza

Mark your preferences and write in any additional ingredients.
Hand this to your server.

CRUST (CIRCLE ONE): THIN REGULAR DEEP DISH			
INGREDIENT	LEFT SIDE	ENTIRE PIZZA	RIGHT SIDE
Pepperoni			
Ham			
Sausage 🌶			
Bacon			
Olives			
Green Peppers			
Jalapeños 🌶			
Mushrooms			
Pineapple			

Pizzas are all large and cut into eight slices.
Deep Dish pizzas take an extra 15 minutes to cook.

使用 InDesign，可方便地创建表格、将文本转换为表格，或从其他应用程序中导入表格。它具有丰富的表格格式选项，包括表头、表尾以及交替显示行和列，可存为表格样式和单元格样式。

11.1 概述

本课程中，将制作一个虚构的比萨订货单，该订货单应该美观、易用并方便修改。我们将把文本转换为表格，然后使用表菜单和表面板选项设置表格格式。当表格跨多个页面时，将自动重复套用标题行。最后，还将创建表样式和单元格样式，以便快速和统一地应用到其他表格。

> **ID** | **注意**：如果还未从配套光盘中复制本课程的资源文件，请现在复制。

1. 为确保用户的 Adobe InDesign 程序的首选项和默认设置符合本课程的要求，请先按照前言中的步骤将 InDesign Defaults 文件移动到其他文件夹。

2. 启动 Adobe InDesign。为确保面板和菜单命令符合本课程要求，请依次选择"窗口"＞"工作区"＞"[高级]"，然后再选择"窗口"＞"工作区"＞"重置高级"。

3. 选择"文件"＞"打开"，然后选择已下载到硬盘上的 InDesignCIB 中的课程文件夹，打开 Lesson11 文件夹中的"11_Start.indd"文件。

4. 选择"文件"＞"存储为"，将文件名修改为"11_Tables.indd"，并保存至 Lesson11 文件夹中。

5. 在同一文件夹中打开"11_End.indd"文件，可查看完成后的文档效果。也可以保持打开该文档，以作为操作的参考。若已经准备就绪，可单击文档左上角的"11_Tables.indd"标签显示操作文档。

11.2 将文本转换为表格

表格是由许多行和列的单元格组成的网格。通常用于表格的文本以"制表符分隔"的形式存在，其中列由制表符分开，行由段落换行符分开。本实例中，客户从电子邮件中收取由比萨制作者发出的订单信息，并粘贴到文档中。我们将选择这些文本并转换为表格。

> **ID** | **提示**：将使用文字工具创建所有表、设置格式以及编辑等任务。

1. 由于"隐藏字符"（文本菜单）已显示出来，可以看到列由制表符（≫）分隔，而行由段落换行（¶）分隔。

2. 使用文字工具（ T ），选择从"INGREDIENT"到"Onions"的文本内容，包括最后的段落换行符。

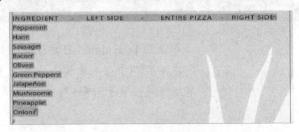

ID 注意：本课程的操作过程中，可根据显示和视图需要调整显示尺寸。

3. 选择"表格">"将文本转换为表"。

在"将文本转换为表"对话框中，需要为选定的文本制定当前分隔方式。

4. 从"列分隔符"菜单中选择"制表符"。从"行分隔符"菜单中，选择"段落"。单击"确定"按钮。

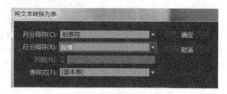

新的表格将自动定位在之前包含该文本的文本框中。InDesign 中，表格总是定位在文本中的。

5. 选择"文件">"存储"。

ID 提示：如果在文档中已经创建了表格样式，可在转换文本时使用。

导入表格

InDesign 还能从其他应用程序中导入表格，包括 Microsoft Word 和 Microsoft Excel。插入表格时，可创建与外部文件之间的链接。如果更新或修改了 Word 和 Excel 文件，可使用链接轻松地更新相应的修改。

导入表格：

1. 使用文字工具（ T ），在文本框中单击。

2. 选择"文件">"置入"。

3. 在"置入"对话框中选择"显示导入选项"。

4. 选择一个包含有表格的 Word 文件（.doc 或 .docx）或 Excel 文件（.xls 或 .xlsx）

5. 单击"打开"按钮。

6. 使用"导入选项"对话框可指定如何处理 Word 中的表格信息。对于 Excel 文件，可指定导入某个工作表和单元格范围，以及如何处理设置。

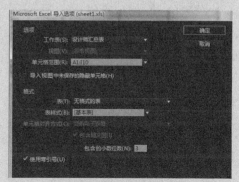

导入 Excel 电子表格的"导入选项"对话框

要在导入表格时创建链接，可进行以下操作：

1. 选择"编辑">"首选项">"文件处理"

（Windows）或 "InDesign" > "首选项" > "文件处理"（Mac OS）。

2. 在 "链接" 区中，选择 "插入文本和表格文件时创建链接"，并单击 "确定" 按钮。

3. 如果对源文件中的数据进行了修改，使用链接面板可更新 InDesign 文档中的表格内容。

请注意更新 Excel 文件时，InDesign 将保持应用的表格格式，InDesign 表格中所有的单元格都应使用表样式和单元格样式进行设置。更新链接时必须重新应用表头行和表尾行。

11.3　设置表格格式

表格的边框是整个表格的外边框。单元格边框是表格内部单独单元格的边框。InDesign 包含很多易用的表格格式设置选项。使用这些选项可使表格美观易读。本节中，将操作添加和删除行、合并单元格、指定描边和填色。

11.3.1　添加和删除行

用户可在选定行的上方或下方添加行，同样也可删除选定行的上一行和下一行。添加和删除列的控件与添加删除行的控件类似。现在，将为表格顶部添加一行作为标题行，然后删除底部多余的行。

ID | 提示：若需删除选定的多行，可将文字工具移动至表格左侧边缘，显示箭头时拖曳选择多行。若需删除选择的多列，可将文字工具移动至表格上侧边缘，显示箭头时拖曳选择多列。

1. 使用文字工具（**T**），单击选定表格的第一行。

2. 选择 "表" > "插入" > "行"。

3. 在 "插入行" 对话框的 "行数" 中输入 "1"，并单击 "上"，再单击 "确定" 按钮添加行。

4. 单击表格中空白的最后一行。

5. 选择 "表" > "删除" > "行"。

6. 选择 "文件" > "存储"。

11.3.2　合并和调整单元格

用户可将相邻的单元格合并成一个单元格。现在将合并第一行上的单元格，使得表头可跨表格。

1. 使用文字工具（**T**），单击该行的第一个单元格，并拖曳选择该行的所有的单元格。

2. 选择"表">"合并单元格"。

3. 单击新建较宽的单元格，输入"CRUST（CIRCLE ONE）"：THIN REGULAR DEEP DISH"。在 THIN 和 REGULAR 之后，可以在全角空格的情况下按 Ctrl+Shift+M（Windows 系统）或者 Command+Shift+M（Mac OS）对 3 种不同类型的比萨进行分割。

4. 在控制面板中，选择字符格式控制图标（　　）。

5. 拖动选择的文本"CRUST"（CIRCLE ONE）:并从文本类型目录中选择粗体。

6. 如图所示，在描边的第一行下，当定位文字工具双箭头图标（ ↕ ）显示，向下拖动，使该行稍微高一点。

> **ID** 注意：本课程中将尝试以不同方式调整行和列尺寸，以及选择表格。熟悉表格的各式操作后，便可得心应手地利用这些选项。

11.3.3 增加描边和填色图案

要定制表格，可以设置其边框。此外，还可以为整个表格填充颜色，同时为行或列填充图案。例如，可以应用一个填充颜色到其他行或每三列，可以对表进行描边来创建一个边界，并指定填充其他行。

> **ID** 注意：另一种方法是选择整个表格，在表中的任意位置单击文字工具，然后选择"表">"选择">"表"。

1. 使用文字文具（　），将鼠标指针移动到表的左上角。使鼠标指针显示为一个对角的箭头（ ↘ ）（选择时，如果难以出现斜箭头，可以进行放大显示）再单击一次，选定整个表格。

2. 选择菜单"表">"表选项">"表设置"，打开选项对话框。

3. 在"表设置"选项卡中的"表外框"部分，从"粗细"下拉菜单中选择"0.5"。

4. 从"颜色"菜单中，选择"砖红色"，调色参数为"C= 30，M =100，Y =97，K=39"。

5. 在该对话框的顶部，单击"填色"选项卡。设置以下选项：

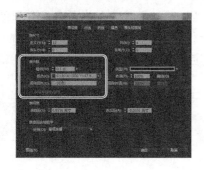
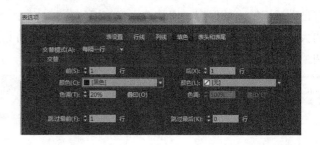

- 从"交替模式"下拉列表中，选择"每隔一行"

- 从左边的"颜色"下拉列表中，选择"绿色"，色板参数为 C=60，M=35，Y=100，K=20。

- 设置"色调"为 20%。确认右侧"颜色"菜单设置为"[无]"。

- 在文本框"跳过最前"中键入"2"，以便从第 3 行开始交替变换颜色（前两行是表头行）。

6. 单击"确定"。选择"编辑">"全部取消选择"，查看结果。

7. 选择"文件">"存储"。

现在，每隔一行就使用了浅绿色背景。

CRUST (CIRCLE ONE): THIN — REGULAR — DEEP DISH			
INGREDIENT	LEFT SIDE	ENTIRE PIZZA	RIGHT SIDE
Pepperoni			
Ham			
Sausage			

11.3.4 编辑单元格描边

单元格描边是各个单元格的边框。读者可能想编辑默认的黑色描边，或将描边删除。在本节中，将修改单元格描边边框，使其与新的表格边框匹配。。

1. 使用文字文具（T），将鼠标指针移动到表的左上角直到它变成一个斜箭头（↘），然后单击以选择整个表格。

> **ID** 提示：在"单元格选项"对话框中选择"预览"，并尝试在类型菜单和各种色调中进行不同的选择，以实现对选定单元格进行各种不同的描边。

2. 选择"表">"单元格选项>描边和填色"。

3. 在"单元描边"区域的对话框中，在"粗细"选项键入"0.5"。

4. 从"颜色"菜单中，选择"砖红色"，色板参数为 C= 30，M =100，Y =97，K=39。

5. 单击"确定"，然后选择"编辑">"全部取消选择"，以看到格式化的结果

6. 选择"文件">"存储"。

11.3.5 调整行高和列宽

默认情况下，表单元格垂直扩展以适合其内容大小，所以，如果继续在单元格内输入文字，它将自动适应输入的内容。但是，用户也可以指定一个固定行高或在 InDesign 中创建表内的列或行的大小，使表格大小与设置相等。在这个练习中，将指定一个固定的行高，在行内输入文本，并调整列的宽度。

> **ID** 提示：在对表操作时，控制面板也提供了表的许多格式选项。

1. 使用文字工具（），在表中单击，并选择"表">"选择">"表"。

2. 选择"窗口">"文字和表">"表"，打开表格面板。

3. 在表格面板中，在行高选项（）选择"实际大小"，然后在菜单右侧的框中键入"0.5in"。按 Enter 键或 Return 键。

4. 保持选择表格，单击表格面板中的居中对齐。

这将垂直居中每个单元格中的文本

5. 在表中的任意位置单击，取消选中单元格。

6. 使用文字工具，指向两列之间的垂直边框。当双箭头图标（↔）出现时，鼠标向左或向右拖动来调整列大小。

7. 选择"编辑">"还原调整列宽"。

8. 再次选择整个表格，并选择"表">"均匀分布列"。

9. 选择"编辑">"全部取消选择"，然后选择"文件">"存储"。

ID 提示：拖动两列之间的单元格边界将改变的列大小并移动其余各列（根据用户是否增加或减少的列大小）。为了保持整体表格宽度，当拖动单元格边界时，按住 Shift 键，然后拖动边界。在表的大小未被改变的情况下，相邻列的边界的进行大小的调整。

11.4 创建一个表头行

表的名称和列标题格式往往凸显于该表的其余部分。要实现这一点，可以选择并格式化单元格包含的表头信息。如果表中含有多个页面，这个表头信息就会重复。在 InDesign，可以指定表头和表尾行，使其到下一栏、下一框架或下一页面重复出现。下面将设置表前两行的格式——它通常含有表头和列标题——并指定它们作为重复的表头行。

1. 使用文字文具（），将指针移到第一行的左边缘它将显示为一个水平箭头（→）。

2. 单击选择整个第一行，然后拖动以包括第二行。

3. 选择"表格">"单元格选项">"描边和填色"。

4. 在"单元格填色部分"，从"颜色"下拉菜单中选择"绿色"，色板参数为 C= 60，M=35，Y=100，K = 20。

5. 在"色调"框中，键入"50"，然后单击"确定"按钮。

6. 当两行处于选中状态时，选择"表">"转换行">"制表头"。

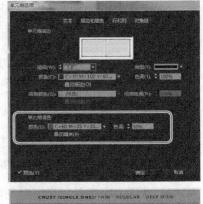

要看到的表头行的操作，可在这个表中添加行，使其串接第二页。要将项目添加成萨饼订单形式，可简单地将它们键入到表中，按 Tab 键可在各个单元格中跳转。

7. 在表最后一行单击 [使用文字工具]，并选择"表">"插入">"行"。

8. 在"插入行"对话框中的"数量"框中输入"15"，单击"确定"按钮。

9. 选择"版面">"下一页"将看到第 2 页重复出现表格的表头行。导航跳转到该文档的第 1 页。

> **ID** 提示：编辑一个表头行文本时，文本会自动在其他实例的标题行进行更新。只能在原来的标题行中编辑文本；而其他实例将被锁定，不能进行编辑。

> **ID** 提示：要规定表头和表尾何时重复出现可利用表选项对话框的表头和表尾选项卡。

用户可能会注意到，交替填色模式设置后，行开始于表头行之后。结果，现在有两个透明的表头行，但实际只想要一个。因此接下来，应该将调整填充图案开始于该模式的第一透明行。

10. 使用文字工具，单击表格以"Pepperoni"开头的第一行。

11. 选择"表格">"表选项">"交替填色"。在"跳过最前"框键入"1"，然后单击"确定"按钮。

12. 选择"文件">"存储"。

11.5 在表格单元中加入图形

使用 InDesign 可结合文字、图片和插图来创建表格。由于表格的单元格基本上都是小的文本框，添加图形将挂靠到单元格的文本流中。挂靠在单元格中的图形可能会导致文本溢出，溢出将在单元格中用红点表示。为了解决这个问题，无需拖动单元格边框来调整单元格大小。在下面的练习中，将添加爆竹图标到单元格中。

1. 如有需要，可选择"视图">"使页面适合窗口"。注意爆竹图标在粘贴板的左边。

2. 利用"选择"工具（⬚），粘贴板上选择鞭炮图标。

3. 选择"编辑">"复制"。

> **ID** 提示：可以通过按住 Ctrl 键（Windows 系统）或 Command 键（Mac OS）键，暂时从文字工具切换到选择工具。

4. 选择文字工具或双击表格内部自动切换到文字工具。

5. 在表的第 1 列，"INGREDIENT"下方第 3 行的"Sausage"旁边单击。

6. 在"Sausage"后面按空格键，加一个空格，然后选择"编辑">"粘贴"。

7. 在"INGREDIENT"列正下方的"Jalapeños"后单击文字工具。

8. 按空格键，然后选择"编辑">"粘贴"再次插入图标。

除了在文本中插入点，粘贴图形，也可以选择"文件">"置入"将图形文件导入，同时将它放在一个表格单元格内。

9. 使用选择工具，在粘贴板上单击爆竹图标，选择"编辑">"清除"。

10. 选择"文件">"存储"。

11.6 创建和应用表样式和单元格样式

为快速连续地套用表样式到表格中，可以创建表样式和单元格样式。表格样式适用于整个表格，而单元格样式可应用到选定的单元格或行和列。在这里，将创建一个表样式和一个单元格样式，样式可以很快应用到其他类型的表单。

11.6.1 创建表格和单元格样式

在此练习中，将创建一个表样式作为表格模板，并为表头行创建一个单元格样式。用户将基于表格模板简单地创建一种样式，而非在模板中指定一种样式。

1. 使用文字工具（T），单击表中的任何地方。

2. 选择"窗口">"样式">"表样式"。

3. 在表样式面板菜单中，选择"新建表格样式"。

4. 在"样式名称"框中，输入"Menu Table"。在左边的列表中，单击"表设置"，根据选定的表设置表格边框选项。

5. 单击"确定"按钮。在表样式面板中将出现新的样式。

6. 使用文字工具，单击表头行中的任何地方。

7. 选择"窗口">"样式">"单元格样式"。

8. 在单元格样式面板菜单中，选择"新建单元格样式"。

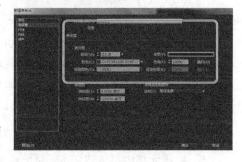

9. 在"样式名称"中输入"Header Rows"。

现在，将为单元格中的文本和表头行指定一个不同的文字段落样式。

10. 从"段落样式"下拉菜单中，选择"Table Header"。这时段落样式已经应用到表头行中的文本。

11. 单击"确定"按钮。

12. 选择"文件">"存储"。

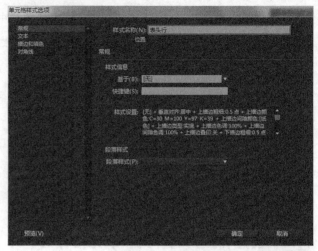

11.6.2 应用表格和单元格样式

现在，可以应用样式到表格中了。只需编辑表或单元格样式，就能使表格模板产生全局变化。

1. 使用文字工具（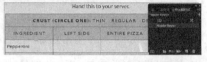），单击表中的任何地方。

2. 在表格样式面板中单击"表格菜单"。

3. 使用文字工具，拖动以选择表头行（前两行）。

4. 在单元格样式面板中选择"表头行"。

5. 选择"视图">"使页面适应窗口"，然后选择"文件">"存储"。

最后，可以在当前状态预览表单形式。还可以在此表中添加其他元素。

在工具面板的底部，单击"预览"查看最终的表格。

恭喜! 您已经完成了此练习。

11.7 练习

现在,已经熟悉了 InDesign 中的工作表基本知识,还可以尝试与其他技术一起应用以构建表格。

1. 首先，新建文档，页面大小和其他规格没有限制。要创建一个新表，可拖动文字工具（T）来创建一个文本框。然后选择"表">"插入表格"，并输入所要建的表的行和列的数目。

2. 确保插入点在第一个单元格，然后键入想要在表中输入的信息。使用键盘上的方向键在单元格进行移动。

3. 将文字工具置于表中一列的右边缘,使鼠标指针变为双箭头图标（↔）,并开始向右侧拖曳,从而添加一列。按住 Alt 键（Windows 系统）或 Option（Mac OSMac OS），向右拖动一小段距离，大概半英寸。松开鼠标按钮时，会出现一个新的列（拖动的距离即为列的宽度）。

4. 将表格转换为文本，选择"表">"将转换表为文本"。标签可分隔以前的列，段落换行符可以分隔行。用户可修改这些选项。同样，也可以将标签文本转换为表格，选定文本然后选择"表">"将文本转换为表"。

5. 在单元格内要旋转文本，可单击文字工具，将插入点放入单元格中。选择"窗口"<"文字和表"<"表格"。在表面板中，选择"直排"（↵）选项，然后键入想要的文字在此单元格中。

复习题

1. 与输入文字并使用制表符将各列分开相比，使用表格有什么优点？

2. 什么情况下单元格可能溢流？

3. 处理表格时，什么工具最常用？

复习题答案

1. 表具有更多的灵活性且格式化起来更容易。在表格中，文本可在单元格中换行，无需添加额外的行，单元格就能容纳很多字。此外，还可以指定样式（包括字符样式和段落样式）到选定的单元格、行或列，因为每个单元格的功能就像一个单独的文本框。

2. 当单元格无法容纳其内容时将发生溢流。仅当明确指定了单元格的高度和宽度时才会发生溢流。否则，当输入文本在单元格中时，文本将在单元格中换行，而单元格将沿垂直方向扩大以容纳所有文本。在一个已限定大小的单元格中插入图形，单元格将也会沿垂直方向扩大，但水平方向不会发生改变，所以列宽会保持不变。

3. 在表格上进行操作时，必须选择文字文具。可以使用其他工具来操作单元格内的图形。但要处理单元格本身，如选择行或列、插入文字或图形、调整表格尺寸等，将用到文字工具。

第12课 处理透明度

课程概述

本课程中，您将学习如何进行下列操作：

- 给导入的黑白图像着色。

- 修改 InDesign 中绘制图像的不透明度。

- 为导入的图像设置透明度。

- 为文本设置透明度。

- 为重叠对象应用混合模式。

- 为对象应用羽化效果。

- 在对象上应用多种效果。

- 编辑和删除效果。

 完成本课程大约需要 45 分钟。

  Adobe 公司的 InDesign CC 提供了一系列透明度功能，用以满足用户的想象力和创造力。这包括控制不透明度、效果和颜色混合。还可以导入使用透明度和应用其他透明效果的文件。

12.1　概述

这一课的项目是为一个虚构餐厅 Bistro Nouveaus 设计菜单封面。通过应用透明度效果和使用一系列图层，创建出一个视觉效果丰富的设计。

ID　注意：如果还未从配套光盘中复制本课程的资源文件，请现在复制。

1. 为确保用户的 Adobe InDesign 程序的首选项和默认设置符合本课程的要求，请先按照前言中的步骤将 InDesign Defaults 文件移动到其他文件夹。

2. 启动 Adobe InDesign。为确保面板和菜单命令符合本课程要求，请依次选择"窗口">"工作区">"[高级]"，然后再选择"窗口">"工作区">"重置'高级'"。开始工作之前，应先打开已部分完成的 InDesign 文档。

3. 选择"文件">"打开"，然后选择已下载到硬盘上的 InDesignCIB 中的课程文件夹，打开 Lesson12 文件夹中的 12_a_Start.indd 文件。

4. 选择"文件">"存储为"，将文件名修改为"12_Menu.indd"，并保存至 Lesson12 文件夹中。

由于目前所有的层都隐藏着，菜单显示为一个长空白页。在这一课，将一个一个地打开所需图层，以便能将注意力集中到那些特定的对象和任务。

5. 在 Lesson12 件夹中打开"12_b_End.indd"，可查看完成后的文档效果。

6. 当准备开始工作，可关闭 12_b_End.indd 的文件或保持打开，以供后面的工作参考。然后从"窗口"菜单单击"12_Menu.indd"，或单击文档窗口左上角的标签，返回到所选择的课程文件。

12.2　导入黑白图像并为其着色

从餐厅菜单的背景层开始工作。该层将充当纹理的背景将透过它上面带透明度设置的对象显示出来。通过应用透明效果，可以创建透视对象，可以看见它下面的对象。

由于"Background"图层位于最下面，所以对该图层可以不用应用任何透明效果。

1. 选择"窗口">"图层"，打开图层面板。

2. 在图层面板向下滚动，找到并选择位于最下面的图层"Background"。用户将置入图像到该层上。

3. 确保图层名称左侧的两个选框显示该层是可见的（显示眼睛图标 👁 ）且没有锁定的（图层锁定图标 🔒 不出现）。图层名称右侧的钢笔图标（ ✒ ），表示导入的对象和新建的框架将放在该图层中。

4. 选择"视图">"网格和参考线">"显示参考线"。用户将使用页面上的参考线对齐导入的背景图像。

5. 选择"文件">"置入",然后打开 Lesson12 文件夹中的 12_c.tif 的文件。这是个灰度 TIFF 文件。

6. 将载入图形图标（　）指向页面左上角的外部，然后单击红色出血参考线交点，这样置入的图像占满整个页面，包括页边距和出血区域。选中图形框架。

7. 选择"窗口">"颜色">"色板",使用色板面版为图像上色,首先调整所需要的色彩。

8. 在色板面板中,选择"填色"（　）。向下滚动色板列表,找到"Light Green",并选择它。单击色板面板顶部的"色调"下拉列表,并拖动滑块到 76%。

现在图像的白色区域为色调 76% 的绿色,但图形的灰色区域仍保持不变。

ID 提示：*也可以在工具面板的底部，选择"填色"。*

---

9. 使用选择工具（　）,将鼠标指针移到在内容抓取器内的中心区域。当手形鼠标（　）出现时,单击以选中框架内的图形,然后在色板面板中选择"Light Green"。用"Light Green"替换图像中的灰色,但色调为 76% 的区域不变。

应用一个填充颜色和色调到框架

应用颜色到图像

　　InDesign 可以应用颜色到灰度或位图图像,并保存为 PSD、TIFF、BMP 或 JPEG 格式。如果在图形框架内选择图形并应用一种填充颜色,颜色将应用到图像的灰色部分,而不是框架背景。正如在步骤 8 中,当时该框架已被选中。

10. 在图层面板中，单击图层"Background"名称左侧的空选框锁定该层。让图层"Background"可见，以便能看到设置其他图层透明度的结果。

11. 选择"文件">"存储"进行保存。

刚刚学习了一个为灰度图像着色的快捷方法。虽然这种方法可以很好地用于合成图层，但对于创建最终的作品而言，Adobe Photoshop 的颜色控制功能更加有效。

12.3 设置透明度

InDesign Creative Cloud 拥有很多的透明度控件。例如，通过降低对象、文本或导入的图形的不透明度，让下面原本不可见的对象显示出来。诸如混合模式、投影、边缘羽化、发光及斜面和浮雕特效等透明度功能提供了大量的选项，让用户能够创建特殊的视觉效果。本课后面将介绍这些功能。

在本节中，将练习为餐厅菜单的每个图层使用各种透明度选项。

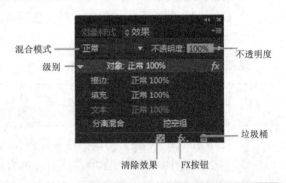

12.3.1 效果面板简介

使用效果面板（"窗口">"效果"）可指定对象的不透明度和混合模式、对特定组执行分离混合、挖空组中对象或应用透明度效果。

效果面板概述

混合模式——指定如何混合重叠对象的颜色。

级别——指出有关"对象"、"描边"、"填色"和"文本"的不透明度设置，以及是否已应用了透明度效果。单击"对象"左边的三角形（或"组"或"图形"）交替隐藏和显示这些级别的设置。某级别应用透明度效果后，该级别显示 FX 图标，双击"FX"图标可编辑设置。

清除效果——清除一个对象效果（描边、填色或文本），设置混合模式为"正常"，对整个选定对象设置不透明度为 100%。

FX 按钮——显示关于透明效果的列表。

垃圾桶——对一个对象去除效果，但不能使混合模式或不透明度。

不透明度——降低对象的不透明度值，使对象变得越来越透明，底层对象变得越来越明显。

分离混合——应用一种混合模式到选定的一组对象，但不会影响不属于该层的底层对象。

挖空组——使组中每个对象的不透明度和混合属性挖空或遮蔽组中的底层对象。

12.3.2　修改纯色对象的不透明度

在完整的图像背景下，就可以开始对该层上面的对象运用透明度效果。首先处理一系列在 InDesign Creative Cloud 中绘制的简单形状。

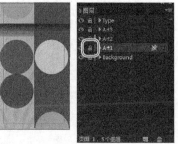

1. 在图层面板中，选择"Art1"图层，使之成为活动图层，单击锁定图标（🔒），可以解锁该图层。单击"Art1"图层的名称左边的图标，这样就会出现眼睛图标（👁），表明该层是可见的。

2. 使用选择工具（▸），单击右边色板中的 Yellow/Green 填充圆圈，在 InDesign 中绘制实心填充的椭圆框架。

ID | **注意**：通过颜色色板对对象进行填充，并为这些对象进行命名。如果色板没有打开，选择"窗口"＞"色板"来打开它。

3. 选择"窗口"＞"效果"来显示面板。

4. 在效果面板，单击右侧不透明度百分比的箭头，将打开不透明度滑块。将滑块拖动到 70%。或者在不透明度框中输入 70%，然后按 Enter 键或 Return 键。

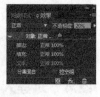

在改变 Yellow/Green 圆圈的不透明度后，它就变成半透明的，得到的 Yellow/Green 圆圈和覆盖页面右半部分的浅紫色矩形组成混合色。

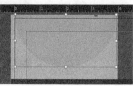
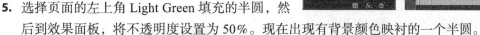

5. 选择页面的左上角 Light Green 填充的半圆，然后到效果面板，将不透明度设置为 50%。现在出现有背景颜色映衬的一个半圆。

6. 重复步骤 5，对 Art1 层中剩余的圆使用以下设置来修改其他圆的不透明度：

   • 用 Medinm Green 填充左侧中间的圆部分，不透明度 =60%。

   • 用 Light Purple 填充左侧底部的圆，不透明度 =70%。

   • 用 Light Green 填充右侧底部的半圆，不透明度 =50%。

7. 选择"文件"＞"存储"，保存所做的工作。

12.3.3　应用混合模式

修改对象的不透明度后，将得到当前对象颜色及其下面的对象颜色组合得到的颜色。混合模式提供了另一种指定不同图层中的对象如何交互的方式。

在此过程中，对以下 3 个对象使用混合模式。

1. 使用选择工具（🔨），选择页面右侧使用 Yellow/Green 填充的圆。

2. 在效果面板中，从"混合模式"菜单中选择"叠加"。请注意颜色的变化。

　　　　70%的不透明度　　　　　　　　　　　不透明度和混合模式

3. 选择 Light Green 填充的页面右下角的半圆，然后按住 Shift 键并选择 Light Green 填充的页面左上角的半圆。

4. 在效果面板，在"混合模式"菜单中选择"叠加"。

5. 选择"文件" > "存储"。

如果想获得不同的混合模式的更多信息，请参阅在 InDesign "指定颜色混合"的帮助。

12.4　对导入的矢量图和位图图形应用透明效果

前面对 InDesign 绘制的对象应用各种透明度设置。此外还可以对导入图形，更改不透明度值和混合模式并与其他应用程序（如 Adobe Illustrator 和 Adobe Photoshop）一起使用。

12.4.1　对矢量图应用透明度

1. 在图层面板中，解锁 Art2 层，使其可见。

2. 在工具面板中，确保选中选择工具（🔨）。

3. 在页面的左侧，选择包含黑色螺旋图像的框架，单击框架，鼠标箭头指针会变成（🔨）。当出现手形指针时 [🖐]，不要单击框架中的内容，否则会选择图形，而不是框架。这个框架是在前面的中绿颜色的圆圈。

未运用混合模式和不透　　运用混合模式和不透明度的
明度的选定图像　　　　　　选定图像后

4. 保持黑色螺旋图像框架处于选中状态时，按住 Shift 键并单击以选择页面右侧的黑色螺旋图图像。这个框架是在前面的淡紫色的圆圈（确保选定的是图片框架，而不是图片）。两个螺旋图像都已选中。

5. 在效果面板中，在混合模式"菜单"中选择"颜色减淡"，并将不透明度设置为 30%。

接下来，将设置小鱼图像描边的混合模式。

6. 使用选择工具（ ），选择页面右侧的小鱼图像。确保鼠标指针显示的是箭头指针（ ），而不是手形指针（ ）。

7. 在效果面板，单击"对象"下面的"描边"，这样对混合模式或不透明度的设置将应用于所选对象的描边。

级别包括"对象"、"描边"、"填色"和"文本"，它指出了当前的不透明度设置、混合模式以及透明效果。单击"对象"（"组"或"图形"）左边的三角，可以隐藏或显示这些级别的设置。

8. 从"混合模式"菜单中选择"强光"。

9. 选择"编辑" > 全部取消选择，之后选择"文件" > "存储"。

12.4.2 对位图应用透明效果

下一步，将为导入的位图应用透明效果。虽然此示例使用的是一个单色图像，但在 InDesign 中也可以设置彩色照片的透明度。其方法与设置其他 InDesign 对象的不透明度相同。

1. 在图层面板中，选择"Art3"层。解锁这层并使其可见。可以隐藏或锁定"Art1"层或"Art2"层，使后面的操作更容易些。但确保至少一个底层可见，以便看到透明度相互作用的结果。

2. 使用选择工具（ ），选择页面右侧的黑色星爆图式像。

3. 然后在效果面板中，在不透明度处输入"70%"，然后按下 Enter 或 Return 键。

4. 将鼠标指针移动到星爆式图像的中间,当鼠标变为手形( )后单击一次,在框架内选择图形。

5. 在色板中，单击填充对话框（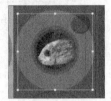），然后选择色板 Red，使红色替代了图像的黑色区域。

如果在 Art3 层下的其他层可见，星爆式图像将为橙色。如果没有其他层，星爆式图像将为红色。

6. 如果当前没有选择星爆式图像，通过单击重新选择。

7. 在效果面板，从"混合模式"中选择"滤色"，并将不透明度设置为
   100%。星爆改式图像将根据其下面可见的图层变颜色。

8. 选择"文件" > "存储"。

12.5　导入并调整使用了透明度设置的 Illustrator 文件

在 InDesign 中导入 Adobe Illustrator（.ai）文件时，InDesign Creative Cloud 会识别并保留在 Illustrator 中应用的透明设置。在 InDesign 中还可以调整不透明度、添加混合模式，并应用额外的透明效果。

现在插入一个玻璃水杯图像，然后调整其透明度。

1. 在图层面板中，确保"Art3"层激活，且"Art3"、"Art2"、"Art1"和"Background"均可见。

2. 锁定"Art2"、"Art1"和"Background"，以防止
   它们被修改。

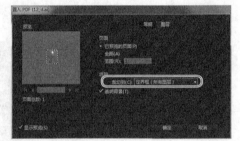

3. 选择工具面板中的选择工具（ ），然后选择"编辑 > 全部取消选择"，以防导入的图像被放在当前对象中。

4. 选择"视图" > "使页面适合窗口"。

5. 选择"文件" > "置入"。在底部对话框中,选择"显示导入选项"。

 提示：如果对话框中未选择选项，为了显示导入选项可用，选择图像进行导入，按下 Shift 键，然后单击"打开"。

6. 找到 Lesson12 文件夹中的名为 12_d.ai 的文件，双击它。

7. 在"置入 PDF"对话框中，确保从"裁切到"下拉菜单中选择了"定界框（所有图层）"，并选择"透明背景"。

8. 单击"确定"按钮。将对话框关闭，鼠标指针将变成一个加载图形图标 。

9. 将鼠标指向页面右侧的浅紫色彩色圆圈并出现加载图标（ ）。注意不要单击螺旋内，否则会放置图像到错误的框架。如果已放到错误框架中，可以选择"编辑" > "还原"，然后再试一次。单击放置图片的地方。如果有必要，将图片拖动到紫色圆圈中间。

10. 在图层面板中，单击使"Art2"，"Art1"隐藏，只剩下"Art3"和"Background"可见，现在可以查看图像本身和透明色的相互作用。

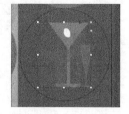

11. 单击使"Art1"、"Art2"和"Background"重新显示。请注意，白色橄榄形状图形是完全不透明的，而玻璃杯其他部分的形状图形是部分透明的。

12. 在已选中玻璃杯图像的状态下，在效果面板中设置不透明度为60%，保持选中图像。

13. 在效果面板"混合模式"菜单中选择"颜色加深"。现在该图像的颜色和透明度已完全不同。

14. 选择"文件"＞"存储"。

12.6 设置文本的透明度

改变文字的不透明度，就和在版面中为图像应用透明度设置一样容易。现在将尝试使用这项技术，同时可以改变文字的颜色。

1. 在图层面板中，锁定"Art3"层，然后解除对"Type"图层的锁定并使其可见。

2. 在工具面板中，选中选择工具（🖰），然后单击文本框中的"I THINK, THEREFORE I DINE。"如果有必要，可对文本进行放大，以便看清文本。

想要对文本或文本框架及其内容应用透明度设置，必须使用选择工具选择框架。当使用文字工具选择文本时，不能设置透明度。

3. 在效果面板中选择"文本"层，使选择的不透明度或混合模式更改可以应用到文本中去。

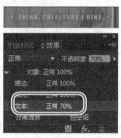

4. 在"混合模式"菜单中选择"叠加"，并改变不透明度为70%。

5. 双击抓手工具，使页面适合窗口，然后选择"编辑"＞"全部取消选择"。

下面修改文本框架填色的不透明度。

6. 在工具面板中，确保选中选择工具（🖰），然后单击页面底部文本"Boston Chicago Denver Houston Minneapolts"的文本框。如果有必要，可对文字进行放大以便看清文本。

7. 在效果面板上选择"填充"，将透明度修改为70%。

8. 选择"编辑">"全部取消选择"，然后选择"文件">"存储"。

12.7 使用效果

至此已经学会了如何在 InDesign 中修改混合模式和不透明度来绘制对象、导入的图形和文本。应用透明性的另一种方法是使用 InDesign 中的 9 个透明度效果。在创建这些效果时很多设置和选项都是类似的。

下面试用一些效果，使菜单设计更有艺术品位。

透明度效果

投影——为对象、描边、填色或文本添加阴影。

内阴影——为对象、描边、填色或文本边缘，添加一个凹陷的阴影外观。

外发光和内发光——为对象、描边、填色或文本边缘添加一个发光效果。

斜面和浮雕——添加各种高亮和阴影的组合，使文字和图像具有三维外观。

光泽——添加形成光滑光泽的内部阴影。

基本羽化、定向羽化、渐变羽化——使对象边缘渐隐为透明，具有柔化效果。

——InDesign 帮助

12.7.1 对图像边缘应用基本羽化效果

羽化是对一个对象使用透明效果的另一种方式。羽化对对象边缘周围创建一个从不透明到透明的渐进过渡效果，通过羽毛作用，任何相关的对象或页面背景都将可见。InDesign Creative Cloud 中有 3 种类型的羽化：

- 基本羽化可以对指定距离内的对象的边缘进行柔化或渐隐。
- 定向羽化可以将指定方向的边缘渐隐为透明，从而柔化边缘。
- 渐变羽化可以柔化对象领域，使其渐隐为透明。

首先，将学习基本羽化，然后学习渐变羽化。

1. 在图层面板中，如果"Art1"层是锁定的，请先解锁。

2. 如果需要，请选择"查看"＞"使页面适合窗口"，以看到整个页面。

3. 选中选择工具（），然后在页面的左侧选择色板 Light Purple 填充圆。

4. 选择"对象"＞"效果"＞"基本羽化"。此时出现效果对话框，左侧的列表显示一系列的透明效果，在右侧出现了一系列操作。

5. 在效果对话框中的选项部分，设置以下选项：

   · 在"羽化宽度"框中，键入"0.375 英寸"。

   · 将"收缩"和"杂色"值都设置为"10%"。

   · 保留"角点"设置为"扩散"。

确保选择"预览"，如果有必要，将对话框移到一边来查看更改效果。注意到紫色圆圈的边缘模糊了。

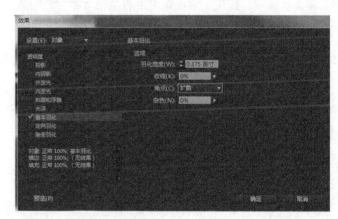

6. 单击"确定"按钮保存设置，并关闭"效果"对话框。

7. 选择"文件"＞"存储"。

> **ID** 提示：除了用选择"对象"＞"效果"从子菜单中选择一个选项来应用透明效果外，还可以从效果面板菜单中选择"效果"，或单击效果面板底部的 FX 按钮，然后从子菜单中选择一个选项。

12.7.2 应用渐变羽化

可以使用渐变羽化效果，将对象区域渐隐为透明，从而柔化它们。

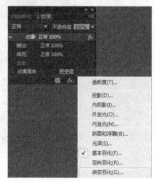

1. 使用选择工具单击页面右边使用 Light Purple 填充的垂直矩形。

2. 在效果面板的底部，单击 FX 按钮，并从弹出的菜单中选择"渐变羽化"。

出现"效果"对话框，并显示渐变羽化选项。

3. 在对话框的"渐变色标"部分,单击"反向渐变"按钮██,以反转纯色和透明色的位置。

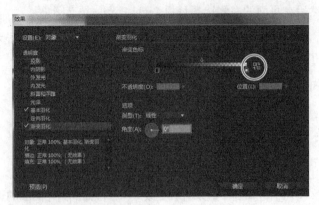

4. 单击"确定"按钮。紫色矩形由右至左渐隐为透明。

下面使用渐变羽化工具调整渐变方向。

5. 在工具面板中,选定"羽化渐变"工具(██)。按住 Shift 键,从紫色矩形底部拖曳到顶部,以改变渐变方向。

6. 选择"编辑">"全部取消选择",然后选择"文件">"保存"。

下面将多种效果应用于一个对象,然后对其进行编辑。

12.7.3 为文本添加投影效果

为对象添加投影效果,出现一个 3D 效果,使对象就像漂动在页面上一样,在其下面的页面投影一层阴影。可为任何对象添加投影,可以为对象描边、填色、文本框架内的文字添加投影。

现在可以尝试用这种效果为文本"bistro"添加阴影。

1. 使用"选择"工具(██),选择文本框内的"bistro"。按住 Z 键暂时使用缩放显示工具或选择缩放显示工具(██)将文字放大,这样就可以清楚地看到文字。

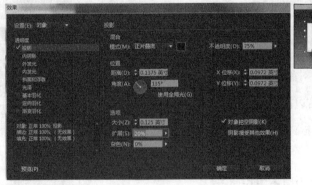

2. 在效果面板的"设置"下拉菜单中选择"文字"。

3. 在效果面板的底部，单击 FX 按钮（），然后从菜单中选择"投影"。

4. 在"效果"对话框中的"选项"部分，在"大小"框中输入"0.125 英寸"，在"扩展"框中输入"20%"。确保选中"预览"，以便能够在页面上立即看到效果。

5. 单击确定应用投影到文本。

6. 选择"文件">"存储"。

ID | 注意："效果"对话框允许一个对象应用多种效果，并能够显示出对选定对象应用了哪些效果（勾选对话框左侧的相应选项）。

12.7.4 为一个对象应用多种效果

可以对一个对象使用不同类型的透明效果。例如，可以对一个对象应用斜面和浮雕效果让对象看起来是突出的，然后对其应用发光效果，使其有两种透明效果。

在本练习中，将运用斜面和浮雕效果以及发光效果到页面上的两个半圆。

1. 选择"视图">"使页面适合窗口"。

2. 使用选择工具（ ），选择页面左上角 Light Green 填充的半圆。

3. 在效果面板的底部，单击 FX 按钮（ ），然后从菜单中选择"斜面和浮雕"。

4. 在"效果"对话框中，请确保选择了"预览"，这样就可以查看页面上的效果。然后在结构部分做如下设置：

- 大小："0.3125 英寸"。
- 柔化："0.3125 英寸"。
- 深度："30%"。

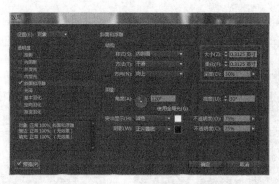

5. 对其余的设置不进行改动，保持效果对话框处于打开状态。

6. 在左侧的对话框中，单击复选框左侧的"外发光"，给半圆添加外发光效果。

7. 单击"外发光"编辑效果，并做如下设置：

- 模式："正片叠底"。

- 不透明度："80%"。

- 大小："0.25 英寸"。

- 扩展："10%"。

8. 单击模式菜单的右侧，单击"设置发光颜色"按钮。在"效果颜色"对话框，确保选择菜单中的色板颜色，选择"[黑色]"，然后单击"确定"按钮。

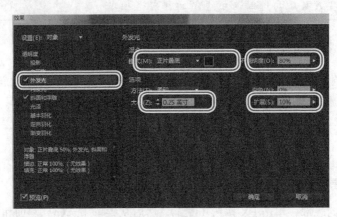

9. 单击"确定"按钮，应用已设置的多重效果。

下面应用同样的效果到另一个半圆上，只需通过拖动"FX"图标从"效果"面板到该半圆上即可。

10. 双击抓手工具（🖐），让页面适合窗口大小。

11. 在工具面板中，选定选择工具（⬉）。如果页面左上角的绿色半圆未选中，请现在选择它。

> **ID** **注意**：如果没有编辑半圆，不小心编辑了另一个对象，选择"编辑"＞"还原'移动对象效果'"，然后重试。

12. 在效果面板打开的情况下，拖动在对象层右侧 FX 图标（🅕）至页面右下角绿色半圆的顶部。

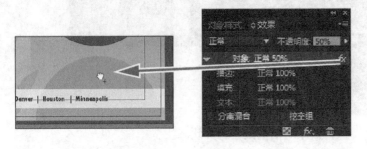
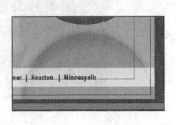

"FX"图标拖动到半圆（左边和中心位置），产生的结果可以在右图看到（右）

现在，将相同的效果运用到页面上灰色的小圆圈。

13. 在图层面板中，单击眼睛图标（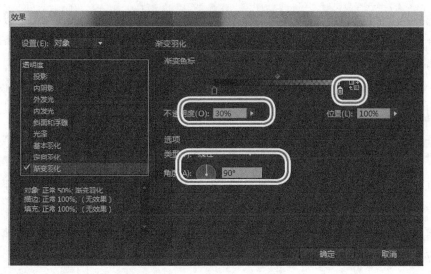）隐藏 Art3 层，然后解锁 Art2 层。

14. 确保页面左上角的绿色半圆仍然处于选择状态。从效果面板拖动 FX 图标（fx）到小鱼图片右侧的小灰圈上面。

15. 选择"文件" > "存储"。

12.7.5 编辑和删除效果

编辑或删除应用的效果非常容易。还可以快速检查这些效果是否已经应用到对象上。

首先，编辑餐厅标题后面的渐变填充，然后删除应用到其中一个圆的效果。

1. 在图层面板中，确保 Art1 层处于解锁状态且可见。

2. 使用选择工具（R），单击文本框，对"bistro Nouveau"进行渐变填充。

3. 使用效果面板，单击面板底部的 FX 按钮（fx）。在出现"渐变羽化"效果的菜单旁边有一个复选标记，这表明此效果已经应用到选定的对象。在菜单中选择渐变羽化选项。

> **ID** 提示：为了快速查看用户文档中的页面是否包含透明度，可以从页面面板菜单中选择面板选项，并选择"透明度"复选框。一个小图标会出现在含有透明度的任何页面。

4. 在"效果"对话框的"渐变色标"部分，单击右端的色标（白色的小块），将"不透明度"改为"30%"，在"选项"部分将角度改为"90°"。

5. 单击"确定"按钮，以更新渐变羽化效果。

删除应用到一个对象的所有效果。

6. 在图层面板中，使所有图层可见。

7. 使用选择工具（  ），单击右侧的灰色小圆圈，它位于小鱼图像的右上方。

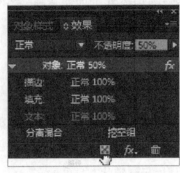

8. 选择"文件" > "存储为"。

恭喜！你已完成本课程的学习！

12.8 练习

通过以下方式，尝试在 InDesign 下进行透明度操作：

1. 滚动到粘贴板中的空白区域，并在一个新图层中创建一些图形（使用绘图工具或导入本课中使用的图片）。应用填充颜色到空白的形状，移动形状，使它们相互重叠，至少部分重叠。然后：

   - 选择最上面的图形。使用效果面板，试着与"亮度"、"强光"和"差值"等其他模式混合，然后在效果面板中，选择相同的混合模式，再对结果进行比较。当对各种模式的用法有一定认识后，选择所有的对象，并将混合模式设置为"正常"。

   - 在效果面板中，改变一些对象的不透明度值。然后选择不同的对象，使用"对象" > "排列" > "前移一层"和"对象" > "排列" > "后移一层"，以观察不同的结果。

   - 尝试将不同的透明度和不同的混合模式应用于对象。对部分重叠的最上面的对象和其他对象，试用创建的各种效果。

2. 在页面面板中，双击页面 1，将其显示在文档窗口中央。在图层面板中，对不同的 Art 层单击眼睛图标，并查看文档的整体效果。

3. 在图层面板中，确保所有的图层处于解锁状态。在文档窗口上，单击选择玻璃杯图像。对其应用效果面板的"投影"效果。

复习题

1. 如何改变灰度图片中白色区域的颜色？如何改变的灰色区域的颜色？

2. 在不改变对象的不透明度值的情况下，如何修改其透明度效果？

3. 使用透明度时，图层及其中对象的堆叠顺序有何重要性？

4. 将透明度应用于对象后，要将这些效果应用于其他对象，最简单的方法是什么？

复习题答案

1. 要更改图片的白色区域，首先用选择工具选择图形，然后在色板面板中选择一种颜色。要改变灰色区域，选择的图片内容，然后单击在内容提取器，最后从色板面板选择所需的颜色。

2. 除了可以在效果面板中选择对象并修改的不透明度值，也可以通过改变混合模式、以多种方法羽化对象，以及添加投影、斜面和浮雕等透明效果。混合模式的颜色由基色和混合色来确定生成的最终颜色。

3. 对象的透明度，决定了对象下面（后面）的视图堆叠顺序。例如，透过半透明的对象可看到它下面的对象，就像透过彩色胶片一样。不透明的对象位于堆叠顺序最上层，就只能看到此层，不管它后面的物体是否进行了降低不透明度值、羽化、混合模式等其他操作。

4. 选择已经应用透明度效果的对象，然后将效果面板右侧的 FX 图标拖动到另一个对象上。

第13课 打印和导出

课程概述

本课程中，用户将学习如何进行下列操作：

- 检查文件潜的打印问题。

- 确认 InDesign 文件和其所包含的元素都已就绪可以印刷。

- 收集所有必要的文件以便打印或提交给服务提供商或印刷厂。

- 生成用于校样的 Adobe PDF 文件。

- 打印前在屏幕上预览文件。

- 为字体和图形选择适当的打印设置。

- 打印文档

- 创建打印预设，使印刷过程自动化。

- 管理文档中的颜色。

 完成本课程大约需要 45 分钟。

Adobe 的 InDesign CC 提供先进的印刷和印前准备来管理您的打印设置。无论有什么样的输出设备，都可以轻松地完成像激光或喷墨打印机、高分辨率胶片，或印版机设备等输出工作。

13.1 概述

在这一课中，将处理一个杂志封面，它包含一个全彩色图像，还使用了专色。文件将在彩色喷墨或激光打印机打印，然后在一个高分辨率印刷设备，（如印版机或胶印机）上打印。在打印之前，将该文件导出为 PDF 文件，以供审阅。

> **ID** | **注意**：如果还未从配套光盘中复制本课程的资源文件，请现在复制。

1. 为确保用户的 Adobe InDesign 程序的首选项和默认设置符合本课程的要求，请先按照前言中的步骤将 InDesign Defaults 文件移动到其他文件夹。

2. 启动 Adobe InDesign。为确保面板和菜单命令符合本课程要求，请依次选择"窗口">"工作区">"[高级]"，然后再选择"窗口">"工作区">"重置'高级'"。

3. 选择"文件">"打开"，然后选择已下载到硬盘上的 InDesignCIB 中的课程文件夹，打开 Lesson13 文件夹中的 13_Start.indd 文件。

4. 如果出现警告消息，指出文档包含已丢失和修改的链接。单击"不更新链接"。将在本课修复这些问题。

用户使用 InDesign 文档或生成一个 PDF 文件进行打印时，InDesign 必须访问原始的图稿，并将它置入版面。如果导入的插图已移动，或图形的文件名已经改变，或原始图形文件的位置不存在，InDesign 会提醒不能定位原始图稿，或原始图稿已被修改。此警告一般出现在打开一个文档，或打印、导出、印刷使用印前检查面板对文档进行检查时。InDesign 将在链接面板显示所有必要的文件打印状态。

5. 选择"文件">"存储为"，将文件名修改为"13_Cover.indd"，并保存至 Lesson13 文件夹中。

> **ID** | **提示**：在 InDesign 首选项中，当打开一个包含缺失或修改链接的文件，可以设置是否显示一个警告。如果要禁用警告，取消选中的复选框"打开文档选项之前检查链接"，它位于"首选项"对话框的"文字处理"面板中。

13.2 印前检查文件

InDesign 集成了对文档质量进行检查的控制，可在打印文档或将文档交给服务提供商前执行这样的检查。印前检查这个过程是标准的行业术语。第 2 课介绍了如何使用在 InDesign 中的实时印前检查功能，并在创建文档的早期指定印前检查配置文件。这让用户能够在制作文档期间对其进行监视，以防止潜在打印问题的发生。

可以使用印前检查面板确认文件中使用的所有图形及字体都可用且没有溢流文本。在这里，将使用印前检查面板找出示例文档中的一对缺失图形。

提示：也可以访问印前检查面板，双击文档面板底部的"3 个错误"标识，或从弹出菜单中选择。

1. 选择"窗口">"输出">"印前检查"。

2. 在印前检查面板，确保选中复选框"开"，并在"配置文件"菜单中选中"[基本]（工作）"。注意到列出了一个（链接）错误。"（3）"表示有 3 个链接错误。

请注意，没有文字错误出现在错误区域，确认该文件没有缺失的字体，并且没有溢流文本。

3. 单击"链接"左边的三角形，然后单击"缺失链接"左边的三角形，这将显示缺失的图形文件的名字。双击 Title_Old.ai 的链接名，图像居中于文档窗口中，且图形框架已被选中。

4. 在印前检查面板的底部，单击左边的三角形"信息"，将显示缺失的文件的信息。

在这种情况下，问题是缺失的图形文件，解决办法是使用链接面板，找到链接的文件。下面用修订后的杂志标题（修改颜色），替换这个旧版本。

5. 如果链接面板没有打开，单击"链接"的面板图标或选择"窗口">"链接"来打开它。确保在链接面板中 Title_Old.ai 文件被选中，然后从面板菜单中选择"重新链接"。导览至链接 Lesson13文件夹内的文件夹。双击 Title_New.ai 文件，替换原来的文件，链接新的文件。

请注意重新链接 Title_New.ai 图形之后，是一个新杂志标题具有不同的颜色和较低的分辨率，这是导入的 Adobe 插图文件的默认设置。

6. 要以高分辨率显示标题，用选择工具选中图形框架，然后选择"对象">"显示性能">"高品质显示"。

7. 重复步骤 5 和步骤 6，把封面照片 PhotoOld.tif 重新链接为 PhotoNew.tif，新链接的图片会比较明亮。

8. 在印前检查面板上，单击"修改链接"左侧的三角形。名为"Tagline.ai"的图形已经过修改，需更新链接到本图形（"家居饰品"），先选择链接面板，然后从面板菜单中选择"更新链接"。选择"对象">"显示性能">"高品质显示"。

9. 选择"文件">"存储"来保存已经更改的文件。

13.3　打包文件

可以使用打包命令，将所有 InDesign 文件副本和所有链接（包括图片）汇集到一个文件夹中。
InDesign 中也将复制所有的字体供打印时使用。在准备将它们发送到打印服务提供商之前，先将
这些杂志封面文件打包，这确保提供了输出所需的所有组件。

1. 选择"文件">"打包"。"打包"对话框的"小结"部分，除"印前检查"面板列出的缺
   失链接问题外，还列出了另外两个印刷方面的问题：

   - 因为文档中包含一个 RGB 图形，InDesign
     会出现提醒。在本课的后面，将把此图像转
     换为 CMYK。

   - 该文件还包含重复的专色。这些重复是出于
     教学目的，不会造成印刷错误。在本课后面
     将使用"油墨管理器"，处理这种情况。

2. 单击"打包"。

> **ID** | 提示：也可以在"创建包文件夹"编辑说明文本，在对话框中单击"说明"按钮。

3. 在"印刷说明"对话框中，为附带的 InDesign 文件键入一个文件名（例如"Info for
   Printer"），同时输入联系信息。单击"继续"按钮。

InDesign 使用此信息来创建一个说明文件，它将随 InDesign 文件、链接和字体一起存储在文件夹中。
如果出现问题，包的接收者可以使用说明文件，以更好地了解对方的需求以及有问题时如何与客户联系。

4. 在"打包出版物"对话框中，浏览找到 Lesson13 文件夹。将创建的文件夹的包命名为 13_
   Cover 夹。InDesign 会自动基于用户在本课开始时分配的文件名对文件夹命名。

5. 设置以下选项：

   - "复制字体（CJK 除外）"。

   - "复制链接图形"。

   - "更新包中的图形链接"。

6. 单击"打包"按钮。

7. 如果存在许可限制，会出现警告消息，这可能会影响复制
   这些字体，然后单击"确定"按钮。

> **ID** | 提示：当从"打包出版物"对话框中选择字体复制（CJK 除外）时，InDesign 会生成一
> 个名为"文档字体包"的文件夹中。当打开一个与字体文件夹位置相同的 InDesign 文档
> 时，InDesign 会自动安装这些字体，它们只可用于该文档。当关闭文档时，字体将卸载。

创建印前检查配置文件

当启用实时印前检查功能时（即在印前检查面板选择开启时），默认的工作配置文件为"[基本]（工作）"，主要用于到 InDesign 文档进行印前检查。此配置文件主要检查基本的输出条件，如缺失或修改后的图形文件、溢流文本、缺失字体。

用户还可以创建自定义的印前检查规范或从印刷服务供应商或其他来源加载配置文件。当创建定制的印前检查时，可以指定要检测的条件。下面创建一个配置文件，当用户在文档中使用非 CMYK 颜色时，它发出警告：

1. 如果印前检查面板未打开，选择"窗口" > "输出" > "印前检查"，然后从印前检查面板菜单中选择"定义配置文件"。

2. 单击对话框中左下侧的"新建印前检查配置文件"按钮，创建一个新的印前检查配置文件。在"配置文件名称"框中，输入"CMYK Colors Only"。

3. 单击"颜色"左边的三角形，显示颜色相关的选项，然后选择"不允许色彩空间和模式"。

4. 单击"不允许色彩空间和模式"左侧的三角形，并选择除了 CMYK 外的其他所有模式（RGB、灰度、Lab 和专色）。

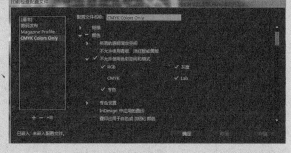

5. 保留现有的印前检查标准"链接"、"图像"和"对象"、"文本"和"文件"。单击"保存"按钮，然后单击"确定"按钮。

6. 从印前检查面板"配置文件"菜单中选择"CMYK Colors Only"。注意错误区域面板中列出的其他错误。

7. 单击"颜色"旁边的三角以扩大显示，然后单击"不允许色彩空间"左边的三角形，将看到一个没有使用 CMYK 颜色模式列表。单击各个对象来查看问题信息，以及如何解决它（确保印前检查面板的信息部分是可见的。如果不可见，单击"[信息]"左边的三角形来显示它）。

8. 在印前检查面板中的"配置文件"菜单下选择"[基本]（工作）"返回到本课使用的默认配置文件。

8. 切换到资源管理器（Windows）或 Finder（Mac OS）中，然后导航到 Lesson13 的 13_Cover 文件夹（位于您的硬盘驱动器上的 Lessson 文件夹）。打开该文件夹。

请注意，InDesign 创建了一个文件副本，复制高分辨率打印的所有字体、图形和其他相关文件。因为用户选择了"更新包中的图形链接"，现在在 InDesign 文件副本是链接到图形文件包中的图像文件，而不是原始链接的文件。这使文档更易于打印机或服务提供商来管理，也使得包文件可以归档。

9. 完成查看内容后，关闭 13_Cover 文件夹，返回到 InDesign 中。

13.4 创建 Adobe PDF 校样

如果文件需要由他人审阅，可以创建 Adobe PDF（可移植文档格式）进行文件传输和共享。使用这种文件格式有多个优点：文件压缩得很小，所有的字体和图形链接都包含在单一的复合文件中，跨平台（Mac/PC）兼容性。InDesign 可以将文档直接导出为 Adobe PDF。

将出版物转换为 Adobe PDF 文档有很多优点：可以创建一个更紧凑的可靠文件，供服务提供商浏览、编辑、整理及校对。服务提供商可以直接输出 Adobe PDF 文件，或使用各种工具对文件进行印前检查、陷印、拼版、分色处理等。

下面创建适合检查和校对的 Adobe PDF 文件。

> **ID**　注意：在 Adobe PDF 预设菜单中可以预设用于创建 Adobe PDF 文件的范围，包括适合从屏幕上观看的小文件，以及适合以高分辨率输出的待印文件。

1. 选择"文件">"导出"。

2. 从"保存类型"（Windows）或格式（Mac OS）下拉列表中选择"Adobe PDF"，在"文件名"输入文本框"13_Cover_ Proof.pdf"。如果有必要，导航到 Lesson13 文件夹，然后单击"保存"。打开"导出 Adobe PDF"对话框。

3. 在"Adobe PDF 预设"菜单中选择"[高质量打印]"。此设置创建的 PDF 文件，适合桌面打印机和打样机及屏幕校对。

4. 在"兼容性"菜单中，选择"Acrobat6（PDF 1.5）。这是第一个支持在 PDF 文件使用较高级功能（包括图层）的版本。

5. 在对话框的"选项"部分中，选择：

   • "导出后查看 PDF"。

   • "创建 Acrobat 图层"。

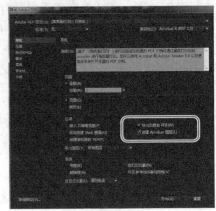

"导出后查看 PDF"是使一种检查文件导出结果的高效方式。创建"Acrobat 图层"，将 InDesign 文档中的图层转换为可在 PDF 文件中查看（或隐藏）的图层。

"导出图层"菜单，可在创建 PDF 时选择将被导出的图层。在本练习中，使用默认的选项："可见并可打印的图层"。

注意：在 InDesign 中导出 Adobe PDF，使用户能够一边继续工作，一边创建 Adobe PDF。如果试图在后台进程完成之前关闭文档，InDesign 将显示一条警告消息。

6. 单击"导出"，将生成 Adobe PDF 文件，并在 Adobe Acrobat 或 Adobe Reader 中打开。

7. 审阅的 Adobe PDF，然后返回到 Adobe InDesign。

提示：可以从"窗口"＞"工具"＞"后台任务面板"中查看进度。

使用 Adobe Acrobat 和 Adobe Reader 查看分包含图层 Adobe PDF 文件

在 InDesign 文档中使用图层（"窗口＞图层"）有助于组织出版物中的文本和图形元素。例如，可以将所有的文本元素放在一层，所有的图形元素放在另外一层。使用显示 / 隐藏、锁定 / 解锁图层的功能，可进一步控制设计元素。除了在 InDesign 中显示和隐藏图层，也可以在 Adobe Acrobat 中打开从 InDesign 文件导出的 Adobe PDF 并显示和隐藏图层。使用下面的步骤，以查看在刚导出的 Adobe PDF 文件（13_Cover_Proof.pdf）中的图层。

1. 单击文档窗口左侧的"图层"图标，或在层面板中选择"视图"＞"显示"/"隐藏"＞"导航面板"＞"图层"，打开图层面板。

2. 选择"视图"＞"缩放"＞"适合的高度"来显示整个页面的。

3. 单击图层面板中文件名左侧的加号（Windows）或三角形（Mac OS）。 文档中的图层将显示出来。

4. 单击图层"Text"左侧的眼睛图标（👁）。当图标是隐藏的，该图层中所有对象也会隐藏。

5. 单击图层"Text"的左边空白框，使文字可见。

6. 选择"文件"＞"关闭"以关闭文档，返回到 InDesign 中。

13.5 预览分色

如果文档需要分色以进行商业印刷，可以使用分色预览面板，以便更好地了解文档的每部分是如何打印的。可以尝试下这项功能。

1. 选择"窗口"＞"输出"＞"分色预览"。

2. 从分色预览面板的"视图"菜单中选择"分色"。移动面板以便看到页面，并调整面板的高度以便看到列表中所有颜色。如果尚未选定，可选择"视图"＞"使页面适合窗口"。

3. 单击 CMYK 旁的眼睛图标（），隐藏所有使用 CMYK 颜色的页面元素，并只显示那些应用 Pantone 色彩的元素。

4. 单击 Pantone 3155C 左边的眼睛图标，没有元素显示在页面上，表明这种颜色应用到所有剩余的元素上。

用户可能已经注意到，两种 Pantone 颜色名中数字相同，虽然这些颜色是相似的，但它们代表两类不同打印用途的油墨。这可能会导致输出混乱或不必要的印刷版费用。稍后将使用"油墨管理器"来修复这个问题。

5. 从分色预览面板中的"视图"菜单中选择"关"，以确保能看到所有颜色。

注意：Pantone 有限责任公司使用 PMS 表示其油墨，并使用的彩通配色系统（PMS）的公司。数字表示颜色色相，而字母表示库存中与该油墨最匹配的纸张类型。数字相同而字母不同，表示油墨的颜色类似，但适用于不同的纸张打印。U 表示无涂布纸，C 表示蜡光纸。

13.6 透明度拼合预览

文件若包含具有不透明度和混合模式等透明效果的对象，当打印或导出时，通常需要经过拼合化过程。拼合把透明效果图稿分割为基于矢量的区域和光栅化区域。

这本杂志封面的一些对象已经使用透明效果。下面将使用拼合预览面板来确定哪个对象应用了透明效果以及哪些页面区域受到透明度效果的影响。

1. 选择"窗口">"输出">"拼合预览"。

2. 如果整个页面在文档窗口中是不可见的，双击抓手工具让文件适合当前窗口的大小，移动拼合预览面板以便看到整个页面。

3. 在拼合预览面板中，从"突出显示"下拉菜单中选择"透明对象"。

4. 从"预设"下拉菜单中选择"[高分辨率]"。这是本课程后面打印该文件时将使用的设置。

注意有些页面上的对象出现红色亮区，这些对象受文档中使用的透明度设置（如混合模式、不透明度或其他 9 个透明效果）的影响。可根据这种突出显示确定页面的哪些区域意外地受透明度设置的影响，进而相应地调整透明度设置。

透明度设置可以应用在 Photoshop、Illustrator，或直接应用在 InDesign 中。拼合预览面板可标识具有透明效果的物体，无论这些对象的透明效果是在 InDesign 创建的，还是从其他应用程序中导入的。

5. 从"突出显示"菜单中选择"无"，可以禁用"拼合预览"。

> **ID** 提示：为了防止文本框等对象受透明度的影响，可以在堆叠时将文本置于带有透明效果的对象之上。或是向前移动或已在上层("对象">"排列")，或把它放在更高层次。

关于透明效果拼合预设

如果经常打印或导出包含透明度的文件，可通过在透明效果拼合预设中保存拼合设置，使文档进行自动拼合处理。也可以通过这些设置来打印输出，保存和导出文件。这些文件可以为 PDF1.3（Acrobat 4.0 中）及 EPS 和 PostScript 格式。此外，在 Illustrator 当用户保存文件到早期版本的 Illustrator 或复制到粘贴板时可以应用它们；在 Acrobat 中优化 PDF 文件时，也可以使用它们。

当导出格式不支持透明度时，这些设置项还可以设置如何拼合。

可以在"打印"对话框或执行"导出"时出现的格式特定对话框的"高级"面板及"存储为"对话框中选择拼合预设。可以创建自己的的拼合预设，或选择软件提供的默认选项。默认预设的设置主要根据文档的预期用途，使拼合质量、速度和拼合效果的栅格化透明区域的分辨率匹配：

[高分辨率] 主要用于出版输入或高分辨率校样，（如分色的彩色校样）。

[中分辨率] 主要用于桌面校样，以及在 PostScript 彩色打印机上打印的文件。

[低分辨率] 主要用于黑白桌面打印机上打印的快速校样，以及将在网站上公布或 SVG 导出的文件。

—— InDesign 帮助

13.7 预览页面

现在，已经在版面中预览分色和透明度，现在预览页面看到最终打印出来的封面外观。

> **ID** 提示：还可以在应用程序栏中的屏幕模式选择一种模式，在不同的屏幕模式之间进行切换。

1. 如果需要更改放大率，让页面适应文档窗口，双击抓手工具。

2. 在工具面板的底部，单击并按住"屏幕模式"按钮（ 🖾 ），然后从菜单中选择"预览"
   （ 🗔 ）。所有参考线、框架边缘和其他非打印项目都将隐藏。

3. 单击并按住"模式"按钮，然后选择"出血"（ 🗔 ）。这将显示最终文件周围的区域。这表
   明颜色背景将延伸到文档的外边缘，以确保将文件的内容全部打印出来。打印作业后，将
   根据最终文档的尺寸裁切掉多余的区域。

4. 单击并按住"模式"按钮，然后选择"辅助信息区"（ 🗔 ）。现在该页面将显示页面底部的
   额外空间。这些额外的区域主要用于提供有关工作的信息。可以使用文档窗口右侧的滚动
   条来查看这方面的信息。如果想在现有的文件设立流失或弹性区，选择"文件">"页面设置"，
   然后单击"更多选项"显示出血和辅助信息区选项。

5. 双击抓手工具（ 🖑 ），让页面适合文档窗口。在确认该文件外观可接受时，就可以准备打印了。

 提示：当创建一个新的 InDesign 文件时设置出血和辅助信息，然后在"新建文档"对
话框中可选择"文件">"新建">"文档"，单击"更多选项"来显示出血和辅助信息区。

13.8 打印激光或喷墨校样

InDesign 中，各种文件可以在各种设备打印输出，操作非常容易。本课的部分课程中，将创建
一个打印预设来存储设置，这个存储设置能够节省很多时间，因为不必在相同设备单独设置每个选项。

 注意：如果没有连接到打印机，可以从"打印机"菜单中选择"PostScript（R）"文件。
这样就可以从"PPD"选择"Adobe PDF"（如果有的话），并完成本课剩余的所有步骤。
如果"PPD"不可用，可选择"设备无关"PPD，本课余下的内容中的某些控件是不可用的。

1. 选择"文件">"打印"。

2. 从"打印"对话框"打印机"菜单中，选择您的
   喷墨或激光打印机。

注意 InDesign 会自动选择安装该设备时关联的打印
机描述（PPD）软件。

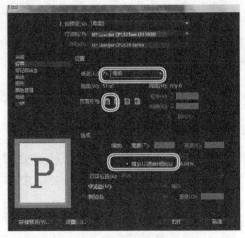

3. 在打印对话框的左侧，单击"设置"类别，然
   后选择以下选项：

   • 纸张大小："信纸"。

   • 页面："纵向"（ 🗔 ）。

   • 选中"缩放以适合纸张"。

4. 在"打印"对话框左边，单击"标记和出血"，
   然后选中以下选项：

- "裁切标记"。
- "页面信息"。
- "使用文档出血设置"。

5. 在"位移"文本框，输入"1p3"。该值决定了超出页面边缘的距离，即特殊标记和页面信息出现的地方。

裁切记号印在页面外，指出了最终文件打印后在什么地方剪裁。页面信息自动添加了文件名，连同打印的日期和时间会显示在打印输出的底部。因为粘贴记号和页面信息打印在页面边缘外，所以有必要选择纸张规格来满足要求，可以打印在8.5″×11″的纸张上。

选择"使用文档出血设置"将导致 InDesign 打印超出页面边缘外的内容，这使得无需指定要打印的额外区域。

6. 在打印对话框左边，单击"输出"选项。在"颜色"菜单选择"复合 CMYK"（若使用黑白打印机打印，选择"复合灰度"）。

选择"复合 CMYK"，因为任何 RGB 颜色，包括 RGB 图形，都将在打印时转换为 CMYK。此设置既没有改变原来的放置图形，也没有将任何颜色应用于对象。

ID 提示：位于"打印"对话框左下角的预览窗口显示了页面区域，标记和出血区域会如何打印。

ID 注意：在"颜色"菜单中，选择"复合保持不变"可以保持作业中已有颜色不变。此外，如果您是印刷商或服务提供商，则需要从 InDesign 打印分色，根据使用的工作流程选择"分色"或"In-RIP 分色"。此外，某些打印机（如 RGB 打样机），可能无法选择"复合 CMYK"。

7. 在"打印"对话框左边，单击"图形"，从"发送数据"菜单选择"优化次像素采样"。

当选择"优化次像素采样"时，InDesign 只会发送在"打印"对话框中选择的、必要的图像信息给打印机，这可以缩短它将文件发送去打印的时间。将完整的高分辨率的图形信息发送到打印机，可能需要更长时间的图像显示，请在"发送数据"菜单选择。

8. 选择"字体"中"下载"菜单的"子集"。这将导致只有在文档中使用的字体和字符发送到输出设备，并能减少打印单面页面和没有太多内容的短文件所花费的时间。

ID 提示：如果文档中包含已在印刷过程中拼合的透明度效果，为获得最佳的打印效果，打印时选择"打印"对话框中输出部分的"模拟叠印"。

9. 在打印对话框左侧单击"高级",并在"透明度拼合"部分"预设"菜单中选择"中等分辨率"。

饱满预设会决定艺术品或图像的打印质量,包括透明度。它也影响使用透明功能内容的打印质量,以及应用 InDesign 的效果,包括阴影或羽化效果。可以选择适当的透明饱满预设输出需求(3个默认的透明度饱满预置在侧边栏有详细解释,称为"预览透明度影响如何饱满",之前一课。)

10. 在打印对话框的底部单击"存储预设",命名预设"Proof",并单击"确定"按钮。

创建打印预设,保存打印对话框设置,然后就不需要每次打印使用相同的设备时,单独设置每个选项。可以创建多个预置,以满足不同的质量需求,还可以使用个人打印机。当以后想使用这些设置时,可以在打印对话框的顶部选择打印预置菜单。

ID 提示:要使用预设快速打印,选择"文件">"打印预设",并选择设备的预设。此时按住 Shift 键,打印时将没有提示对话框。

11. 单击"打印"。如果要创建一个 PostScript 文件,单击"保存",浏览 Lesson13 文件夹,并保存在 FLE13_End.indd.ps。PostScript 文件可以提供给服务提供商或商业打印商,或转换到 Adobe PDF 文件使用 Adobe Acrobat Distiller。

ID 注意:如果将 PPD 设置为"设备无关",则不选中"优化次像素采样"选项,因为这个通用驱动程序无法确定后来所选打印机可能需要什么样的信息。

打印图形选项

当正在导出或打印包含复杂图形(例如,高清晰度图像、EPS 图形、PDF 页面或透明效果)的文档时,通常改变分辨率和栅格化以获得最佳输出。

发送数据—控制置入的位图图像发送到打印机或文件的图像数据量。

全部—发送全分辨率的数据,这是适合任何高分辨率打印,或打印灰度或有高对比度的彩色图像,如同在使用一种专色的黑白文本中。此选项需要的磁盘空间最多。

优化次像素采样—只发送足够的图像数据以最佳分辨率来打印图形,(高分辨率打印机会比低分辨率的桌面模式使用更多的数据)。当处理高清晰度图像,但打印样张到桌面打印机时,请选择此选项。

ID 注意:InDesign 不会进行二次抽样 EPS 或 PDF 图形时,即使在选择"优化次像素采样"时。

代理—发送置入位图图像的屏幕分辨率版本(72 dpi)的,从而减少打印时间。

无—打印时,暂时删除所有的图形,并用交叉线的图形框替代这些图形,从而减少打印时间。图形框与导入图形和剪切路径保持相同的尺寸,所以仍然可以检查大小和位置。如果要将文本校样发给编辑或校对时，禁止打印导入的图形是非常有用的。分析引起印刷问题的原因时，没有图形的打印也是有帮助的。

—— InDesign 的帮助

将字体下载到打印机的选项

从下列选项中选择打印对话框中的图形区域，控制如何将字体下载到打印机。

打印机驻留字体——这些字体存储在打印机的内存或与打印机相连硬盘驱动器。Type 1 和 TrueType 字体可以存储在打印机或电脑上，位图字体仅存储在计算机上。按需要从 InDesign 下载字体，它们安装在您的计算机的硬盘驱动器。

从下列选项中选择打印对话框中的图形区域，控制如何将字体下载到打印机。

空——包括在 PostScript 文件夹内的参考字体，它会告诉 RIP 或后续处理器哪里需要字体。如果字体驻留在打印机内，应该使用此选项。TrueType 字体以 PostScript 文件夹的名称为依据，然而，并不是所有的应用程序都可以解释这些名字。为了确保能够正确解释 TrueType 字体，使用一个其他字体下载选项，如子集或下载 PPD 字体。

完整——在开始打印作业前下载文档所需的所有字体。包括所有字体的字形和字符，即使它们没有在文件中使用。InDesign 会自动包含多于首选项对话框中指定的最大数量的字形（字符）的子集字体。

子集——只下载文档中使用的字符（字形）。每页下载一次字形。此选项通常用于单页文档或没有太多文字的短文件，可生成快速的小 PostScript 文件。

下载 PPD 字体——下载文档中使用的所有字体，包括已驻留在打印机中的字体。使用此选项可以确保计算机上能打印 InDesign 使用的常见字体，如黑体和 Times。如计算机和打印机字符集不匹配或陷印中的轮廓变化，使用此选项可以解决字体的版本问题。除非经常使用扩展字符集，否则不需要使用这个选项来打印桌面草稿。

—— InDesign 的帮助

13.9　使用油墨管理器

油墨管理器在输出时间控制油墨。使用的油墨管理，只影响输出文件，不影响如何定义颜色。

多色出版物印刷分色时，油墨管理器选项对印刷服务供应商特别有用。例如，如果要使用 CMYK 油墨印刷的出版物采用专色，油墨管理器会提供选项来改变相当于 CMYK 色的专色。如果文档仅需要一种专色，却含有两种相似的专色，或同一专色有两个不同的名称，油墨管理器允许映射到一个单一的专色。

下面将学习如何使用油墨管理将专色转换到 CMYK 色彩，用户将创建油墨别名文件，这样在作为分色输出时就能创建所需数量的分色。

> **ID** | **注意**：可以打开油墨管理器分色预览面板菜单，选择"油墨管理器"。

1. 单击色板面板图标或选择"窗口">"色板"打开色板面板，然后从色板面板菜单中选择"油墨管理器"。

2. 在"油墨管理器"对话框中，单击 Pantone 3155 C 左边的专色图标（⬤）。使其变为一个 CMYK 图标（▨）。该颜色将以组合 CMYK 颜色的方式打印，而不是在独立的印板打印。

这是一个很好的解决方案，既能限制印刷 4 色过程，又不需要改变在源文件中所有的专色。在对话框底部的"处理所有点选项"，可以转换所有专色处理。

3. 单击 CMYK 图标（▨），在 Pantone 3155 C 左边色板将它转换为一个专色。

4. 单击 Pantone 3155 U 色板，然后从油墨别名菜单中选择 Pantone 3155 C。现在，Pantone 3155 两个版本中任意一个的任何页面元素都将以相同的分色打印（示例文档只使用 Pantone 3155 C。）不需要对 Pantone Process Blue C 做任何处理。重新链接本课之前的两个失踪字形后，文档不再包含任何 Pantone Process Blue C 应用的元素。

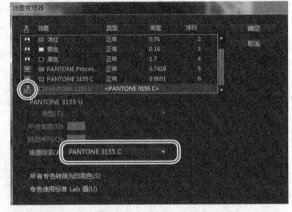

5. 单击确定关闭"油墨管理器"对话框。

6. 选择"文件">"存储"内容，然后关闭文件。

恭喜！您已经完成本课内容啦。

13.10 练习

1. 通过选择"文件">"打印预设">"定义"创建新的打印预设。使用打开的对话框，创建用于特大型打印或各种可能使用的彩色或黑白打印机的打印预设。

2. 打开的 13_Cover.indd 文件，并探讨如何使用分色预览面板来启用或禁用每个分色。选择同一面板上视图菜单下的油墨控制。看看油墨总量设置运用于 CMYK 颜色创建时的不同方式影响打印不同的图像。

3. 随着 13_Cover.indd 文件的激活，选择"文件">"打印"。单击在"打印"对话框左侧的"输出"选项，并检查打印彩色文档时的不同选项。

4. 在色板面板菜单中选择"油墨管理器"，尝试添加油墨别名以及将专色转换为印刷色。

复习题

1. 使用印前预检面板的"[基本]（工作）"配置文件时，InDesign 会出现什么问题？

2. 当 InDesign 打包成文件时，收集了哪些元素？

3. 如果想在较低分辨率的激光打印机或打样机上打印扫描图像的最高质量版本，会选择什么选项？

4. 油墨管理器提供什么功能？

复习题答案

1. 通过选择"窗口" > "输出" > "印前检查"，可以确认需要高分辨率打印的所有项目。默认情况下，印前检查面板检查文档中使用的所有字体或内置图形是否可用。InDesign 中还可以查找链接图形文件和链接文本文件，以确认他们并没有被修改，因为他们是最初输入的，同时也能在缺少图形文件和出现溢流文本框时发出提示。

2. InDesign 在原始文档中收集一份 InDesign 文件和使用的所有字体图形的副本。原文件保持不变。

3. 默认情况下，InDesign 将只发送必要的图象数据到输出设备。如果想发送整个图像数据集，（虽然它可能需要更长的时间进行打印）可以在"打印"对话框的"图形"面板，从"发送数据"菜单中选择"全部"。

4. 在输出时，油墨管理器提供控制油墨，包括专色转换为印刷色和个别油墨颜色映射到不同颜色的功能。

第14课 创建带表单字段的 Adobe PDF文件

课程概述

本课程中，将学习如何进行下列操作：

- 在页面中添加不同类型的 PDF 表单字段。

- 使用预编译的表单字段。

- 添加表单字段的描述。

- 设置表单字段的跳位顺序。

- 为表格添加"提交"按钮。

- 导出和测试带表单字段的 Adobe PDF 文件。

 完成本课程大约需要 45 分钟。

Adobe 公司的 InDesign CC 提供创建简单的 PDF 表单所需要的工具，可以选择使用 Adobe Acrobat，添加在 InDesign 中不具备的特性和功能。

14.1 概述

在这一课，用户将为新闻稿加入几种不同类型的表单字段，输出 Adobe PDF（交互）文件，然后打开导出文件并测试在 InDesign 中创建的字段。

> **ID** 注意：如果还未从配套光盘中复制本课程的资源文件，请现在复制。

1. 为确保 Adobe InDesign 程序的首选项和默认设置符合本课程的要求，请先按照前言中的步骤将 InDesign Defaults 文件移动到其他文件夹。

2. 启动 Adobe InDesign。为确保面板和菜单命令符合本课程要求，请依次选择"窗口">"工作区">"[高级]"，然后再选择"窗口">"工作区">"重置高级"。开始工作之前，应先打开已部分完成的 InDesign 文档。

3. 选择"文件">"打开"，然后选择已下在电脑上的 InDesignCIB 中的课程文件夹，打开 Lesson14 文件夹中的 14_Start.indd 文件。此文档包括新闻稿的背页。（其他页面已被删除以使导航更简单。）

4. 要看到完成的文件效果，打开 Lesson14 文件夹的 14_End.indd 文件。

5. 浏览完毕后，关闭"14_End.indd"，也可保持其打开以作参考。

6. 选择"文件">"存储为"，重命名文件 14_PDF_ Form.indd，并将其存储在 Lesson14 文件夹中。

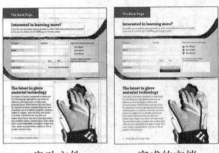

启动文件　　　　　完成的文档

14.2 添加表单字段

完成一些表单字段工作。通过添加一些字段完成表单，然后修改其中的一部分。

14.2.1 添加文本字段

在 PDF 表单中，一个文本字段是一个容器，填写的表格可以输入文字。除了两个文本框，所有都已转换成文本字段。用户会将这两个文本框转换成文本字段。

1. 选择"窗口">"交互 PDF 工作区"。这将为在这一课要做的工作优化面板安排，并提供会使用到的很多快速访问控件。

> **ID** 提示：如果需要可放大包含表单对象的页面的上半部分。这就是本课将进行工作的区域。

2. 使用选择工具（ ），然后将指针移到文本字段下面的"First Name"。请注意，蓝色的虚线显示在对象周围，小图形显示在右侧的文本字段中。虚线行表示该对象是一个 PDF 表单元素，文本框的图标表示该元素是一个文本字段。选择对象。

3. 选择"窗口">"交互">"按钮和表单"，或单击"按钮和表单"图标以显示按钮和表单面板。注意文字表单的设置。在"类型"菜单中选择"Type Field"，该元素名称就是"First Name"。

4. 选择文本框下面的"Last Name"。在按钮和表单面板，从"类型"菜单中选择"Type Field"，然后指定一个名称按钮，在"名称"中输入"Last Name"。按 Enter 或 Return 键应用名称变更，然后取消"可滚动"。

5. 选择文本框下面的"E-mail Address"。在按钮和表单面板，请确认"Last Name"字段和指定"E-mail"地址是匹配的。

6. 选择"文件">"存储"。

> **注意**：当调整组合框，列表框，文本字段，或签名字段的大小时，请记住，在导出 Adobe PDF 格式文件时只有实线和填充可以保留。在 Adobe Reader 或 Adobe Acrobat 打开表单时，若未选中"高亮显示字段"，这些属性将在导出的 PDF 文件中可见。

> **提示**：根据创建的类型，可以指定字段是否为可打印的，必要的，有密码保护的，只读的，多行，或滚动的。甚至可以指定响应文本的字体大小。例如，可能要取消打印按钮的可打印选项。在 Adobe Reader 或 Adobe Acrobat 打开表单时，该按钮是可见的，但在打印时不会出现。

14.2.2　添加单选按钮

不同于复选框，可呈现两个或两个以上的选择填写表格，有些则可以有多个选择。单选按钮在同一时间只有一个选择可以选择，单选按钮往往是简单的圆圈；但是可以自己设计更复杂的按钮，或选择一些 InDesign 中包含的示例按钮。在这一课中，将使用其中一个示例单选按钮。

1. 在窗口中选择"窗口">"使页面适合窗口""，然后放大到第 4 页的表格"What's your connection with hockey？"部分。

2. 选择按钮和表单面板的示例按钮和表单，或按一下位于页面面板图标左侧的示例图，以显示示例按钮和表单面板。如果有必要，可重新定位和调整面板的大小，然后可以看到"What's your connection with hockey？"部分的形式。

3. 在示例按钮和表单面板拖动名为"019"的单选按钮，并将其放置在文本"What's your connection with hockey？"下面的文本框中。单选按钮的最顶部与顶部的文本右线对齐。请参阅下页屏幕截图，找到正确的位置。

4. 在控制面板上，确保选中左上角的参考点中的参考点定位器，在"缩放 × 百分比"框中输入 40%，然后按 Enter 键或 Return 键。

5. 在按钮和表单面板，"名称"框中输入"Hockey Connection"，然后按 Enter 键或 Return 键。

6. 选择"编辑" > "全部取消选择"，或是单击页面或粘贴板的空白区域。

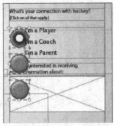

缩放前的单选按钮　　　缩放40%后的

7. 使用选择工具选择第一个单选按钮（"I'm a player"的左侧）。

8. 在"按钮和形式"面板底部的按钮值输入"player"，然后按 Enter 键或 Return 键。

9. 重复步骤 6 和步骤 7，命名中间按钮"Coach"和底部按钮"Parent"。

10. 选择"文件" > "存储"。

ID 提示：当选中文本字段滚动的选项时，可以在字段中输入的文本比在屏幕上显示得更多。这可能会导致只有部分文字出现在该页面的打印副本上。

14.2.3　添加组合框

　　组合框是一个下拉菜单，其中列出了多个预定义的选项。表单的查看器只能选择一个选项。接下来，将创建一个提供 4 个选项的组合框。

1. 使用选择工具来选择文本框下面的标题，"I would like to receive more information about"。

2. 在"按钮和表单"面板，从"类型"菜单中选择"组合框"，然后输入名称为"More Information about"。

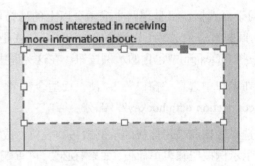

为了提供PDF查看器形式，采用几种不同的选择，添加三个列表项

3. 在按钮和表单面板的下半部分，在列表项目框中输入"Hockey Camps"，然后单击框右侧的加号。请注意，输入的文字显示在下面的列表框中。

4. 重复前面的步骤为列表添加"Hockey Eanipment"、"Hockey Videos/DVDs"和"Personalized Coaching"。

5. 单击列表项目中的"Hockey Camps",使它成为默认选择。当查看器打开输出的 PDF 文件,"Hockey Camps"就已经被选定。

6. 选择"文件">"存储"。

ID 注意:添加了列表项的组合框与列表框类似,但是,组合框仅允许从 PDF 表单列表中选择一个项目。如果选择了多个选择的列表框,PDF 查看器可以选择一个以上的选择。

ID 提示:若要按字母顺序排序列表项,选择"按钮和表单"面板中"排序项目"。还可以通过拖动它们在列表中上下位置修改列表项目顺序。

14.2.4 添加表单字段的描述

通过添加表单字段描述,用户可以给查看器提供额外的指南。当指针滑过包括指南的领域时会显示说明。接下来,将为文本字段添加一个说明。

1. 使用选择工具,选择下面标题为"ZIP"的文本字段的文本框。

2. 在按钮和表单面板,在"说明"框中输入"Please provide your four-digit ZIP code extension if possible",然后按 Enter 键或 Return 键。

ID 提示:建议为表单字段添加描述,因为它有助于访问 PDF 表单。欲了解更多信息请访问:http://www.adobe.com/accessibility/。

3. 选择"文件">"存储"。

14.2.5 设置字段的跳位顺序

为 PDF 表单建立的跳位顺序将决定选择哪个字段作为按 Tab 键的顺序。接下来，用户将设置页面上的字段的跳位顺序。

1. 从对象菜单中，选择"交互">设置>"设置跳位顺序"。

2. 在"跳位顺序"对话框中，单击"Last Name"，然后单击"上移"，直到它出现在顶部附近的"First Name"下面。使用"上移"和"下移"按钮，拖动字段名，向上或向下重新安排他们，使他们与在页面上的顺序相匹配。单击"确定"关闭对话框。

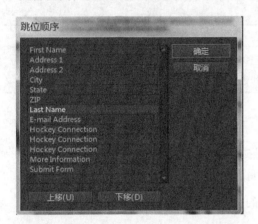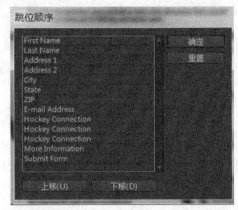

3. 选择"文件">"存储为"。

> **ID** | 提示：用户也可以通过上下拖动"跳位顺序"对话框中列表项目来更改跳位顺序，或者使用文章面板。选择"窗口">"文章"来打开文章面板。

14.2.6 添加一个按钮提交表单

如果发布一个 PDF 表单，需要包括一个任何人都能填写的表格，并将其返回给用户。要做到这一点，将创建一个按钮，发送填好的 PDF 到用户的电子邮件地址。

1. 在"按钮和表单"面板中拖动红色示例按钮（名为"126"），将其放置在文本"Click to submit your information"的下面。对齐按钮左边缘和状态字段的左边缘；将按钮底部与和"E-mail Address"字段的底部对齐。

2. 使用选择工具（🗘）拉宽按钮，通过拖动其右边缘，使右边缘中点手柄与框架边缘对齐。

3. 拖动上边缘中点手柄以压扁按钮，直到它的高度与"E-mail Address"字段相同。当边缘与高度对齐时，会显示相同的智能参考线。

4. 在按钮和表单面板"名称"框中输入"Submit Form"，然后按 Enter 键或 Return 键。

5. 单击"Go To URL"，再单击"删除选中动作按钮（▣）"，最后单击"确定"确认删除。

6. 单击为"选定的事件添加新的动作"按钮（▦），然后从菜单中选择"Submit Form"。

7. 在"URL"文本框中，输入邮寄地址：。确保在"邮向指示协议指示器"后输入了冒号。不要在"mailto："冒号前后输入空格或句点。

8. 在"mailto："后输入电子邮件地址（例如，pat_smith@domain.com）。这样便可将填好的表格交回给用户。

9. 按 Enter 键或 Return 以应用更改，然后选择"文件" > "存储"。

14.3 导出交互式 Adobe PDF 文件

现在已经完成的工作表单字段，准备好导出交互式 Adobe
PDF 文件，然后测试导出的文件。

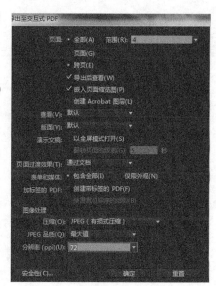

1. 选择"文件" > "导出"。

2. 在导出对话框中，在"保存类型"菜单（Windows）
或"格式"菜单（Mac OS）中选择"Adobe PDF（交
互）"。使用默认名称（14_PDF_Form.pdf），并把它存
储到 Lesson14 文件夹内，位于硬盘驱动器上 Lessons
文件夹的 InDesignCIB 文件夹里。单击"保存"按钮。

3. 在"导出交互式 PDF"对话框中，确保在"表单和媒
体"部分选择"包含全部"，并选择导出后查看。保
留所有其他设置不变。单击"确定"按钮。

如果用户的计算机上安装了 Adobe Acrobat 或 Adobe

Reader，导出的 PDF 文件将自动打开，用户可以测试之前创建的字段。当完成后，按一下按钮，通过电子邮件将填好的表格发回来，然后返回到 InDesign。

4. 选择"文件">"存储"。

恭喜！您已经创建了一个 PDF 表单。

14.4 练习

现在已经创建了一个简单的 PDF 表单，可以进一步探索，创建各类字段以及自己的定制设计的按钮。

1. 打开一个新的文档，创建一个文本框，然后使用按钮和表单面板，将其转换为一个签名字段。PDF 格式的签名栏位可以让用户应用数字签名的 PDF 文件。为字段指定名称，然后导出 AdobePDF 文件（交互）。单击并按照屏幕上的说明测试签名字段。

2. 使用椭圆形工具（⬛）创建一个小的圆形框架。使用渐变面板用径向渐变填充圆形。如果想使用色板面板改变颜色的渐变。使用"按钮和表单"面板将框架转换成按钮。为按钮指定转到 URL 操作，并输入完整的 URL 网址字段（例如，http://www.adobe.com）。为了测试这个按钮，导出 Adobe PDF 交互文件，然后单击按钮。

3. 请尝试示例按钮和表单面板中的其他预制形式。拖动一个按钮到页面上，然后按钮和表格面板中查看其属性。既可以使用元素本来的样子，又可以修改它的外观，改变一些属性，或两者兼而有之。导出和测试结果。

复习题

1. 什么面板可以让对象转换成 PDF 表单字段，并指定表单字段的设置？

2. 怎样可以指定按钮，使用户导出的 PDF 表单发送填好的表单到一个电子邮件地址？

3. 什么程序可以用于打开和填写 Adobe PDF 表单？

复习题答案

1. 按钮和表单面板（"窗口 > 按钮和表单"），可以换到 PDF 表单字段和指定设置。

2. 为了使查看器返回填好的 PDF 表单，使用按钮和表单面板来指定提交表单动作按钮。首先勾选"提交表单"，在"URL"字段输入"mailto："然后输入邮件地址（例如 mailto:pat_smith@domain.com）。

3. 可以使用 Adobe Acrobat 或 Adobe Reader 打开和填写 PDF 表单。Adobe Acrobat 还提供了处理 PDF 表单字段的额外功能。

第15课 创建和导出电子书

课程概述

本课程中，将学习如何进行下列操作：

- 添加锚的图形，地图段落和字符样式导出标签，并创建一个 EPUB 文件的内容表。

- 选择包括 EPUB 文件和指定内容的顺序。

- 为 InDesign 文档和 EPUB 文件添加元数据信息。

- 导出和预览 EPUB 文件。

 完成本课程大约需要 45 分钟。

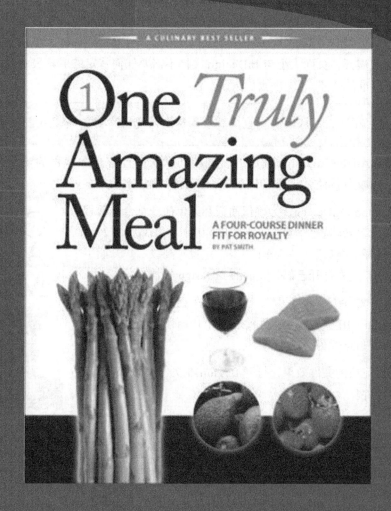

Adobe 公司的 InDesign Creative Cloud 包括增强的 EPUB 文件导出新功能，可提高生产并提供更强大的控件给电子阅读器、平板电脑和智能手机上阅读的电子书。

15.1 概述

本课中，将对食谱小册子进行最后扫尾，文档导出为 EPUB，然后预览导出的文件。

因为在几个关键方面印刷出版物与电子出版物是根本不同的，ePub 文件的一些基本信息将为用户在操作中提供帮助。

EPUB 标准旨在使出版商创建优化显示模式的内容，既可以显示在任何支持 EPUB 格式的电子阅读设备和软件上，例如 Barnes & Noble 的 Nook，Kob eReader iPad 和 iPhone 使用的苹果的 iBooks，索尼阅读器和 Adobe 数字版本软件。因为电子阅读器屏幕的大小因设备而不同，内容以单项连续的方式展开，页面大小与 InDesign 文档不需要任何特定的屏幕尺寸对应，这就是为什么本节课采用了标准的 8.5″× 11″ 的页面大小。

ID | 注意：如果还未从配套光盘中复制本课程的资源文件，请现在复制。

1. 为确保 Adobe InDesign 程序的首选项和默认设置符合本课程的要求，请先将 InDesign Defaults 文件按照"前言"中的步骤移动到其他文件夹。

2. 启动 Adobe InDesign。为确保面板和菜单命令符合本课程要求，请依次选择"窗口">"工作区">"[高级]"，然后再选择"窗口">"工作区">"重置'高级'"。开始工作之前，应先打开已部分完成的 InDesign 文档。

3. 选择"文件">"打开"，然后选择已下载硬盘上的 InDesign CIB 中的课程文件夹，打开 Lesson15 文件夹中的 15_Start.indd 文件。

4. 要看到完成的文件效果，打开 Lesson15 文件夹中 15_End.indd 文件。

5. 浏览已完成的文件来查看标题页和四个食谱。

ID | 注意：在出版时，亚马逊的 Kindle 不支持 EPUB 标准，但提交 EPUB 文件可以转换到其自己的专有的 Kindle 格式。

6. 浏览完毕后，关闭"15_End.indd"，也可保持打开以作参考。

ID | 提示：在本课结束时，将导出 EPUB 文件。可以使用 Adobe 数字版 Windows 或 Mac OS 软件来查看和管理 ePub 文件和其他数字出版物。免费的 Adobe Digital Editions 可从光盘中拷取。

7. 返回到的 15_Start.indd 文件，选择"文件">"存储为"，重命名文件为"15_RecipesBooklet.indd"，并将其保存在 Lesson15 文件夹中。

15.2　完成小册子

EPUB 准备导出文件前，一些扫尾工作是必需的。先添加一些图形，锚文本中的图形，然后格式化包含锚的图形，导出的 EPUB 将自动创建分页符。为了完成这本小册子，需要创建一个简单的目录，并添加一些元数据。

15.2.1　添加锚的图形

食谱小册子包括四个食谱：开胃菜，主菜，蔬菜菜和甜点。食谱都包含在一个单一的文本线程中。为每道菜的标题前添加图片，然后将导出 EPUB 时创建分页符的段落样式应用于文档。为了简化任务，可将图形文件存储在库中。

> **ID** | **注意**：在文本中添加锚的图形就可以在导出的 EPUB 中控制其相对于文本的位置。

1. 选择"文件"＞"打开"，然后在 Lesson15 文件夹打开 15.Library.indl 文件。

2. 通过使用页面面板，或按 Ctrl+J 键（Windows）或 Cmd 的 +J（MacOS）中，选择"3"，然后单击"确定"，导航到第 3 页。

> **ID** | **提示**：如果需要，这一课可以通过选择"文字"＞"显示隐藏字符"来显示隐藏的字符，如段落换行和空格键。

3. 使用文字工具，将插入点放在标题"Guacamole"前，然后按 Enter 键或 Return 键。

4. 使用选择工具，将库项目命名为"Avocados.tif"，拖曳至页面两侧的剪贴板上。

5. 按住 Shift 键，拖动右上角，将步骤 3 中创建的空行文字图形框架放在蓝色方框附近。松开鼠标按钮的短垂直线时，

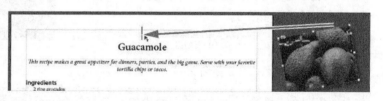

上面显示标题。图形框架现在是内联锚的图形，会和周围的文本串接在一起。

6. 使用文字工具，单击左或右锚的图形，建立插入点。

7. 选择"文本"＞"段落样式"，或在停靠面板列表单击"段落样式"，以打开段落样式面板的列表。

> **ID** | **提示**：当插入内嵌图形库项目时，也可以在文本建立插入点，从库中选择该项目，然后从库面板菜单中选择"置入项目"，该项目则自动插入作为内嵌图形。

8. 单击"图形"段落样式名列表，为包含锚的图形的单行段落应用段落样式。

本课后面导出 EPUB 文件后，会使用图形段落样式将菜谱分裂成四个独立的（HTML）食谱文件。长文档分割成小块，使得 EPUB 显示更有效率，每个食谱都在新的一页开始。

9. 重复步骤 3~8，为剩下的 3 个库项目（Salmon.tif Asparagus.tif，Strawberries.tif）在食谱标题前添加锚。使用页面面板浏览需要的页面。确保每个图形框架均已内嵌在文档中，图形段落样式应用到包含框架的段落。

10. 选择"文件" > "存储"。

15.2.2 为锚图形定制导出选项

除了在导出 EPUB 时为对象（如图像）指定全局导出选项，还可以在导出 EPUB 之前为单个对象指定导出设置。接下来，将为四个锚的图形指定定制导出设置。

1. 导航到第 3 页，在窗口中选择"查看" > "使页面适合窗口"。

2. 使用选择工具选择包含 Avocados.tif 图像的图形框架（请确保没有单击中心的框架内的内容采集，否则会选择图形，而不是框架）。

3. 选择"对象" > "对象导出选项"。

4. 在"对象导出选项"对话框中，单击"EPUB 和 HTML"标签。

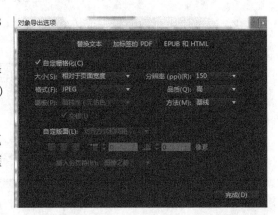

5. 选择"自定栅格化"，从"大小"菜单中选择"相对于页面宽度"，并从"分辨率"（PPI）菜单中选择"150"。

6. 保持"对象导出选项"对话框中打开，浏览剩下的 3 个内嵌图形。分别选择每个图形框架并重复步骤 5。

7. 单击"确定"关闭对话框。

8. 选择"文件" > "存储"。

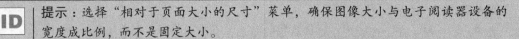

ID | 提示：选择"相对于页面大小的尺寸"菜单，确保图像大小与电子阅读器设备的宽度成比例，而不是固定大小。

15.2.3 段落和字符样式映射到导出标签

EPUB 是一种基于 HTML 的格式。为了在导出过程中帮助控制 EPUB 文件中的文字格式化，可以映射到 HTML 标签和类的段落样式和字符样式。接下来，将几个文档的段落样式和字符样式映射到 HTML 标签。

1. 如果段落样式面板没有打开，选择"文字" > "段落样式"，或在停靠面板堆栈中单击"段落样式"选项卡。

2. 从段落样式面板菜单中选择"编辑所有导出标签"。

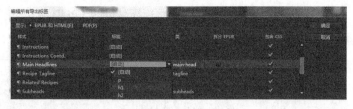

3. 在"编辑全部导出标签"对话框，确保"显示"选择为"EPUB 和 HTML 中"，单击"Main Headlines"样式右边的"[自动]"。从菜单中选择"h1"。在主标题的类字段中输入"主标题"。当导出 EPUB，将把 h1 HTML 标签（用于最大的头条新闻）和"主标题"类分配给应用了主标题段落样式的段落。

4. 应用标签和类名，其余段落样式，如下图所示。如果需要，扩大拖动右下角的对话框。

   • Recipe Tagline : h4; 类 : "tagline"。

   • Graphics : 自动。

   • Subheads : h3 类 : "subheads"。

   • Ingredients : p。

   • Instmctions : p。

   • Instmctions : 自动。

   • Related Recipe : 自动。

5. 因为指令和指令连续段落样式被映射到相同的标记和类名，在本课后面 EPUB 导出时只导出说明的 CSS 段落样式。取消选中的 EmitCSS 指令续段落样式。

该文件还包括两个字符样式，需要指定标签来定义下面段落样式。

提示：该版本 InDesign 中，Emit CSS 是一个新内容，可用于在导出 EPUB 时控制段落样式来定义 CSS 级别。启用或禁用该选项在映射几种样式到同一类别时特别有用。为了避免 CSS 类别冲突，可选择一种风格只能发行一种 CSS 类。基于审核过的 CSS，将可以定义 CSS 类别。

6. 应用加强标签，加粗字符风格和 em 标签斜体的样式。加强标签将保持配方中的粗体文本，EM（强调）标签将保持在配方标题下面的标语斜体。

在关闭编辑全部导出标签对话框，用户需执行一个任务：指定图形段落样式将 EPUB 分成更小的 HTML 文件。每个食谱会在 EPUB 产生一个新的 HTML 文件，每个图片的菜的食谱将开始一个新页面。

7. 选择图形段落样式，然后选择其分割 EPUB 复选框。

8. 单击"确定"按钮关闭对话框。

注意："编辑全部导出标签"对话框显示文件中使用的所有段落，字符和对象样式的列表，可以设置各种风格的标签和类别。在创建和编辑单个段落、字符和对象样式时，还可以设置导出标记。

15.2.4 添加目录

将 InDesign 文档导出为 EPUB 时，可以选择生成一个导航表的内容，使查看器轻松地浏览 BEPU 某些位置。此目录是基于一个表的内容，现在将创建在 InDesign 的 Creative Clond。

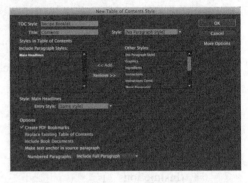

1. "选择版面" > "目录样式"。

2. 表中的"目录样式"对话框中，单击"新建"，显示"新建目录样式"对话框。

3. 在"新建目录样式"对话框，在"目录中的样式"框中的食谱小册子。拖动滚动条来显示，并在"其他样式列表"中选择"主标题段落样式"然后单击"添加"按钮，将该段落样式添加到"包含段落样式"列表中。其他设置保持不变，单击确定关闭对话框，再单击确定关闭内容样式表对话框。

4. 选择"文件" > "保存"。

15.3 选择电子书的内容

文章面板提供简单的方法来选择希望纳入 EPUB 中的内容（文本框架、图形框架、未分配框架，等等）。接下来，将添加三篇文章到文章面板，给它们命名并重新排列两个元素。

15.3.1 添加封面页

在导出的 BPUB 内嵌封面图片，将使用第一个页面的文件。因为第一个页面包含几个对象，要保持页面外观，需要作为一个单一的图形导出的封面页的内容，而不是作为一系列的单个对象。要完成这个任务，可对第 1 页上的所有对象进行分组，然后指定导出选项，在导出时将转换成一个单一的图形组。

提示：为了防止任何出血区域的封面页被包含在光栅化的封面图像中，删除之前页边缘延伸的任何对象。

1. 导览第 1 页的文件，并在窗口中选择"查看" > "使页面适合窗口"。

2. 选择"窗口">"文章"来打开文章面板。

3. 如有必要，选择选择工具，选择"编辑">"全选"，然后选择"对象">"编组"。

4. 选择"对象">"对象导出选项"打开"对象导出选项"对话框。

5. 选择"自定栅格化"，从"大小"菜单中选择"相对于页面宽度"，并在"分辨率"（PPI）菜单选择"150"。单击"确定"按钮关闭对话框。

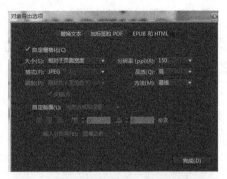

6. 拖动文章面板上第1页上的对象组。在新的文章对话框，在"名称"框中输入"封面"，确保选择"导出时包含"，然后单击"确定"按钮。

注意到封面页文章已添加到文章面板。

7. 选择"文件">"存储为"。

15.3.2　添加标题页，其内容重新排序

第2页的文件是一个简单标题页，只有几个对象。因为这个页面不是密集设计的，做第一页时没有必要把它转换成一个图形。因此，不是将对象分组，而是创建一个新的文章，然后指定定制导出设置，简单地拖曳它们到文章面板。然后，重排其他元素来修改文章。

> **ID** 提示：也可以添加一个新的文章，文章从面板菜单中选择新文章，或通过单击在面板底部的"创建新的文章"按钮（▣）。

1. 导览到文件第2页。

2. 使用选择工具（HI）或选择"编辑">"全选"，选择页面上的所有对象，拖动对象到面板下方的封面页文章，将文章命名为标题页。（单击"确定"关闭"新文章"对话框）。

标题页上对象的顺序是按照创建对象时的顺序排列的，如果在这是导出文章，文档导出的两条水平线将是页面上的最后两个对象，因为它们是最后创建的。因为这个页面不会转换成图形导出，所以需要更改的元素的顺序，以确保它们以正确的顺序导出。

3. 在文章面板，将最上面的两个 <LINE> 元素在列表中向上移动。当白色水平线上方显示"Everything you need…"时，释放鼠标按钮。这就会在包含"Everything you need…"的文本框上方和下方出现水平线（以匹配 InDesign 页面）。

4. 拖动的 Strawberries.tif 元素列表的底部，放置在文章中所有其他元素的下面。这将移动图形至 EPUB 标题页的底部，这意味着 EPUB 当前页的布局将与 InDesign 文档中的布局稍有不同。

5. 选择"文件">"存储"。

15.3.3 添加其他内容

小册子的其余内容，即四个配方，包含在一个单独的文本跨页上。接下来，将再创建一篇文章，其中包含的食谱，但首先有必要快速浏览一下文本。

如果在食谱的文本内单击，会发现，所有的文字已设置了段落样式。这有助于确保导出文档时，文本将保留它的样式。符号和编号列表样式使用包括自动项目符号和编号的段落样式。

1. 浏览页面 3。使用选择工具将包含食谱的文本框拖动到标题页文章下方的文章面板，并将其命名为食谱（如果有必要，拖动右下角延长面板）。

2. 请单击"确定"关闭新建文章对话框。

请注意，食谱的文章仅包含一个元素：一个文本框。之前内嵌的图形没有单独列出，因为它们是配方文本的一部分。

3. 选择"文件">"存储"。

15.4 添加元数据

元数据是一组有关文件的标准化信息，如标题，作者名，描述，关键字。当导出 EPUB 文件时，可以在 EPUB 文件内自动包括元数据。这个数据用来在电子阅读器 EPUB 库显示文档的标题和作者。接下来，将添加 InDesign 文件的元数据信息。此信息包含在导出的 EPUB 中，EPUB 打开时会显示。

1. 选择"文件">"文件信息"。

2. 在"文件信息"对话框中，需要时单击"选项卡"，在文档标题框中输入：One Traly Amazing Meal，在"作者"框中输入您的姓名，单击"确定"按钮关闭对话框。

3. 选择"文件">"存储"。

15.5 导出 EPUB 文件

现在，已经完成了筹备工作，准备好文档以导出 EPUB 文件。要完成这一课，将指定几个定制导出选项，利用本课前面的工作来优化将以 EPUB 格式导出的文件。

指定导出设置

就像在打印对话框中的设置控制打印的页面的外观一样，用户将 InDesign 文档导出为 EPUB 格式时进行的设置也控制 EPUB 外观。下面将指定几个通用设置，然后再指定几个高级设置。

1. 选择"文件">"导出"。

2. 在导出对话框中的"存储类型（Windows）或"格式菜单"（MacOS）中选择"EPUB 文件。

3. 在文件名框（Windows）中或"存储为"对话框（Mac OS）中，将文件命名为 15_Recipes.epub，并保存到硬盘驱动器上 InDesign CIB 文件夹内的课程文件夹中的 Lesson 15 文件夹中。

4. 单击"保存"，关闭导出对话框。

5. 在"EPUB 导出选项"对话框中的常规部分，确保在版本菜单中选中 EPUB2.0.1，然后指定下列设置选项：

   • 封面：首页

   • 导览：目录样式；Recipe Booklet

   • 边距：24

   • 内容顺序：与文章面板相同

6. 在"文本选项"部分，确保在"项目符号"菜单中选择"映射到无序列表"，在"编号"菜单中选择"映射到有序列表"。这确保了配方文本中的编号和符号列表在 EPUB 转换成 HTML 列表。

7. 选择"导出后查看 EPUB"，所有其他常规设置保持不变。

提示：在 EPUB 导出选项对话框中的图像部分，"忽略对象导出设置"复选框，可以覆盖任何已经应用到单个对象和多个对象的导出设置。

8. 单击"EPUB 导出选项"对话框列表的左上角的图像。选择"从版面保留外观"，以确保未内嵌的图像仍保留剪裁功能以及旋转和透明效果等属性。

9. 在"图像大小"菜单选择"相对于页"，所有其他图像设置保持不变。

注意：当对特定段落样式启用拆分 EPUB 功能时，"基于使用段落样式导出标签"设置，可以让长文档分割成较小的文件。也可以在可能引起拆分的"EPUB 导出选项"对话框中选择一个段落样式。

10. 在 EPUB 导出选项对话框左上角的列表中单击"高级"，然后从"拆分文档"菜单中选择"基于段落样式导出标签"。

当在本课前面为段落样式 EPUB 分配标签时，因为已指定在 EPUB 中图形段落样式可创建更小的 HTML 部分，所以选择"基于段落样式导出标签"将在嵌入菜谱中的四幅图片前分别创建一个页分隔符。

注意：如果已经对设置了格式的段落和字符应用了大量的手动覆盖，选择保留本地覆盖可以为 InDesign EPUB 导出时产生的 HTML 和 CSS 添加大量内容。如果不选择这个选项，可能需要编辑 CSS，以进一步控制 EPUB 外观。编辑 CSS 超出这本书的范围。

11. 请确保已选中包含文档元数据，这样前面添加的元数据就包含在 EPUB 中。

12. 在的"CSS 选项"部分，确保选中"生成 CSS"，"保留本地覆盖"，"包括嵌入字体"，然后单击"添加样式表"。

13. 选择 Recipes.css 的文件，在 Lesson15 文件夹，然后单击"打开"按钮。

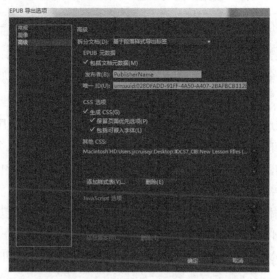

此 CSS 样式表中包含 HTML 代码，改变了配方名称和副标题的颜色。

14. 单击"确定"按钮导出 EPUB。

如果电脑上安装了 Adobe 数字版，EPUB 文件将自动打开，可以通过滚动来查看内容。也可以在任何支持 EPUB 格式的设备上打开 EPUB 文件。

15. 返回到 InDesign 中。

16. 选择"文件"＞"存储"。

恭喜！您已经创建了电子出版物，可以在各种电子阅读设备上查看。

15.6 练习

现在已经创建了一个 EPUB，选择"文件" > "存储为"，保存完成的 InDesign 文件 15_Practice.indd。下面可以使用此练习文件，使用不同的设置，执行任何课程任务。

> **ID** 注意：另外还有几个可以打开 EPUB 文件进行进一步编辑的编辑器。例如：〈oXygenl〉XML 编辑器和裸骨软件的 TextWrangler。

1. 重新访问"编辑全部出口标签"对话框，并尝试将一些段落样式映射到不同的 HTML 标签上。导出新版本，并将变化与原有的 EPUB 文本进行比较。

2. 导出另一个 EPUB，但不使用文章面板指定 EPUB 的内容和顺序，这次从 EPUB 导出选项对话框常规部分的内容顺序菜单中选择"基于页面布局"。将这个版本与原来的进行比较。

3. 如果是高级类型，可以"打开"一个 EPUB 文件，然后查看其组成文件。EPUB 文件本质上是一个压缩文件，其中包含几个文件夹和文件。如果要将 EPUB 文件扩展名 .epub 替换为 .zip 可以使用一个文件解压工具来解压缩文件。那么会发现文件夹包含 InDesign 文档中的图像，以及所使用的字体和 CSS 样式表。还可以找到七个 XHTML 文件，每个分别用于 EPUB 的七个页面。在 Adobe Dreamweaver 中可以查看源代码，打开这些页面，预览网页，选择添加更多的信息和功能。

4. 打开 Recipes.css 文件（Lesson15 文件夹中）。检验控制三个段落样式外观的 HTML 代码（H1：主标题；h4: 配方标语，和 H3：分目）。通过将颜色数 669933 改变为 DF0101，改变应用了主标题段落样式的段落的颜色。将更改保存到的 Recipes.css 文件，或选择"存储为"，并用不同的名称创建一个新的文件。导出另一个 EPUB。（如果更改文件名，请确保在 EPUB 导出选项对话框中的高级部分选择新建的文件。）注意添加到主标题的不同颜色。

如果用户乐于冒险，还可以尝试改变一些其他属性。例如，从"居中"改变为"左对齐"，或者找一些十六进制的颜色代码，改变主标题和副标题的颜色。

复习题

1. 当创建一个要导出为 EPUB 的文件时，怎么确保图形保持其与周围的文本相对位置？

2. 什么是元数据？

3. 什么样的面板，可以将指定的内容包含在一个 EPUB 中并排列元素导出的顺序？

4. 当导出 EPUB 时，必须选择什么选项，如果想要由文章面板来决定内容顺序，而不是页面布局来决定？

5. 已经为几个图形框架具体确定定制导出设置。怎么可以在导出 EPUB 时覆盖这些对象的导出设置？

复习题答案

1. 要确保图形保持其相对于文本的 EPUB 文件的位置，内锚文本作为内嵌图形。

2. 元数据是有关文件的信息，比如其标题、作者、描述和关键字。将元数据纳入 EPUB 中是一个很好的做法，因为这些信息可以被搜索引擎和电子阅读器访问。

3. 文章面板（"窗口" > "文章"），选择在 EPUB 想要的内容，并安排导出顺序。

4. 为了确保内容的顺序是通过文章面板，而不是通过页面布局决定，必须从内容顺序面板菜单中选择"与文章面板相同"内容顺序面板位于 EPUB 导出选项对话框中的常规部分。

5. 如果选择"EPUB 导出选项"对话框中"图片"部分的"忽略对象导出设置"，任何已选定的定制导出设置将被忽略，在图像部分指定的设置应用于 EPUB 的所有图像。

第16课 处理长文档

课程概述

本课程中，将学习如何进行下列操作：

· 将多个 InDesign 文档合并成书籍。

· 控制书籍文档的页码编排方式。

· 创建用于重复页眉或页脚的文本变量。

· 添加注脚。

· 创建交叉引用。

· 指定一个源文件为本书的样式。

· 创建目录。

· 生成格式化指数。

 完成本课程大约需要 45 分钟。

目录

在书籍和杂志等较长的出版物中，一般每章或每篇文章为一个文档。InDesign 的书籍功能允许合并文档以便跟踪跨章节页码、创建目录、索引、交叉引用和脚注以及全局性更新样式，以及将书籍作为一个文件输出。

16.1 概述

在本课中，将把几个文件合并成一个 InDesign 书籍文件。通过使用书籍文件，用户可对所有文件执行许多功能，如创建目录或更新样式，同时可以分别打开并编辑每个文档。本课将使用 4 个示例文件，包括目录、第一章、第二章、索引。这一课学到的技能适用于长文件，如报告以及多文档项目，如书籍等。

1. 为确保的 Adobe InDesign 程序的首选项和默认设置符合本课程的要求，请先按照前言中的步骤将 InDesign Defaults 文件移动到其他文件夹。

2. 启动 Adobe InDesign。为了确保面板和菜单命令本课中使用的匹配,选择"窗口">"工作区">"[书籍]",然后选择"窗口">"工作区">"重置书籍"。

ID | 注意：如果还未从配套光盘中复制本课程的资源文件，请现在复制。

16.2 创建书籍文件

在 InDesign 中，书籍是一种特殊类型的文件，显示为一个面板，很像一个库。"书籍"面板显示添加到书中的文档，并让用户能够快速访问大多数与书籍相关的功能。在本节中，将创建一个书籍文件，添加文件（章），并指定页码编排方式。

16.2.1 创建书籍文件

开始一本书籍之前，最好先收集书籍的所有 InDesign 文档放到同一文件夹中。此文件夹也是用来存储所有的字体、图形文件、库、印前检查配置文件、颜色配置文件及所需的其他文件的理想场所。

在本练习中，InDesign 文件已经存储在课程文件夹中。用户将创建一个新的的书籍文件并将它存储在课程文件夹中。

ID | 提示：打开和关闭书籍文件的方式与打开和关闭库。使用"文件">"打开"来打开书籍文件，单击面板上的关闭按钮关闭书籍文件。

1. 选择"文件">"新建">"书籍"。

2. 在新建书籍对话框，在"存储为"对话框中输入 CIB.indb。单击"保存"将在 Lesson16 文件夹存储文件。

3. 一个名为 CIB 的书籍面板出现。如果有必要，从"窗口"菜单的底部选择这本书的名字，使它位于窗口最前面。

16.2.2　在书籍文件中添加文档

书籍面板显示每个文件的链接，书籍文件并不实际包含文件。可以一次添加一个文件（因为它们已可用）也可一次性添加全部文档。如果开始有几个文件，后来又添加更多的文件，就可以改变文件的顺序，更新页面编号、样式和目录。使得本书能够添加和重组章节来自多个用户的文件编译成一个单一的出版物特征想法。在此练习中，用户将添加这本书的 4 个文件。

> **ID** 提示：也可以单击在书籍面板的底部的"添加文件"按钮，将文档添加到一本书中。

1. 从书籍面板菜单中选择"添加文档"。

2. 在"添加文档"对话框中，选择 Lesson16 文件夹中的 4 个 InDesign 文件。可以选择一系列的连续文件，按住 Shift 键单击第一个文件和最后一个文件。

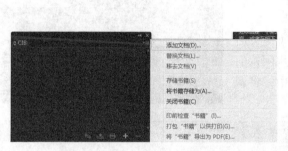

3. 单击"打开"，这些文件将显示在书籍面板中。如果出现针对每个文档的"存储为"对话框，单击"保存"。

4. 如有需要，将章节按以下顺序排列：16_00_TOC、16_01_Chapter_1、16_02_Chapter_2、16_03_Index.

5. 从书籍面板菜单中选择"保存书籍"。

> **ID** 提示：添加多个文件到一本书时，可按字母顺序列出章节。可以拖动文件并在面板重新排列它们。为方便组织，大多数出版商按顺序给文件命名，00 为前言，01 为第一章，02 为第二章，等等。

16.2.3　指定整本书的页码

处理多文档出版物时，最大的挑战之一是跟踪章节页码。InDesign 的书功能可以自动为用户完成这项任务：从头到尾给多个文档编排页码。必要时，可以通过改变一个文件的书籍页码选项，或在一个文件中创建一个新的章节来覆盖当前的页码编排方式。

在这部分课程中，将指定的页码编排选项，以确保添加新文档或调整文档顺序后，页码将更新且是连续的。

1. 注意在书籍面板中每个文档旁边都有页码。

2. 在书籍面板菜单中选择"书籍页码选项"。

3. 在"书籍页码选项"对话框中，在"页面顺序"部分选择"在下一个奇数页"继续。

4. 勾选"插入空白页面"，以确保每一个章节以右对页结束。如果一个章节结束在左页面，会自动添加一个空白页。

5. 如果有必要，选择"自动更新页面和章节页码"以保持整个书页号更新。

6. 单击"确定"。请注意现在的书籍面板中的每个文档及页码开始。

7. 从书籍面板菜单中选择"存储书籍"。

> **ID** 提示：可以在书籍面板菜单的底部单击"存储书籍"按钮来保存书籍。

16.2.4 定制页码

此时，目录的两个跨页已经使用罗马数字（即页面 ii 和页面 iii）。第 1 章有一节开始于第 8 页并使用阿拉伯数字。从那里，本书使用连续页码。在此练习中，将调整第 1 章的第一节从第 4 页开始。

> **ID** 注意：从书籍面板菜单选择"页码和章节选项"，选择的文件会自动打开。还可以通过在书籍面板双击文件将其打开。

1. 在书籍面板中，单击以选中这本书的第 2 个文件：16_01_Chapter_1。

2. 在书籍面板菜单选项中选择"页码和章节选项"。

3. 在"页码和章节选项"对话框中，选择"自动为章节编号"。

4. 从"样式"菜单中选择阿拉伯数字（1，2，3，4…）。

5. 单击"确定"。选择"文件">"保存"并关闭文件。

6. 现在查看书籍页码。第 1 个文件（包含目录）编号仍然为 ii-iii，其余文件从第 4 页开始，并持续到结尾。尝试拖曳 16_02_Chapter_2 到 16_02_Chapter_1 上，重新排列文件，查看页码将如何变化。

7. 完成时，把章节顺序调整正确。

> **ID** 提示：当添加编辑和重新排列章节时，通过从书籍面板菜单中选择"目前更新页面和章节页码"以强制更新页码。

16.3 创建连续页脚

连续页眉或页脚是重复出现在每页的文本，如章节号（页眉中）和章节标题（页脚中）。InDesign 可根据章节标题自动填写连续页脚。为此，可以为连续页脚文本定义文本变量。在这种情况下，变量填充章节标题文本（源文本）。然后在页脚的母版页上（或文档中任何想让它出现的地方）插入文本变量。

> **ID** 提示：连续页眉和页脚只是文本变量的众多功能之一。例如，可以使用文本变量在文档中插入和更新日期。

使用文本变量，而不是简单地在主页上键入章节标题的优势是，如果章节标题变化（或从一个模板，开始了新的篇章），页脚将自动更新。因为可以把文本变量插入任何地方，所以创建连续页眉和页脚的方法是相同的。

在本课程中，将在第 2 章的章标题创建一个文本变量，将其放置在主页，观察该文档的各个页面将如何更新。

16.3.1 定义文本变量

首先，将创建一个存储章标题的文本变量。

1. 在书籍面板中，双击的文件名为 "16_02_Chapter_2" 的文件。

如有需要，双击页面面板中第 18 页的图标，使该页面在文档窗口中央显示。

2. 选择 "文字" > "段落样式"，显示段落样式面板。

3. 使用文字工具单击章节标题 "Setting Up a Document and Working with Pages"，以获悉其段落样式——Chapter Title。

下面将使用此信息来创建文本变量，指定将使用段落样式 "Chapter Title" 的文本放到页脚中。

> **ID** 提示：能否使用文本变量，自动生成一个目录取决于能否有意识地使用段落样式。原因是这些功能摘录用户指定的文本，即带有特定段落样式的文本。

4. 选择 "文字" > "文本变量" > "定义"。

5. 在"文本变量"对话框中，单击"新建"按钮。

6. 在"名称"框中输入"Chapter Title for Footer"。

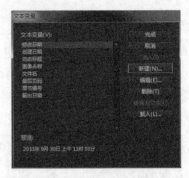

现在，将指定何种段落样式的文本用作重复页眉（在这里是重复页脚）。

7. 从"类型"菜单，选择"标题（动态标题）"。"样式"菜单列出了所有文档中的段落样式，可选择应用于章节标题的段落样式。

ID | 注意：注意在第 3 步中应用于章节标题的段落样式。

---

8. 从样式菜单中选择"Chapter Title"。

9. 保留所有其他设置的默认值，然后单击"确定"按钮。新的文本变量将出现在变量列表中。

10. 单击"完成"关闭文本变量对话框。

11. 选择"文件">"存储"。

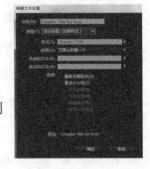

16.3.2 插入文本变量

创建文本变量后，可以将它插入到主页上（或在文档中的任意位置）。

1. 单击文档窗口左下角的"页码"菜单，在下拉列表中向下滚动到主页，并选择"B-Body"。

2. 放大主页左对页的左下角。

3. 使用文字工具，在全角空格字符后单击，以便知道需将文本放置在何处。

4. 选择"文字">"文本变量">"插入变量">"Chapter Title for Footer"。

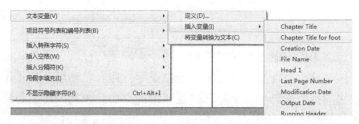

占位符文本变量显示在括号中（<>）。

B—LESSON 2—<Chapter Title for Footer>

> **ID** 提示：在这种情况下更改源文本，这里是第一个使用段落样式 Chapter Title 的文本实例，将自动更新每一页上的重复页脚。

5. 从文档窗口左下角的的"页码"菜单中，选择"20"。

20—LESSON 2—Setting Up a Document and Working with Pages

在第 20 页，章节标题放到了重复页脚中。

> **ID** 注意：当源文本填充了文本变量，文本变量的作用将与单个字符相同。这意味着，即使源文本很长，只要保持在一行上，就可能被剪裁。

6. 选择"查看">"使页面适合窗口"，并滚动浏览页面，看到每页的重复页脚都已更新。

7. 选择"文件">"存储"。供下一节使用。

在这本书的每个章节，可以使用相同的文本变量，但重复页脚将随章节标题而不同。

16.4 添加脚注

在 InDesign 中可创建脚注，也可以从 Microsoft Word 文档或富文本格式（RTF）文件中导入脚注。在后一种情况下，InDesign 会自动创建和放置脚注，用户就可以通过"文档脚注选项"对话框进行微调。

在此练习中，将添加一个脚注并定制格式。

1. 在书籍面板中，双击名为"16_01_Chapter_1"的文件。

2. 从页面菜单中，在文档窗口左下角的页码下拉菜单中选择"9"。

3. 放大以查看小标题"Reviewing the document window"下的主体段落。

4. 使用文字工具，选择段落中以"Bleeds are used"开头的倒数第 2 句。

5. 选择"编辑">"剪切"。该文本将放在脚注中而不是在文本的正文中。

查看文档窗口

　　文档窗口包含了所有的文档中的页面。每个页面或传播所包围的纸板，如创建一个布局对象可以存储文件。剪切板中的对象不会被显示打印。粘贴板还提供了额外的空间，沿边缘的文件过去的页边缘延伸的对象，这是所谓的出血。当某个对象必须打印在页面的边缘时，可使用"溢出"。文档中在文档窗口的左下角的页面切换控制。

ID | 注意：不能在表中的文本或其他脚注中插入脚注。

6. 将光标放在"bleed"后面。

7. 选择"文字" > "插入脚注"。

在文本中会出现脚注引用编号。此外，在页面底部将出现脚注文本框架和占位符，同时闪烁的光标出现在脚注编号的后面。

8. 选择"编辑" > "粘贴"。

| 1 | Bleeds are used when an object must print to the edge of a page. |

9. 保持文本插入点仍然在脚注中，选择"文字" > "文件脚注选项"。

注意所有的选项都用于定制脚注编号和格式。在这里，可以控制整个文档中的脚注引用编号和脚注文本的编号样式和外观。

10. 在"脚注选项"对话框的"脚注格式"部分，从"段落样式"菜单中选择"Tip/Note"。选中"预览"以查看脚注文本的格式有何变化。

11. 单击"版面"选项卡以查看用于定制整个文档脚注的位置和格式的选项。保留所有设置的默认值。

12. 单击"确定"按钮设置注脚的格式。

当一个对象必须打印到页面边缘时会使用出血。

13. 选择"文件" > "存储"。该文档可供下一节使用。

16.5 添加交叉引用

交叉引用常见于技术书籍，可引导读者参阅书籍的另一部分以获悉更多信息。编辑和修订书籍的章节后，确保交叉引用相应地更新是项艰巨而耗时的任务。InDesign中可以插入自动交叉引用，使其自动更新。用户可以控制交叉引用中使用的文本以及它们的外观。

在此练习中，将添加一个交叉引用，它引导读者阅读书籍的另一章节。

1. 打开 16_01_Chapter_1，从文档窗口的左下角"页面"菜单中选择第"13"。

2. 根据需要进行缩放，以便可看到标题"Using the Zoom tool"下方的段落。

ID | 注意：如有需要，通过滚动鼠标在页面上找到小标题"Using the Zoom tool"。

3. 使用文字工具，单击并输入"For more information on selecting the Zoom tool, see"，在"see"后留下空格。

Using the Zoom tool¶

In addition to the view commands, you can use the Zoom tool to magnify and reduce the view of a document. In this exercise, you will experiment with the Zoom tool. For more information on selecting the Zoom tool, see¶

1 » Scroll to page 1. If necessary, choose View > Fit Page In Window to position the page in the center of the window.¶

需要注意的是文本中的插入符号是索引标记。

4. 选择"文字">"超链接和交叉引用">"插入交叉引用"。

5. 在"新建交叉引用"对话框中，保留"链接到"的设置为"段落"。

下面把交叉引用链接到使用特定段落样式的文本。

ID | 提示：可以在任何文档或书籍章节中创建交叉引用。此外，还可以在同一本书中创建同其他章节的交叉引用。

6. 在左边的滚动列表，选择被引用文本使用的段落样式"Head 2"。

当前创建的交叉引用指向另一文档的节标题，该标题使用的样式为"Head 2"。所有使用样式"Head 2"的文本出现在右边的滚动列表。在这种情况下，知道要交叉引用的文字位于小标题"About the tonls panel"下。当创建交叉引用时，可能需要首先查看被引用的文本，以获悉被引用文本使用的是哪种样式。

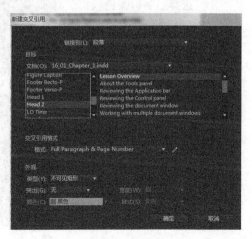

7. 在右侧的滚动列表，选择"About the tonls panel"。

8. 在"交叉引用格式"部分"格式"下拉菜单中选择"Full paragraph & Page Number"。

9. 单击确定以创建交叉引用，并关闭该对话框。

10. 在新插入的交叉引用文本"Page7"后键入一个句点"."。

Using the Zoom tool

In addition to the view commands, you can use the Zoom tool to magnify and reduce the view of a document. In this exercise, you will experiment with the Zoom tool. For more information on selecting the Zoom tool, see "About the Tools panel" on page 7.

11. 选择"文件">"存储"。让该文档打开以便下一节使用。

 提示：更新一本书中交叉引用的文档，可从书籍面板菜单中选择"更新所有交叉引用"。

16.6 同步书籍

为了保持书籍中不同文档的一致性，InDesign 允许用户指定一个源文档，它提供了诸如段落样式、颜色色板、对象样式、文本变量、和主页等规范。然后，可以将选定文档与源文档同步。

同步文件将对文档中的所有样式进行比较。在这一过程中添加任何缺失样式及更新不同于源文档的样式，但它不会修改源文档中没有的样式。

在此练习中，将更改标题的段落样式所使用的颜色，然后同步书籍确保使用的颜色一致。

1. 保持 16_01_Chapter_1 仍然打开，请选择"视图">"使页面适合窗口"，当前看到的是哪个页面无关紧要。

2. 选择"文字">"段落样式"以显示段落样式选项面板。单击粘贴板以确保没有选中任何对象。

3. 双击"Head 1"以编辑样式。在"段落样式选项"对话框的左侧，选择"字符颜色"。

4. 在右边的"字符颜色"，单击"Bright Red"色板。

5. 单击"确定"按钮以更新的段落样式。

6. 选择"文件">"存储"保存更改的文件。

现在，需要指定该文档（Getting Started）为书籍的源文件。

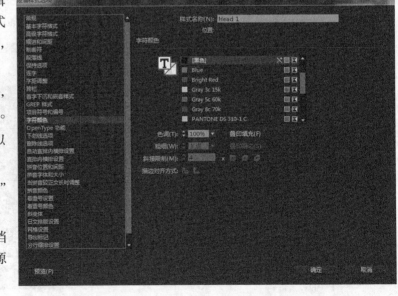

注意：当修改样式"Head 1"，会发现子标题也修改了颜色。这是因为在该书籍中，"Head 2"和"Head 3"是基于"Head 1"的，所以在"Head1"所做的任何修改也将应用于它们。

7. 在书籍面板中，"16_01_Chapter_1"章节名称左侧单击空白框。

8. 从书籍面板菜单中选择"同步选项"。可在"同步选项"对话框中查看选项，然后单击"取消"。不需要更改任何选项。

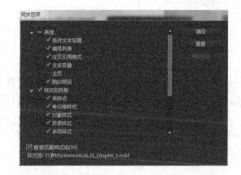

现在，选择想要同步的章节本书（这里是指两个主要的章节，而不是目录或索引）。

9. 按住 Shift- 单击，选择"16_01_Chapter_1"和"16_02_Chapter_2"。

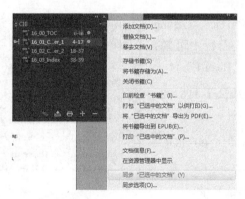

10. 在书籍面板菜单中选择"同步文件"。

11. 消息提示该过程已完成。单击"确定"按钮。

12. 在书籍面板菜单中选择"存储"书籍。

13. 在文档窗口中，单击"16_02_Chapter_2"选项卡。请注意，标题和子标题从黑色变为红色。

 提示：InDesign 中可以同步书籍中的主页。例如，如果在用于章首页的主页中添加了一个色板，可以同步该主页，使变化影响所有的章节。

16.7 生成目录

在 InDesign 中，可以为书籍文件中的单个文档或所有文档生成包含精确页面的目录。目录包括一个可以放置在任何位置的文本——文档开头或独立的文档中。该功能的工作原理，是复制使用特定段落样式的文本，将其按顺序排列并使用新的段落样式重新设置其格式。因此，要准确的生成目录必须于正确地应用段落样式。

16.7.1 生成目录前的准备工作

要生成目录，需要知道目录的文本应用了什么段落样式。在这种情况下，还要创建一个包含章节名称和第一级标题的两级目录。现在，将打开一个章节，以研究其段落样式。

 提示：虽然该功能被称为目录，可以使用它根据使用特定段落样式的文本生成任何类型的列表。列表中并非一定要包含页码，也可按字母顺序排列。例如，处理烹调书籍时可以使用目录功能按字母顺序排列菜谱名称。

1. 在文档窗口中，单击该选项卡"16_01_Chapter_1"。

2. 选择"文字">"段落样式"以显示段落样式面板。

3. 在第 4 页的第 1 章中，单击章节标题。在段落样式面板可知，其应用的段落样式为"Chapter Title"。

4. 在该章第 6 页,单击章节标题"Getting started"。在段落样式面板中可知，其应用的段落样式为"Head 1"。

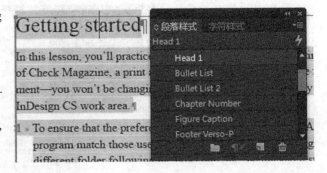

5. 关闭并保存 16_01_Chapter_116_02_Chapter_2。

6. 在书籍面板中，双击"16_00_TOC"以打开它。

在接下来的两个练习将生成目录。

16.7.2 设置目录

熟悉用于生成目录的段落样式后，下面在目录对话框中指定它们。在此练习中，将指定要包含的段落样式以及目录的格式。

1. 选择"版面">"目录"。

2. 在"目录"对话框中，确保"标题"文本框为空。在这个模板中，主页提供了目录标题。

提示：段落样式表的内容和列表使用的段落样式通常反复利用嵌套样式和标签引导来自动完成复杂的外观。例如，目录通常这样开始，加粗的章节号，后面是章节名称，用户标签引导和加粗的页码。

3. 在"目录中的样式"部分，向下滚动列表框"其他样式"，找到并选择"Chapter Title"，选择并单击"添加"。

4. 重复步骤 3，找到并选择"Head 1"，单击"添加"，保持"目录"对话框打开。

现在,已经具体确定什么样的文本需要添加到目录中去（首先是使用样式 Chapter Title 的文本，然后是使用样式 Head 1 的文本），下面要指定目录的样式。格式化的段落样式表的内容都包含在这个模板中。如果没有提前创建这些样式，可以进入方式菜单选择新的段落样式。

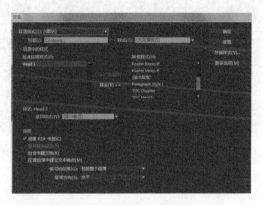

5. 在"目录中的样式"部分左侧的列表框"包含段落样式"中，选择"Chapter Title"。

提示:在表的内容对话框中,单击"更多选项",查看抑制页码,按字母顺序排列的列表,并应用更先进的格式的控制。如果有一个以上的列表中的文件 - 例如，内容表格和数据的列表，可以单击"保存"保存每种类型的设置。

6. 在"样式 : Chapter Title"部分，从"条目样式"菜单中选择"TOC Head 1"。

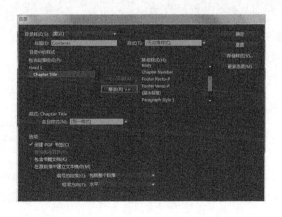

7. 在"包含段落样式"列表框中，选择"Head 1"。在样式："Head 1"部分，从"条目样式"菜单中选择"TOC Head 1"。

8. 勾选"包含书籍文档"以便为书籍中的所有文档生成目录。

9. 单击"确定"（警报可能显示，询问是否要包括溢流文本中的项目，单击"确定"按钮）。现在鼠标将变成载入文本图标并加载目录文本。

16.7.3 排入目录

排入目录文本的方式与排入其他导入文本相同。可以在现有文本框架中单击，也可通过拖曳新建文本框架。

1. 在文本框架的文本"Contents"下面单击，目录将排入该文本框。

2. 选择"文件">"存储"并关闭该文档。

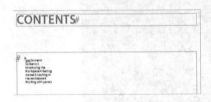

3. 从书籍面板的菜单中选择"保存"书籍，这样可以保存对书籍文件所做的所有更改。

16.8 创建书籍索引

在 InDesign 中，要创建索引，需要对文本应用非打印标记。标记指定了索引主题——显示在索引中的文本。它还指定了引用——显示在索引中的页面或交叉引用。对于书籍文件或文档，最多可以建立包含交叉引用的 4 级索引。生成索引时，InDesign 将应用段落样式和字符样式，并插入标点符号。虽然建立索引是需要经过特殊训练的编辑技能，但设计人员可以根据标记的文本创建一个简单的索引。

> **提示**：要添加一个新的索引条目，使用文本工具选择插入索引的文本，然后从索引面板菜单中选择"新建页面参考"。

16.8.1 查看索引标签

在此练习中，将查看现有的索引标签来熟悉它们。

1. 在书籍面板中，双击 16_01_Chapter_1 以打开该章。放大的第 7 页首段。

2. 选择"窗口">"文字和表">"索引"以打开索引面板。

3. 注意到文本中有索引标识（∧），而索引面板中列出了主题。在索引面板中单击箭头可查看主题。

4. 关闭 16_01_Chapter_1。

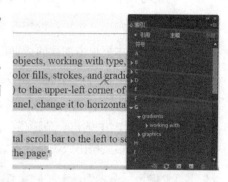

16.8.2 生成索引

就像做目录时一样，生成一个索引也需要指定段落样式，也可以微调索引字符样式和定制标点符号。InDesign 中提供默认样式的索引，也可以在生成索引后定制，或设立书籍的模板。

在此练习中，将使用现有的样式生成定制索引。

> **提示**：InDesign 可以从另一个 InDesign 文档导入索引主题列表。还可以创建独立的主题索引引用的主题列表。一旦拥有了主题列表，就可以开始添加引用。

1. 在书籍面板中，双击 16_03_Index 打开索引章节。

2. 在索引面板，单击右上角"书籍"，在显示这本书所有章节的索引。

3. 在索引面板中，从面板菜单中选择"生成索引"。

4. 在"生成索引"对话框中，在"标题"框中删除突出显示的单词"索引 Index"。标题已经放置在页面上不同的文本框中。

5. 单击"更多选项"看到所有的索引控制。

6. 在对话框上部，选择"包含书文档"编制索引所有章节。

7. 选择"包含索引分类标题"添加字母标题，如 A、B、C,确定没有选择"包含空索引分类"。

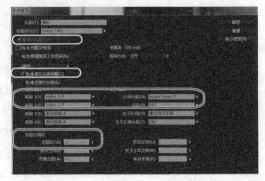

8. 在对话框右边的"索引样式"部分，从"分类标题"菜单中选择"Index Head-P"。这指定了字母标题的格式。

9. 在"级别样式"部分，分别从下拉列表"级别 1"和"级别 2"中选择"Index 1-P"和"Index 2-P"级，以指定各级的索引条目的段落样式。

10. 在对话框底部的"条目分隔符"部分，在"主题后"框中键入逗号和空格。这指定在索引主题和第 1 个引用之间插入的标点。

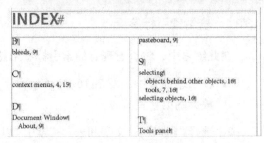

11. 单击"确定"按钮，将排入索引到文本框。

12. 在主文本框单击加载的指针以排入索引。

13. 选择"文件">"存储"并关闭文件。

此次推出的长文件显示了各种潜在功能。例如，当文件合并成一个书本文件时，可以立即打印整本书或作为 PDF 输出。请记住，能够自动创建一个目录表、索引、脚注和交叉引用对较长的个人文档，以及多文档出版物是很有意义的。

> **ID** 提示：*如果手动触摸的索引，例如通过手动列或插入分页符，即使更新索引都将反映这些变化。*

恭喜! 您已完成本课程的学习!

16.9 练习

要尝试更多的长文档功能，请尝试以下操作：

• 在在书籍文件的一个文档中添加和删除页面，发现书籍面板中的页码将自动更新。

• 在源文件的主页面上修改对象。然后在书籍面板菜单选择"同步选项"，并在"同步选项"对话框中选中复选框"主页"。同步书籍，基于该主页的所有页面都将更新。

• 添加一个脚注，并尝试使用版面和格式控件。

• 在书籍中建立不同的交叉引用，它们引用章标题或节标题而不是页码。

• 添加各级的索引主题和引用。

复习题

1. 使用书籍功能的优势是什么？

2. 详细说明在书籍中移动文档的过程和结果。

3. 为什么要创建一个自动目录和索引？

4. 如何创建连续页眉和页脚？

复习题答案

1. 书籍功能让用户将多个文档合并成一个出版物，并包含正确的页码及完整的目录和索引，也让用户能够一次性地输出多个文件。

2. 要在书籍中移动文档，可在书籍面板中选择它并上下拖动。如有需要，InDesign 将重编页码。

3. 要创建自动目录和索引需要仔细的规划和设置，但它们是准确的，易于更新且将自动设置格式。

4. 在主页使用文本变量创建连续页眉或页脚。这些文本将根据变量的定义自动更新。